裂缝性漏失钻井液防漏堵漏理论与技术

王 贵 蒲晓林 著

石油工业出版社

内 容 提 要

本书系统论述了裂缝性漏失机理及钻井液防漏堵漏技术，是作者及其团队多年来研究成果的总结。它从理论上对各类裂缝的致漏机理与漏失规律进行了模型化阐析，对钻井液防漏堵漏作用机制，特别是对桥接堵漏颗粒细观作用机制、井筒强化作用机制及方法等理论问题进行了深入剖析，对裂缝性漏失钻井液防漏堵漏工艺措施及理论依据进行了全面梳理，并介绍了数据挖掘方法的应用及防漏堵漏技术发展趋势等，为解决裂缝性漏失问题提供了基础理论和科学方法。

本书可供从事钻井液防漏堵漏的技术人员、科研人员、现场作业人员以及高等院校相关专业师生参考。

图书在版编目（CIP）数据

裂缝性漏失钻井液防漏堵漏理论与技术 / 王贵，蒲晓林著. —北京：石油工业出版社，2024.1
ISBN 978-7-5183-6514-2

Ⅰ.①裂… Ⅱ.①王…②蒲… Ⅲ.①钻井液－防漏－研究②钻井液－堵漏－研究 Ⅳ.①TE254

中国国家版本馆 CIP 数据核字（2024）第 004808 号

出版发行：石油工业出版社
　　　　　（北京安定门外安华里 2 区 1 号　100011）
　　网　　址：www.petropub.com
　　编辑部：（010）64249707
　　图书营销中心：（010）64523633
经　　销：全国新华书店
印　　刷：北京晨旭印刷厂

2024 年 1 月第 1 版　2024 年 1 月第 1 次印刷
787×1092 毫米　开本：1/16　印张：14
字数：355 千字

定价：60.00 元
（如出现印装质量问题，我社图书营销中心负责调换）
版权所有，翻印必究

前 言
PREFACE

井漏问题一直是困扰钻井工程的重要难题。井漏不仅损耗大量钻井液增加建井成本，储层井漏严重影响油气井的产能，而且处理井漏会延长建井周期，甚至诱发井喷、井壁坍塌、卡钻等井下系列复杂及事故。因此，科学预防和治理井漏直接关系到油气资源的安全高效勘探开发。

裂缝性漏失是钻井过程中最频繁、最复杂的井漏类型之一。长期以来，裂缝性漏失的预防和处理主要依赖经验，对裂缝性漏失机理、钻井液防漏堵漏作用机制认识不深刻，缺乏系统论述裂缝性漏失机理与规律、防漏堵漏作用机理及防漏堵漏工艺技术的专著。为了系统论述裂缝性漏失机理及钻井液防漏堵漏技术对策，本书总结了作者及其团队近二十年来对裂缝性漏失问题的研究成果，试图通过重点论述原理和方法来系统反映裂缝性漏失及钻井液防漏堵漏的关键内容，以便广大同行和读者了解有关理论和技术，以期抛砖引玉、提升裂缝性漏失预防和控制技术的科学化水平。

全书共分为七章：第一章主要定义了裂缝性漏失及其分类，并介绍了裂缝性漏失及方法堵漏理论与技术研究现状、发展趋势；第二章主要阐述临界致漏裂缝宽度、诱导致漏裂缝的形成、诱导裂缝致漏机制及特征；第三章主要分析天然致漏裂缝的形成、天然裂缝漏失的理论解析模型及经验关联模型、天然裂缝漏失影响规律；第四章主要分析滤饼封护阻裂作用机制及强化井筒承压堵漏作用机制；第五章主要阐述井漏裂缝宽度的估算方法、裂缝性漏失桥接堵漏规律和堵漏配方设计方法；第六章主要阐述随钻防漏堵漏工艺、常规停钻堵漏工艺及强化井筒承压堵漏工艺流程；第七章主要介绍了基于数据挖掘的桥接堵漏配方推荐及漏失裂缝宽度范围的估算方法。

由于作者水平有限、缺乏经验，书中谬误和不妥之处在所难免，恭请读者批评指正。

目 录
CONTENTS

第一章 绪论 ·· 1
  第一节 裂缝性漏失的定义与分类 ·· 1
  第二节 研究现状与发展趋势 ·· 2
  参考文献 ·· 6

第二章 诱导裂缝性漏失机理与规律 ·· 11
  第一节 临界致漏裂缝宽度 ·· 11
  第二节 诱导致漏裂缝的形成 ·· 17
  第三节 诱导裂缝致漏机制及特征 ·· 25
  参考文献 ·· 28

第三章 天然裂缝性漏失机理与规律 ·· 30
  第一节 天然致漏裂缝的形成 ·· 30
  第二节 天然裂缝漏失理论解析模型 ·· 34
  第三节 天然裂缝漏失经验关联模型 ·· 42
  第四节 天然裂缝漏失影响规律 ·· 52
  参考文献 ·· 56

第四章 诱导裂缝性漏失钻井液防漏机制与方法 ··· 58
  第一节 滤饼封护阻裂防漏 ·· 58
  第二节 强化井筒承压堵漏 ·· 67
  参考文献 ·· 87

第五章 天然裂缝性漏失钻井液堵漏机制与方法 ··· 89
  第一节 井漏裂缝宽度的估算方法 ·· 89
  第二节 裂缝性漏失桥接堵漏规律物理模拟 ··· 97
  第三节 裂缝性漏失桥接堵漏机制数值模拟 ·· 113
  第四节 裂缝性漏失桥接堵漏配方设计方法 ·· 145
  参考文献 ··· 167

第六章　裂缝性漏失钻井液防漏堵漏工艺技术…………………………………172
第一节　随钻防漏堵漏工艺技术………………………………………………172
第二节　常规停钻堵漏工艺技术………………………………………………180
第三节　强化井筒承压堵漏工艺技术…………………………………………184
参考文献……………………………………………………………………………194

第七章　数据挖掘方法在钻井液防漏堵漏技术中的应用…………………196
第一节　数据挖掘技术简介……………………………………………………196
第二节　基于数据挖掘的桥接堵漏配方推荐…………………………………198
第三节　基于数据挖掘的井漏裂缝宽度估算…………………………………211
参考文献……………………………………………………………………………215

第一章 绪 论

第一节 裂缝性漏失的定义与分类

一、裂缝性漏失的定义

裂缝性漏失是指在钻井、固井及完井等各种油气井筒作业过程中，在压差作用下，各种工作液的液相与固相同时流进地层裂缝的一种井下复杂情况。裂缝性漏失是油气井筒作业过程中遇到最频繁、最复杂的漏失类型。

裂缝性漏失可能发生在各种类型地层中。一方面，天然裂缝可分布在各种岩性的地层中，构造裂缝的形成和发育程度主要取决于构造应力场、地层岩性及岩相等；另一方面，由于工程措施的影响，若井筒压力过大，即使是超低渗透的孔隙性地层也可能被压裂而产生诱导裂缝，可能造成工作液的大量漏失。

二、裂缝性漏失的分类

按照裂缝成因类型，可将裂缝性漏失分为天然裂缝性漏失、诱导裂缝性漏失两大类。然而，由于工作液常含有各种固相颗粒，只有裂缝开度大于工作液中固相颗粒粒度后，才可能导致漏失（简称"致漏"）。因此，为了区分裂缝的致漏程度，本书中将开度大于工作液固相粒度的天然裂缝称之为"致漏天然裂缝"，反之则称为"非致漏天然裂缝"。

根据裂缝成因类型及裂缝致漏程度，可将裂缝性漏失分为诱导裂缝性漏失和天然裂缝性漏失。裂缝类型与裂缝性漏失的关系，可用图1-1表示。非致漏天然裂缝必须经过诱导

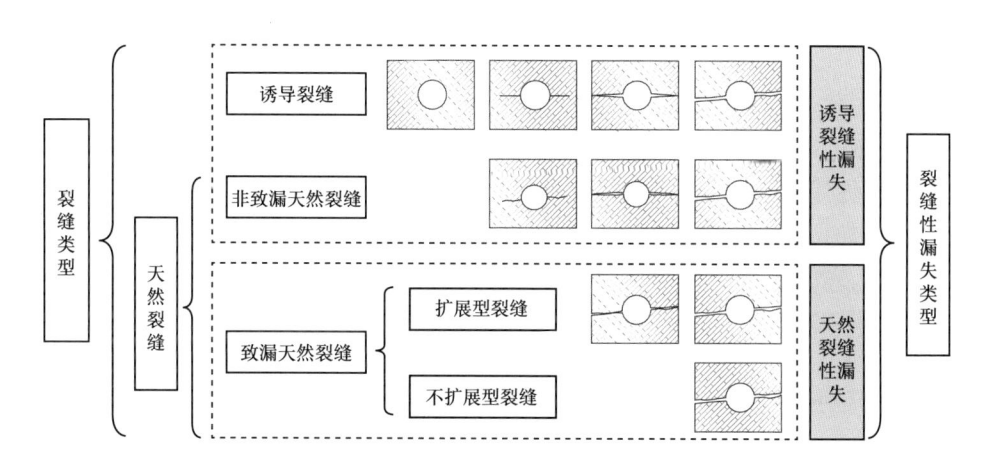

图1-1 裂缝类型及裂缝性漏失分类示意图

扩展后才能发生漏失。虽属于天然裂缝，但其漏失特征与诱导裂缝相似。因此，诱导致漏裂缝性漏失包含两种：一种是孔隙型地层被压裂导致的漏失，也称为"压裂型漏失"；另一种是地层预存非致漏天然裂缝，但因井筒压力增大而诱发裂缝扩展，导致发生的漏失，也称为"扩展型漏失"。

第二节　研究现状与发展趋势

一、研究现状

1. 裂缝性漏失机理研究现状

裂缝性漏失机理主要研究裂缝性漏失的原因和规律，集中在致漏裂缝成因、裂缝性漏失压力及定量漏失规律三个方面。

致漏裂缝的成因方面，分别从构造地质学、地质力学、断裂力学、岩石力学方面出发，揭示了地层裂缝性漏失通道的形成原因。普遍认为，井漏裂缝主要分为天然裂缝和诱导裂缝两大类，其中，天然裂缝主要受地质构造运动、成岩作用和收缩作用等控制，诱导裂缝主要是钻井过程中的井筒压力和机械扰动作用造成的。目前，裂缝性漏失的类型大多也是根据致漏裂缝成因来划分的[1-4]。

裂缝性漏失压力方面，基于岩石力学、断裂力学和流体力学，提出了孔隙型地层、微裂缝地层和天然致漏裂缝地层的漏失压力模型。孔隙型地层井壁产生裂缝的破裂压力，是使井壁上产生张性破裂时的井筒压力；若地层岩石中存在一定的瑕疵和裂隙，即地层为微裂缝地层，地层微裂缝可能会在井筒压力的作用下发生延伸和扩展，从而导致井漏的发生，漏失压力其实为微裂缝的延伸压力；若地层被钻揭前已预存尺寸较大的天然裂缝，钻遇裂缝后，在压差作用下发生漏失，则漏失压力可近似认为等于流体在裂缝中的流动阻力[1,5-9]。

定量漏失规律方面，基于流体力学，结合平行裂缝、层流流动等假设条件，建立了牛顿流体、非牛顿流体的径向流、线性流动数学模型。利用这些数学模型，专业人员可以定量分析井下压力、钻井液性能、裂缝宽度等因素对裂缝性漏失速度的影响规律。然而，由于难以定量描述井下裂缝形态和裂缝中流体的流动状态，目前，现有的数学模型尚不能准确描述各种条件下的定量漏失规律，对裂缝性漏失速度与各影响因素间的定量规律尚不够明确[10-12]。

总体来讲，学界对裂缝性漏失成因已经有较为深入和清晰的认识，但对裂缝性漏失的漏失压力及定量漏失规律尚未完全掌握。

2. 钻井液防漏堵漏机理与对策研究现状

针对不同类型的裂缝性漏失，国内外钻井工程领域已经形成了较为成熟的钻井液防漏堵漏技术对策。然而，截至目前，裂缝性漏失防漏堵漏的应用效果仍不理想。

钻井液防漏堵漏研究主要包括防漏堵漏机理、堵漏材料、堵漏配方设计、堵漏工艺等。关于堵漏材料、堵漏工艺，在公开文献中均有详细介绍，本书不再赘述。下面主要介绍防漏堵漏作用机理及堵漏配方设计方法的研究现状。

1）防漏堵漏作用机理研究现状

20世纪80年代初，美国桑迪亚实验室率先研制了模拟裂缝性漏失的堵漏实验装置，用于评价堵漏材料及其堵漏技术[5, 13-15]。基于实验结果，Loeppke 等假设桥接颗粒在裂缝内的架桥方式为单颗粒和双颗粒模式，将颗粒简化为理想的平面梁单元（图1-2 和图1-3），并推导出了两种模型下的桥塞承压能力与颗粒相对尺寸、颗粒强度及颗粒—壁面间的摩擦系数之间的关系式[14]。

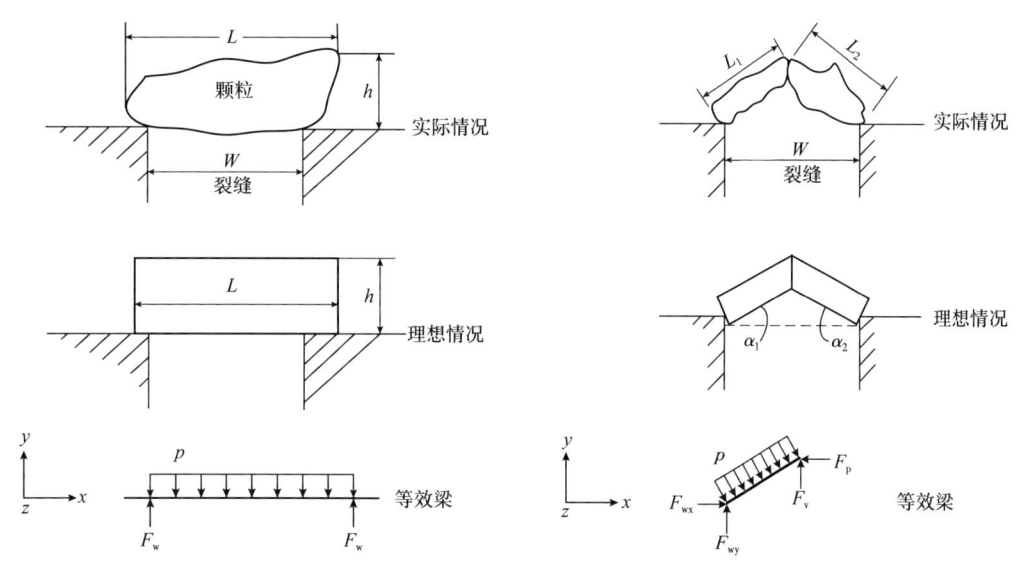

图1-2　单颗粒架桥模型

图1-3　双颗粒架桥模型

多粒架桥模型一直被广泛用于解释桥接堵漏颗粒的架桥作用原理。然而事实上，颗粒在裂缝内的架桥接堵塞过程是在三维裂缝空间中的钻井液环境下进行的，该架桥理论模型未考虑桥接颗粒在三维裂缝空间内的动态过程，也忽略了三维裂缝空间内多粒架桥的可能性及稳定性的问题。

针对诱导裂缝性漏失问题，DEA-13 实验研究项目证实了通过调整工作液中颗粒粒度可阻止或延缓裂缝的产生和扩展，从而提高地层漏失压力。Guh 和 Morita 等将缝内封堵层视为一个整体，利用物质平衡原理推导出了堵漏材料阻止裂缝扩展的必要条件，提出了利用颗粒材料封堵裂缝尾端从而增大裂缝延伸阻力［图1-4（a）］，简称"封尾"理论[5]。

21 世纪初，国际石油公司（Shell，BP，Texaco，Chevron，MI，Halliburton 等）开展了联合攻关实验（GPRI2000）研究，从不同角度阐释了承压封堵方法的强化井筒作用机制。Alberty 和 Mclean 等提出了"应力笼"理论，认为在裂缝入口附近形成封堵层，阻止裂缝延伸和闭合，使井周岩石周向应力增大，从而提高地层承压能力［图1-4（b）］[16]；Dupriest 等则认为井眼强化主要依赖于裂缝闭合应力（FCS）的提高，堵漏材料必须隔离裂缝尖端，地层承压能力增加值应当与裂缝宽度增加值对应［图1-4（c）］[17]。

不难发现，这些理论模型均为基于宏观试验观测的"唯象理论"。虽然都肯定了裂缝封堵层对提高地层承压能力的重要性，但是都无法揭示裂缝封堵层结构的形成与演化机理，更难以提出科学合理的调控方法。

鉴于物理实验手段的局限性，当前矿场试验和室内物理模型实验均难以对承压封堵层形成机理进行深入认识，基于宏观本构关系的数值方法（如有限元法）也无法再现细观颗粒—流体耦合动态过程，而离散元数值模拟方法已发展成为解决复杂颗粒流体动力学问题的一种新兴数值计算方法。

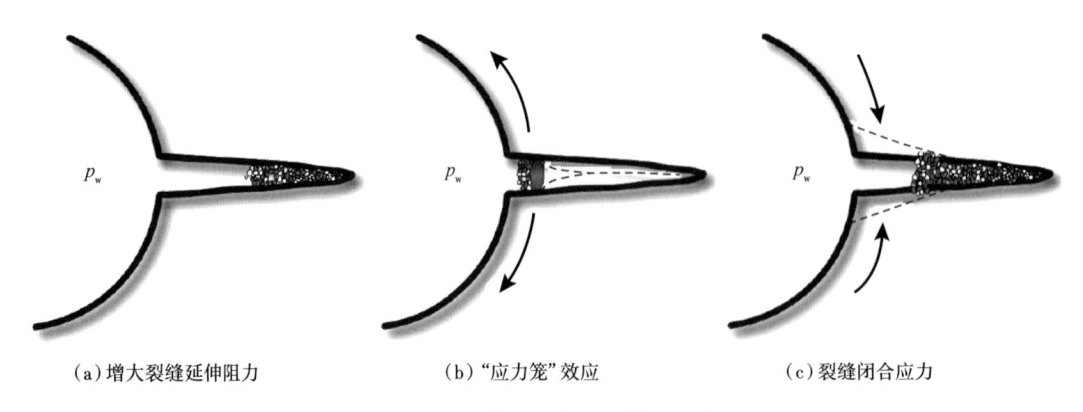

(a) 增大裂缝延伸阻力　　　(b) "应力笼"效应　　　(c) 裂缝闭合应力

图 1-4　常见井眼强化理论模型示意图

国内外学者采用 CFD-DEM 耦合仿真的方法，探究了裂缝封堵层内颗粒运移、堵塞过程，分析了天然裂缝封堵层的形成过程动力学机理，阐析了堵漏颗粒形状、粒度及浓度等对颗粒架桥、封堵行为的影响规律[18-30]；通过光弹实验，揭示了裂缝封堵层结构内部的力链网络演化机制[31]。然而，目前仍限于静态裂缝封堵层的形成与演化，对动态裂缝封堵层的形成与演化机制的研究仍未见突破。

2）堵漏配方设计方法研究现状

国内外学者先后利用裂缝堵漏物理模拟实验方法，研究了堵漏材料粒径分布对裂缝封堵方式的影响规律[32-35]；分别提出了裂缝封堵的"单粒架桥""多粒架桥"等理论架桥模式（图 1-5）[36]。

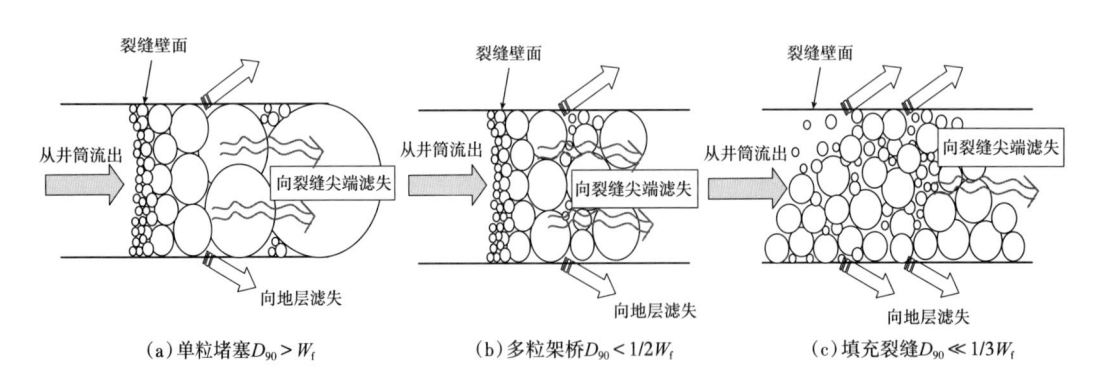

(a) 单粒堵塞 $D_{90} > W_f$　　　(b) 多粒架桥 $D_{90} < 1/2 W_f$　　　(c) 填充裂缝 $D_{90} \ll 1/3 W_f$

图 1-5　裂缝封堵形式与颗粒粒度关系示意图

国内外学者提出了不同的堵漏颗粒粒度级配调控理论或规则，见表 1-1 和表 1-2。堵漏材料粒度调控规则，常见的有 "1/3 架桥规则""理想充填 $D^{1/2}$"理论、Vickers 方法、"D_{50} 规则"及"D_{90} 规则"等，在一定条件下适用并取得了应用成效[33, 35, 37-48]。但是，现行堵漏材料粒度分布调控理论或规则的内涵差异较大，难以抉择。

表 1-1　常见的堵漏材料粒度分布规则

序号	规则名称	规则内容
1	1/3 架桥规则	$D_{50} \geq 1/3 D_{pore}$
2	理想充填理论	颗粒累计体积分数与粒径平方根成正比
3	Vickers 准则	$D_{90}=R_{max}, D_{75} < 2/3 R_{max}, D_{50} \geq 1/3 R, D_{25}=1/7 R_{ave}, D_{10}=R_{min}$
4	D_{50} 准则	$D_{50}=w$
5	D_{90} 准则	$D_{90}=w$
6	Alsaba 准则	$D_{50} \geq 3/10w, D_{90} \geq 6/5w$
7	王贵准则	$2/3w \geq D_{90} \geq 1/2w, (D_{90}-D_{10})/D_{50} \geq 2, D_{10} < 0.2mm$
8	雷少飞准则	$w \geq D_{90} \geq 2/3w, D_{25} \geq 1/3w$

表 1-2　常见承压堵漏原理的调控方法要点[30, 49-53]

技术	应力笼	裂缝闭合压力	增大裂缝延伸阻力
适用介质	水基段塞	水基段塞	现场钻井液（合成基或油基）
适用工艺	间歇段塞挤注	间歇段塞挤注	随钻处理钻井液
改变岩石/闭合应力	是	是	否
裂缝末端隔离	否	是	是
高失水	是	是	否
堵漏材料强度	重要	不重要	不重要
堵漏材料尺寸	重要	不重要	重要
堵漏材料类型	重要	不重要	重要

二、发展趋势

1. 漏失诊断科学化

裂缝性漏失诊断正经历由经验化到科学化的过渡阶段。不同地层岩性、裂缝性质及井筒压力等条件下，钻井过程中发生的裂缝性漏失特征各有不同。只有根据漏失特征科学诊断漏失性质，判定漏失类型、识别裂缝性质及裂缝宽度等关键信息，才能对症下药，制定针对性的防漏堵漏技术方案。

近年来，已经逐步发展起来钻前漏失预测理论和方法、随钻测井仪器及配套的解释软件，可以较为准确地识别漏层位置、裂缝开度等；结合工程和地质实际情况，建立裂缝性漏失理论解析模型和经验关联模型，分析裂缝性漏失的漏失规律，反演出漏失裂缝的宽度范围，为设计防漏堵漏配方提供科学化依据[51, 54-70]。

2. 防漏堵漏材料多元化

钻井液防漏堵漏材料是裂缝性防漏堵漏技术的物质基础。常规防漏堵漏材料主要有桥接类、高失水类、吸液（水、油）膨胀类、柔性凝胶类、可固化类等多种类型堵漏材料。近年来，国内外学者陆续研发了温度敏感性、压力敏感性、智能形状记忆聚合物、智能凝胶、智能分子膜、智能仿生等新型防漏堵漏材料[71-80]。多元化的防漏堵漏材料为裂缝性防漏堵漏技术提供了众多可选项，未来必将更加注重多元化防漏堵漏材料的堵漏机理、适用条件、堵漏工艺及应用成本方面的研究。

3. 防漏堵漏技术数字化、智能化

裂缝性漏失的钻井液防漏堵漏技术是一项综合性技术，涉及地球物理、地质力学、钻井工程、钻井液技术等多学科、多专业。

计算流体力学、断裂力学、岩石力学、有限元及离散元等数值模拟方法、图像处理技术、逆向工程等理论和技术的飞速发展，使得采用先进数字化技术研究裂缝性漏失及防漏堵漏机理，可以突破传统研究手段的局限，对裂缝性漏失机理及防漏堵漏机理的认识更加明晰、科学[81-85]。

随着数据挖掘和计算机技术的飞速发展，已有油田公司和技术服务公司将地质数据、邻井数据、测井、录井、地面监测数据、井漏数据和堵漏数据等结合起来，制定数据采集、录入规范，建立数据齐全、功能齐备的钻井液防漏堵漏技术数据库，并利用数据挖掘方法分析处理数据库中的相关数据，实现裂缝性漏失预测、监测和治理的智能化[64, 86-95]。

参 考 文 献

[1] 徐同台, 刘玉杰. 钻井工程防漏堵漏技术 [M]. 北京：石油工业出版社, 1997.

[2] Lavrov A, Tronvoll J. Modeling mud loss in fractured formations[C]. SPE-88700-MS, 2004.

[3] 鄢捷年. 钻井液工艺学 [M]. 东营：中国石油大学出版社, 2001.

[4] 蒋希文. 钻井事故与复杂问题 [M]. 北京：石油工业出版社, 2002.

[5] Morita N, Black A, Guh G. Theory of lost circulation pressure[C]. SPE-20409-MS, 1990.

[6] Lavrov A. Lost circulation: mechanisms and solutions[M]. Gulf professional publishing, 2016.

[7] 张磊, 王晓鹏, 谢涛, 等. 天然裂缝性地层漏失压力预测新模型 [J]. 钻采工艺, 2018, 41（5）：19-22, 18.

[8] 张磊, 许杰, 谢涛, 等. 几种裂缝性漏失压力计算模型的比较分析 [J]. 石油机械, 2018, 46（9）：13-17.

[9] 李大奇, 康毅力, 刘修善, 等. 基于漏失机理的碳酸盐岩地层漏失压力模型 [J]. 石油学报, 2011, 32（5）：900-904.

[10] Majidi R, Miska S Z, Ahmed R, et al. Radial flow of yield-power-law fluids: Numerical analysis, experimental study and the application for drilling fluid losses in fractured formations[J]. Journal of Petroleum Science and Engineering, 2010, 70（3）：334-343.

[11] Majidi R, Miska S Z, Yu M, et al. Quantitative analysis of mud losses in naturally fractured reservoirs: the effect of rheology[J]. SPE Drilling & Completion, 2010, 25（4）：509-517.

[12] 李大奇. 裂缝性地层钻井液漏失动力学研究 [D]. 成都：西南石油大学, 2012.

[13] Fuh G-F, Morita N, Boyd P, et al. A new approach to preventing lost circulation while drilling[C]. SPE-24599-MS, 1992.

[14] Loeppke G E, Glowka D A, Wright E K. Design and evaluation of lost-circulation materials for severe environments[J]. Journal of Petroleum Technology, 1990, 42（3）：328-337.

[15] Nayberg T, Petty B. Laboratory study of lost circulation materials for use in oil-base drilling muds[C].

SPE-14995-MS, 1986.
- [16] Aston M, Alberty M W, Mclean M, et al. Drilling fluids for wellbore strengthening[C]. SPE-87130-MS, 2004.
- [17] Dupriest F E, Smith M V, Zeilinger C S, et al. Method to eliminate lost returns and build integrity continuously with high-filtration-rate fluid[C]. SPE-112656-MS, 2008.
- [18] Mondal S, Wu C-H, Sharma M M. Coupled CFD-DEM simulation of hydrodynamic bridging at constrictions[J]. International Journal of Multiphase Flow, 2016, 84: 245-263.
- [19] Feng Y, Li G, Meng Y. A coupled CFD-DEM numerical study of lost circulation material transport in actual rock fracture flow space[C]. Society of Petroleum Engineers, 2018.
- [20] Zhu B, Tang H, Wang X, et al. Coupled CFD-DEM simulation of granular LCM bridging in a fracture[J]. Particulate Science and Technology, 2020, 38（3）: 371-380.
- [21] Li J, Qiu Z, Zhong H, et al. Coupled CFD-DEM analysis of parameters on bridging in the fracture during lost circulation[J]. Journal of Petroleum Science and Engineering, 2020, 184: 106501.
- [22] Lin C, Taleghani A D, Kang Y, et al. A coupled CFD-DEM numerical simulation of formation and evolution of sealing zones[J]. Journal of Petroleum Science and Engineering, 2021: 109765.
- [23] Lin C, Taleghani A D, Kang Y, et al. A coupled CFD-DEM simulation of fracture sealing: Effect of lost circulation material, drilling fluid and fracture conditions[J]. Fuel, 2022, 322: 124212.
- [24] Wang G, Huang Y. Numerical investigation on the fracture-bridging behaviors of irregular non-spherical stiff particulate lost circulation materials in a fractured leakage well section[J]. Geoenergy Science and Engineering, 2023, 223: 211577.
- [25] 冯永存, 马成云, 楚明明, 等. 刚性颗粒封堵裂缝地层漏失机制数值模拟[J]. 天然气工业, 2021, 41（7）: 93-100.
- [26] 李洁, 冯奇, 张高峰, 等. 介观尺度下裂缝内堵漏颗粒封堵层形成与破坏机理 CFD-DEM 模拟 [J]. 钻井液与完井液, 2022, 39（6）: 721-729.
- [27] Wang M B, Guo Y L, Chen W Q. Effect of solid particles on the lost circulation of drilling fluid: A numerical simulation[J]. Powder Technology, 2020, 363（3）: 408-418.
- [28] 冯一. 封堵颗粒在井周裂缝中的运移机理研究 [D]. 成都: 西南石油大学, 2019.
- [29] 王斌. 裂缝性漏层钻井液漏失与堵漏计算机模拟研究 [D]. 成都: 西南石油大学, 2019.
- [30] 暴丹. 裂缝地层致密承压封堵机理与钻井液堵漏技术研究 [D]. 青岛: 中国石油大学（华东）, 2020.
- [31] 许成元, 张敬逸, 康毅力, 等. 裂缝封堵层结构形成与演化机制 [J]. 石油勘探与开发, 2021, 48（1）: 202-210.
- [32] Smith P, Browne S, Heinz T, et al. Drilling fluid design to prevent formation damage in high permeability quartz arenite sandstones[C]. SPE-36430-MS, 1996.
- [33] Dick M, Heinz T, Svoboda C, et al. Optimizing the selection of bridging particles for reservoir drilling fluids[C]. SPE-58793-MS, 2000.
- [34] Aadnoy B S, Belayneh M, Arriado M, et al. Design of well barriers to combat circulation losses[J]. SPE Drilling & Completion, 2008, 23（3）: 295-300.
- [35] Whitfill D. Lost circulation material selection, particle size distribution and fracture modeling with fracture simulation software[C]. SPE-115039-MS, 2008.
- [36] Kaageson-Loe N, Sanders M W, Growcock F, et al. Particulate-Based Loss-Prevention Material—The Secrets of Fracture Sealing Revealed![J]. SPE Drilling & Completion, 2009, 24（4）: 581-589.
- [37] 雷少飞, 孙金声, 白英睿, 等. 裂缝封堵层形成机理及堵漏颗粒优选规则 [J]. 石油勘探与开发, 2022, 49（3）: 597-604.

[38] Wang G, Huang Y, Lu H, et al. Selection of the particle size distribution of granular lost circulation materials for use in naturally fractured thief zones[J]. Journal of Petroleum Science and Engineering, 2022: 110702.

[39] Abrams A. Mud design to minimize rock impairment due to particle invasion[J]. Journal of petroleum technology, 1977, 29（5）: 586-592.

[40] 罗向东, 罗平亚. 屏蔽式暂堵技术在储层保护中的应用研究［J］. 钻井液与完井液, 1992, 9（2）: 19-27.

[41] Alsaba M, Al Dushaishi M F, Nygaard R, et al. Updated criterion to select particle size distribution of lost circulation materials for an effective fracture sealing[J]. Journal of Petroleum Science and Engineering, 2017, 149: 641-648.

[42] Izyurov V, Kharitonov A, Semenikhin I, et al. Selecting Bridging Agents' Particle Size Distribution for Optimum Plugging While Drilling in Permeable Zones[C]. SPE-197009-MS, 2019.

[43] Wang G, Huang Y, Xu S. Laboratory investigation of the selection criteria for the particle size distribution of granular lost circulation materials in naturally fractured reservoirs[J]. Journal of Natural Gas Science and Engineering, 2019, 71: 103000.

[44] Razavi O, Karimi Vajargah A, Van Oort E, et al. Optimum particle size distribution design for lost circulation control and wellbore strengthening[J]. Journal of Natural Gas Science and Engineering, 2016, 35: 836-850.

[45] Jienian Y, Wenqiang F. Design of drill-in fluids by optimizing selection of bridging particles[C]. SPE-104131-MS, 2006.

[46] Li J, Qiu Z, Zhong H, et al. Optimizing selection method of continuous particle size distribution for lost circulation by dynamic fracture width evaluation device[J]. Journal of Petroleum Science and Engineering, 2021, 200: 108304.

[47] Gatlin C, Nemir C E. Some effects of size distribution on particle bridging in lost circulation and filtration tests[J]. Journal of Petroleum Technology, 1961, 13（6）: 575-578.

[48] Vickers S, Cowie M, Jones T, et al. A new methodology that surpasses current bridging theories to efficiently seal a varied pore throat distribution as found in natural reservoir formations[J]. Wiertnictwo, Nafta, Gaz, 2006, 23（1）: 501-515.

[49] 王贵. 提高地层承压能力的钻井液封堵理论与技术研究［D］. 成都: 西南石油大学, 2012.

[50] 李银婷, 高强, 董小虎, 等. 井眼强化随钻防漏技术研究与应用［J］. 钻采工艺, 2021, 44（5）: 122-126.

[51] 丁浩力. 国内防漏堵漏新技术研究进展［J］. 西部探矿工程, 2022, 34（4）: 99-100.

[52] 黄宁生. 提高裂缝性地层承压能力机理研究进展［J］. 钻采工艺, 2023, 46（2）: 133-138.

[53] 曾义金, 李大奇, 杨春和. 裂缝性地层防漏堵漏力学机制研究［J］. 岩石力学与工程学报, 2016, 35（10）: 2054-2061.

[54] 彭浩. 裂缝性地层井漏分析与堵漏决策优化研究［D］. 成都: 西南石油大学, 2016.

[55] 彭浩, 李黔, 尹虎, 等. Lietard天然裂缝宽度预测模型求解新方法［J］. 石油钻探技术, 2016, 44（3）: 72-76.

[56] 李大奇, 曾义金, 刘四海, 等. 基于分形理论的粗糙裂缝钻井液漏失模型研究［J］. 石油钻探技术, 2017, 45（04）: 46-52.

[57] 李大奇, 刘四海, 林永学, 等. 裂缝网络地层钻井液漏失模拟［J］. 钻井液与完井液, 2017, 34（2）: 45-50.

[58] 王明波, 郭亚亮, 方明君, 等. 裂缝性地层钻井液漏失动力学模拟及规律［J］. 石油学报, 2017, 38（5）:

597-606.
- [59] 赵鹏斐.元坝须家河组地层漏失机理及防漏堵漏对策研究[D].成都：西南石油大学，2017.
- [60] 赵洋，邓明毅，曾文强，等.Griffiths天然裂缝宽度预测模型研究与分析[J].钻采工艺，2017，40（5）：102-105，107.
- [61] 周杨.基于综合资料的漏层识别及漏失机理研究[D].青岛：中国石油大学（华东），2017.
- [62] 崔鹏坤.碳酸盐岩油气储藏裂缝宽度预测技术方法研究[D].青岛：中国石油大学（华东），2018.
- [63] 李大奇，曾义金，刘四海，等.裂缝性地层承压堵漏模型建立及应用[J].科学技术与工程，2018，18（2）：79-85.
- [64] 孟翰.基于机器学习的井漏风险评估及优化设计[D].北京：中国石油大学（北京），2020.
- [65] 吕开河，王晨烨，雷少飞，等.裂缝性地层钻井液漏失规律及堵漏对策[J].中国石油大学学报（自然科学版），2022，46（2）：85-93.
- [66] 李泽俊.哈法亚油田复杂地层漏失机理与随钻诊断方法研究[D].北京：中国石油大学（北京），2019.
- [67] 方俊伟，杨涪杰，贾晓斌，等.基于录井数据计算地层漏失压力的方法[J].录井工程，2020，31（1）：7-11.
- [68] 卢志远，张晓黎，张万龙，等.一种地震裂缝预测与岩石力学相结合评估井漏风险的新方法——以准噶尔盆地玛湖油田A井区为例[J].天然气地球科学，2020，31（10）：1453-1465.
- [69] Alzubaidi F, Makuluni P, Clark S, et al. Automatic fracture detection and characterization from unwrapped drill-core images using mask R–CNN[J]. Journal of Petroleum Science and Engineering, 2021, 208: 109471.
- [70] 李大奇，康毅力，刘修善，等.裂缝性地层钻井液漏失动力学模型研究进展[J].石油钻探技术，2013，41（4）：42-47.
- [71] 张道明，苗海龙，赖辰熙，等.常用钻井堵漏材料形貌特征参数研究[J].石化技术，2023，30（5）：166-168.
- [72] 李宁，张震，程荣超，等.库车山前堵漏材料关键性能参数及评价方法研究[J].内蒙古石油化工，2020，46（8）：6-10.
- [73] 孙金声，雷少飞，白英睿，等.智能材料在钻井液堵漏领域研究进展和应用展望[J].中国石油大学学报（自然科学版），2020，44（4）：100-110.
- [74] 罗明望.抗高温可控凝胶堵漏技术研究[D].潜江：长江大学，2021.
- [75] 潘一，徐明磊，郭奇，等.钻井液智能堵漏材料研究进展[J].材料导报，2021，35（9）：9223-9230.
- [76] 王建华，王玺，柳丙善，等.油基钻井液用改性树脂类抗高温防漏堵漏剂研究[J].当代化工研究，2021，（3）：150-152.
- [77] 杨倩云，王宝田，杨华，等.形状记忆聚合物型温控膨胀堵漏剂的制备及应用[J].钻井液与完井液，2021，38（2）：189-195.
- [78] Pu L, Xu P, Xu M, et al. Lost circulation materials for deep and ultra-deep wells: A review[J]. Journal of Petroleum Science and Engineering, 2022: 110404.
- [79] 陈家旭.高效纤维防漏堵漏技术实验研究[D].青岛：中国石油大学（华东），2019.
- [80] Lee L, Magzoub M, Taleghani A D, et al. Modelling of cohesive expandable LCMs for fractures with large apertures[J]. Geothermics, 2022, 104: 102466.
- [81] 陈晓华，邱正松，杨鹏，等.基于ABAQUS的裂缝性漏失过程动态模拟研究[J].钻井液与完井液，2019，36（1）：15-19.
- [82] 杨艳.基于ABAQUS的承压堵漏模拟与研究[D].西安：西安石油大学，2019.
- [83] Xu C, Zhang H, Kang Y, et al. Physical plugging of lost circulation fractures at microscopic level[J].

Fuel, 2022, 317: 123477.
- [84] Aghli G, Moussavi-Harami R, Mortazavi S, et al. Evaluation of new method for estimation of fracture parameters using conventional petrophysical logs and ANFIS in the carbonate heterogeneous reservoirs[J]. Journal of Petroleum Science and Engineering, 2019, 172: 1092-1102.
- [85] Wang X, Gong L, Li Y, et al. Developments and applications of the CFD-DEM method in particle-fluid numerical simulation in petroleum engineering: A review[J]. Applied Thermal Engineering, 2022: 119865.
- [86] 陈曾伟. 基于神经网络算法的井下裂缝诊断与堵漏技术[J]. 钻井液与完井液, 2019, 36（1）: 20-24.
- [87] 王雷雯. 基于BP神经网络的钻井防漏堵漏关键参数研究[D]. 成都: 西南石油大学, 2019.
- [88] 张欣. 基于案例推理的井漏诊断与决策系统研究[D]. 北京: 中国石油大学（北京）, 2019.
- [89] Abbas A K. Predicting the Amount of Lost Circulation While Drilling Using Artificial Neural Networks-An Example of Southern Iraq Oil Fields[C]. SPE-198617-MS, 2019.
- [90] Abbas A K, Al-Haideri N A, Bashikh A A. Implementing artificial neural networks and support vector machines to predict lost circulation[J]. Egyptian Journal of Petroleum, 2019, 28（4）: 339-347.
- [91] Geng Z, Wang H, Fan M, et al. Predicting seismic-based risk of lost circulation using machine learning[J]. Journal of Petroleum Science and Engineering, 2019, 176: 679-688.
- [92] 邓正强, 兰太华, 林阳升, 等. 川渝地区防漏堵漏智能辅助决策平台研究与应用[J]. 石油钻采工艺, 2021, 43（4）: 461-466.
- [93] 何涛, 谢显涛, 王君, 等. 利用优化BP神经网络建立裂缝宽度预测模型[J]. 钻井液与完井液, 2021, 38（2）: 201-206.
- [94] 孙金声, 刘凡, 程荣超, 等. 机器学习在防漏堵漏中研究进展与展望[J]. 石油学报, 2022, 43（1）: 91.
- [95] Abbas A K, Bashikh A A, Abbas H, et al. Intelligent decisions to stop or mitigate lost circulation based on machine learning[J]. Energy, 2019, 183: 1104-1113.

第二章　诱导裂缝性漏失机理与规律

诱导裂缝性漏失，是指井筒压力增大到足以使井壁地层压裂产生致漏裂缝，或使地层中预存的非致漏裂缝开启、延伸至致漏宽度而引起的井漏。

第一节　临界致漏裂缝宽度

裂缝宽度大于钻井液中固相颗粒的尺寸是裂缝性漏失的基本条件之一。即，裂缝性漏失存在"临界致漏裂缝宽度"。清晰认识致漏裂缝宽度，对裂缝性漏失机理、防漏堵漏机理及方法至关重要。

根据裂缝宽度，发生裂缝性漏失存在两个重要的临界裂缝宽度：（1）当裂缝宽度小于某一尺寸时，钻井液在压差作用下以滤失为主，即钻井液由滤失转为漏失的临界裂缝宽度，称为"钻井液滤失—漏失临界缝宽"；（2）当裂缝宽度大于"滤失—漏失临界宽度"但又小于某一尺寸时，钻井液虽然会发生漏失，但随着漏失进行很快会自动停止漏失，即钻井液由微弱漏失到自动停止漏失的临界裂缝宽度，称为"钻井液自动止漏缝宽"。

一、钻井液滤失—漏失临界缝宽

由于大多数钻井液中含有配浆土、固相加重材料、钻屑、封堵材料等固相颗粒，当裂缝宽度小于一定值时，在压差作用下，钻井液中的固相堆积在井壁裂缝入口外，只有液相过滤进入裂缝，即"滤失"；只有当裂缝宽度大于一定值后，钻井液中的液相和固相才能在压差作用下流入地层裂缝，从而发生钻井液"漏失"。因此，钻井液由滤失转为漏失的临界裂缝宽度，称为"钻井液滤失—漏失临界缝宽"。

1. 钻井液中固相粒度分布

采用激光粒度分析仪，测试了膨润土浆、重晶石及超细碳酸钙等常见钻井液固相粒度分布，曲线如图2-1至图2-3所示。

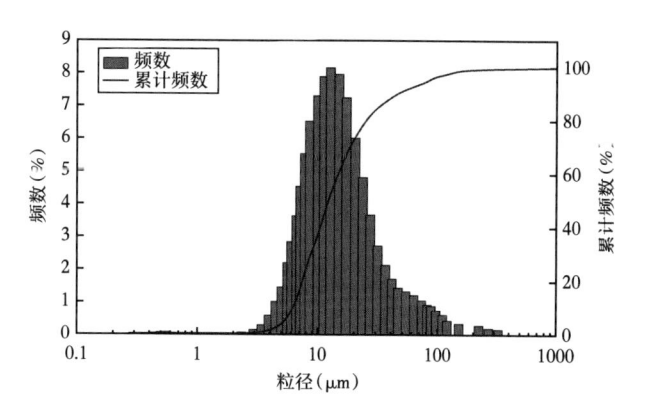

图2-1　膨润土浆粒度分布曲线

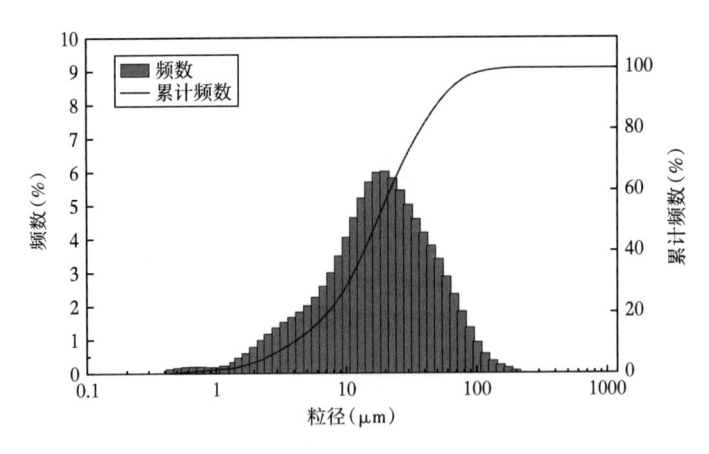

图 2-2 API 重晶石粒度分布曲线

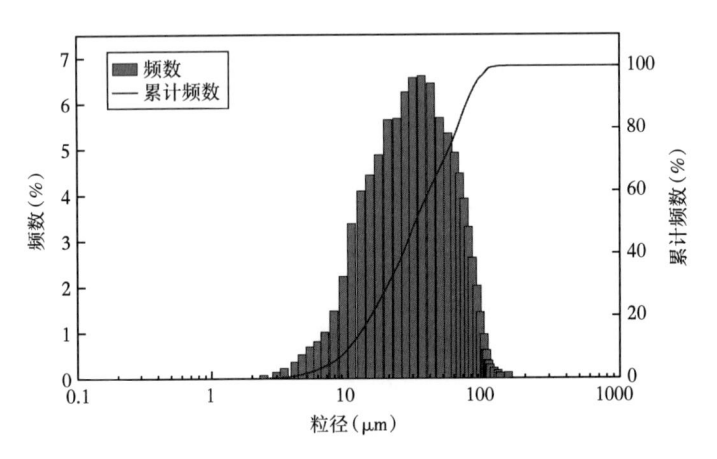

图 2-3 超细碳酸钙粒度分布曲线

几种常用钻井液固相材料的特征粒度值,见表 2-1。

表 2-1 钻井液中几种固相颗粒特征粒度值

序号	测试样品	特征粒度值（μm）			
		D_{10}	D_{50}	D_{90}	D_{100}
1	膨润土浆	3.77	9.36	28.24	152
2	重晶石	4.25	18.98	68.92	212
3	超细碳酸钙	6.38	19.48	55.99	213

由钻井液固相材料粒度分布曲线、特征粒度值可知,钻井液配浆膨润土的粒度最细,API 重晶石与超细碳酸钙的粒度略大且相近,推测具有更大的滤失—漏失临界缝宽。

2. 临界缝宽测试结果

目前,关于钻井液滤失—漏失临界缝宽,多是通过加重材料粒度分布的理论推测。为了获得实验数据依据,课题组利用高温高压滤失仪,将过滤介质改装成具有裂缝的金属缝板，调整裂缝宽度，测试钻井液在不同裂缝宽度条件下的滤失—漏失情况，从而测得了常见钻井液的滤失—漏失临界缝宽。

实验采用的钻井液基浆配方为：2%膨润土浆+0.1% FA367+2%SMP-2+2%SMC+2%硅氟降滤失剂+0.5%聚胺抑制剂+3%KCl。

通过向基浆中添加重晶石、随钻封堵剂等固相材料，得到不同的钻井液配方，编号如下：

（1）S-0#：基浆。
（2）S-1#：基浆+重晶石。
（3）S-2#：基浆+重晶石+3%超细碳酸钙。

通过金属尺规调整缝板上的裂缝宽度，使用高温高压失水仪，压力3.5MPa，温度160℃条件下测得30min的累计滤失或漏失液量。

（1）S-0#配方（基浆）滤失—漏失临界缝宽。

实验测试了不同裂缝宽度条件下，S-0#配方的滤失或漏失液量，实验数据、现象见表2-2、图2-4和图2-5。

表2-2 不同宽度裂缝S-0#配方滤失—漏失实验数据表

序号	缝宽（μm）	累计液量（mL）	实验现象描述
1	20	5	开始2min内滤失5mL
2	50	18	开始5min内滤失18mL
3	70	78	密集点滴式滤失
4	90	73	密集点滴式滤失
5	100	350	憋压到4min时，全部漏失
6	130	350	憋压即全部漏失
7	200	350	憋压即全部漏失

图2-4 基浆对宽度为90μm裂缝的封堵情况

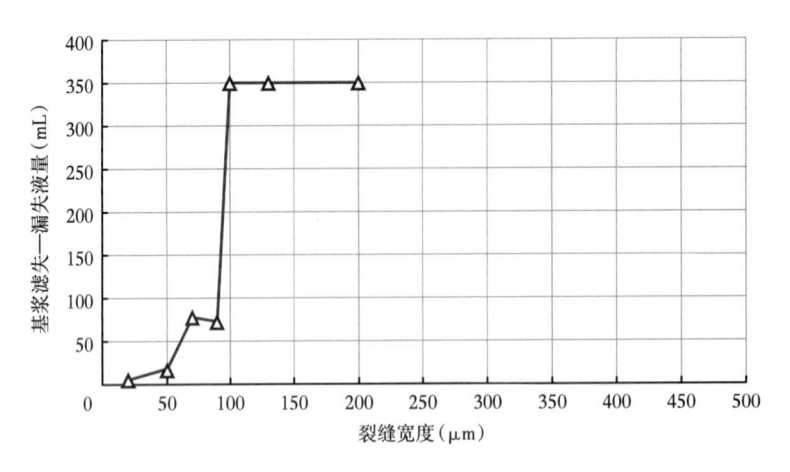

图 2-5 基浆滤失—漏失液量与裂缝宽度关系

由图 2-4 和图 2-5 可见，当裂缝宽度小于 50μm 时，由于基浆中含有膨润土颗粒，基浆对微裂缝具有封堵能力，可在裂缝外快速地形成滤饼，但对宽度大于 50μm 的裂缝形成封堵层较慢；随着裂缝宽度继续增加到 90~100μm 后，基浆不能对裂缝形成封堵，基浆完全漏失。因此可以认为，实验用基浆对应的滤失—漏失临界裂缝宽度约为 100μm。

（2）S-1# 配方（基浆+重晶石）滤失—漏失临界缝宽。

S-1# 配方为基浆中添加了重晶石，密度为 1.85g/cm³，此时钻井液中同时含有膨润土和重晶石两种固相。实验测试了不同裂缝宽度条件下，S-1# 配方的滤失或漏失液量，实验数据、现象见表 2-3、图 2-6 和图 2-7。

表 2-3 不同宽度裂缝 S-1# 配方滤失—漏失实验数据表

序号	缝宽（μm）	累计液量（mL）	实验现象描述
1	100	2	开始 1min 内滤失 2mL
2	150	24	稀疏点滴式滤失
3	200	56	密集点滴式滤失
4	230	350	憋压到 4min 时，全部漏失
5	250	350	憋压即全部漏失
6	300	350	憋压即全部漏失

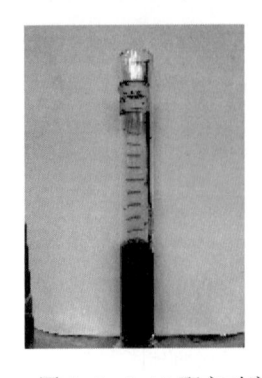

图 2-6 S-1# 配方对宽度为 200μm 裂缝的封堵情况

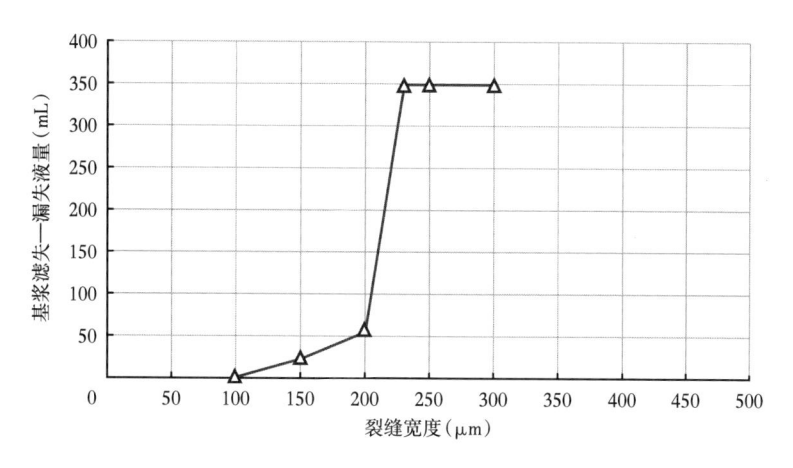

图 2-7　S-1# 配方滤失—漏失液量与裂缝宽度关系

由图 2-6 和图 2-7 可见，对宽度小于 200μm 微裂缝，该钻井液可快速地形成致密的封堵，但当裂缝宽度增加到 230μm 后，该配方钻井液不能对裂缝形成封堵，钻井液完全漏失，因此，故未添加专用封堵剂的加重钻井液滤失—漏失临界缝宽约为 230μm。

（3）S-2# 配方（基浆 + 重晶石 +3% 超细碳酸钙）滤失—漏失临界缝宽。

S-2# 配方为添加了超细碳酸钙的加重钻井液，密度为 1.85g/cm³，此时钻井液中同时含有膨润土固相、重晶石及超细碳酸钙。实验测试了不同裂缝宽度条件下，S-2# 配方滤失、漏失情况，实验现象、数据见表 2-4、图 2-8 和图 2-9。

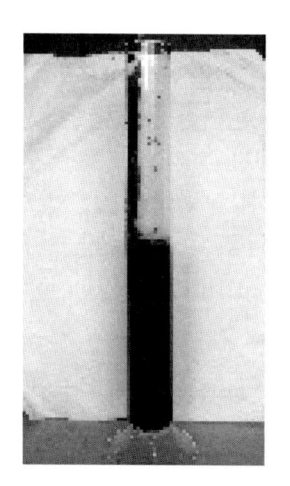

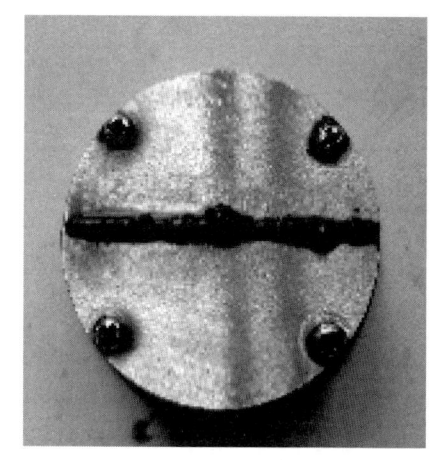

图 2-8　S 2# 配方对宽度为 200μm 裂缝的封堵情况

表 2-4　不同宽度裂缝 S-2# 配方滤失—漏失实验数据表

序号	缝宽（μm）	累计液量（mL）	实验现象描述
1	100	2	开始 1min 内滤失 2mL
2	130	13	开始 3min 内滤失 13mL
3	200	22	稀疏点滴式滤失

续表

序号	缝宽（μm）	累计液量（mL）	实验现象描述
4	230	350	密集点滴滤失，8min 即滤完
5	250	350	憋压即全部漏失
6	300	350	憋压即全部漏失

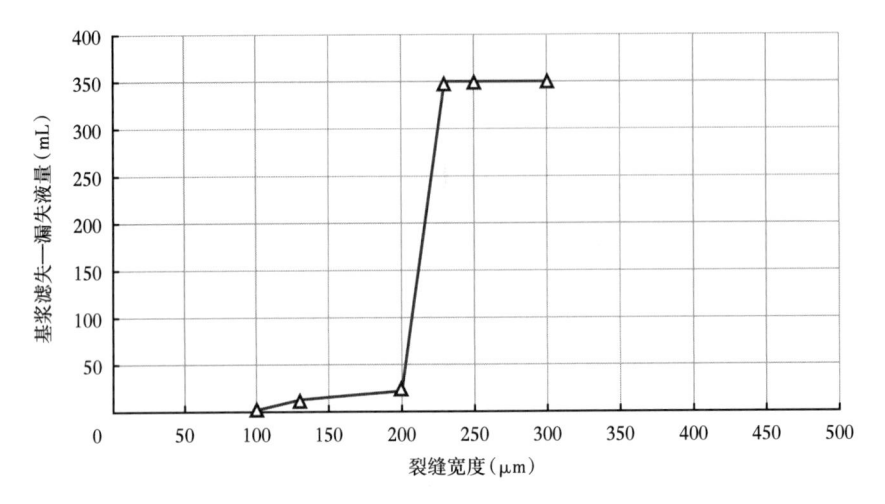

图 2-9 S-2# 配方滤失—漏失液量与裂缝宽度关系

由图 2-8 和图 2-9 可知，对宽度小于 200μm 的微裂缝，该配方可形成致密的封堵层，但当裂缝宽度增至 230μm 后，钻井液全流出，对裂缝不能形成致密封堵。因此，添加了超细碳酸钙的 S-2# 配方滤失—漏失临界缝宽约为 200~230μm。与 S-1# 配方相比，钻井液滤失—漏失临界缝宽相近，这主要是由于实验采用的超细碳酸钙的粒度分布与 API 重晶石的粒度分布相近的缘故。同时，在相同宽度裂缝条件下，S-2# 配方的滤失液量比未加封堵剂的 S-1# 配方少，说明封堵材料超细碳酸钙可降低滤失，起到强化封堵的效果。

综上可知，未加重钻井液滤失—漏失临界缝宽约为 100μm 左右，采用标准重晶石加重的钻井液滤失—漏失临界缝宽约为 200~230μm。

二、钻井液自动止漏临界缝宽

当裂缝开度大于滤失—漏失临界缝宽，钻井液固相和液相在压差作用下均会流进裂缝而发生漏失。然而，如果裂缝宽度仍然较小，由于钻井液内部具有一定的结构强度，随着钻井液侵入裂缝深度增加，在较窄裂缝通道中的流动阻力迅速增大，钻井液漏失会自动停止，可将该缝宽称为"钻井液自动止漏缝宽"。

目前，尚难以通过室内物理模拟实验的方式定量研究钻井液自动止漏缝宽，但可通过理论解析模型或数值仿真模拟分析钻井液自动止漏现象[1-11]。以垂直井钻遇水平裂缝为例，可简化为一维径向钻井液漏失，如图 2-10 所示。

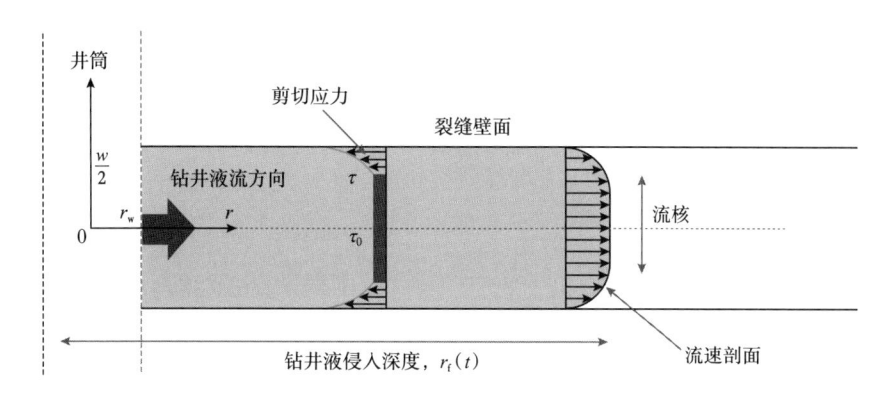

图 2-10 一维径向裂缝漏失示意图

若钻井液在裂缝内为层流流动,由力学平衡条件,可得钻井液自动止漏临界缝宽(图 2-11):

$$w_c = \frac{2\tau_y}{|\nabla p|} \qquad (2-1)$$

式中 τ_y——钻井液屈服值,Pa;
∇p——井筒与钻井液侵入前沿之间的压力梯度,Pa/m。

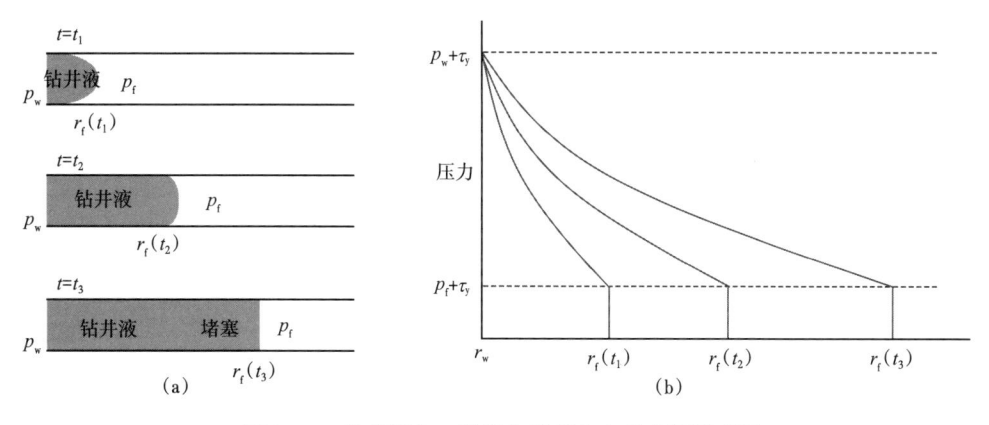

图 2-11 钻井液在一维径向裂缝内自动止漏示意图

当裂缝入口与钻井液侵入前沿之间的压力梯度小于钻井液屈服应力时,钻井液在裂缝中停滞。根据理论分析及数值模拟,在现有常见钻井液的屈服应力、井底压力条件下,钻井液自动止漏缝宽为 0.5~0.8mm。这正是钻井实践中常通过调整钻井液结构强度或静置堵漏方式控制漏失的主要依据。

第二节 诱导致漏裂缝的形成

诱导致漏裂缝性漏失包括两方面:一是井壁地层本来没有裂缝,但被过大的井眼压力压裂产生裂缝而引起的漏失;二是井壁地层预先存在宽度小于致漏宽度的裂缝,但因井眼压力过大而诱使裂缝开启、延展成致漏裂缝。换言之，诱导致漏裂缝性漏失主要是由于井壁裂缝被压力开启、延伸而形成的漏失。裂缝的形成、延伸是诱导致漏裂缝性漏失的关键。

一、诱导裂缝的起裂

1. 孔隙型地层诱导裂缝的起裂

若井壁原始地层不含有裂缝，但由于下钻、提密度等作业导致井筒压力增大到足以克服地应力、岩石强度及井眼应力集中效应后，井壁围岩产生张性破裂，从而产生诱导裂缝，如图 2-12 所示。

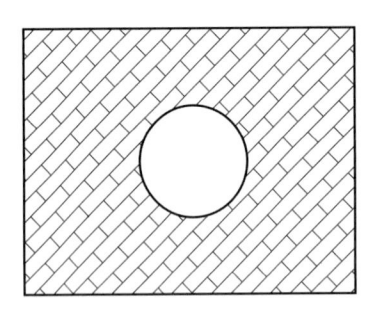

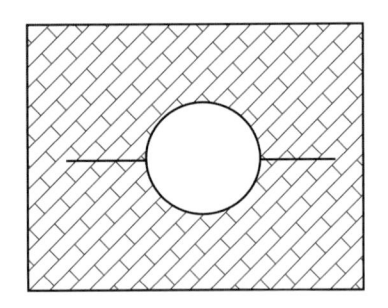

图 2-12　孔隙型地层井壁诱导裂缝起裂示意图

借鉴水力压裂理论，运用经典弹性力学方法，假设地层为各向同性均质介质，分析井周应力分布[12-16]。在地层破裂前，井壁上的周向应力为由于井眼的存在两个水平应力的差别而形成的应力、井内注入压力及工作液渗滤所引起的周向应力之和，即：

$$\sigma_\theta = (3\sigma_h - \sigma_H) - p_w + (p_w - p_p)\alpha\frac{1-2\upsilon}{1-\upsilon} \quad (2-2)$$

$$\alpha = 1 - C_r/C_b$$

式中　σ_θ——周向应力，Pa；

σ_h，σ_H——最小、最大水平有效主应力，Pa；

p_w——井内流体压力，Pa；

p_p——井周地层孔隙流体压力，Pa；

α——Biot 系数；

C_r，C_b——岩石骨架压缩系数和岩石体积压缩系数；

υ——地层岩石的泊松比。

根据最大拉应力准则，井壁岩石周向有效应力超过岩石的水平最小抗张强度 σ_t^h 时，井壁岩石就会张性破裂而形成裂缝，即：

$$\bar{\sigma}_\theta = -\sigma_t^h \quad (2-3)$$

式中　$\bar{\sigma}_\theta$——周向有效应力，Pa；

σ_t^h——地层水平方向上的最小抗张强度，Pa。

若钻井液明显地向地层滤失，井壁岩石孔隙压力接近井内压力，则周向有效应力为：

$$\bar{\sigma}_\theta = \sigma_\theta - p_w \quad (2-4)$$

此时，诱导裂缝起裂压力为：

$$p_f = \frac{3\bar{\sigma}_h - \bar{\sigma}_H + \alpha \dfrac{1-2\upsilon}{1-\upsilon} p_p + \sigma_t^h}{2 - \alpha \dfrac{1-2\upsilon}{1-\upsilon}} \quad (2-5)$$

若钻井液不向地层滤失时，井壁岩石孔隙流体压力不变，周向有效应力为：

$$\bar{\sigma}_\theta = \sigma_\theta - p_p \quad (2-6)$$

此时，诱导裂缝起裂压力为：

$$p_f = 3\bar{\sigma}_h - \bar{\sigma}_H + \sigma_t^h - p_p \quad (2-7)$$

式中　$\bar{\sigma}_h$，$\bar{\sigma}_H$——最小、最大水平有效主应力，Pa。

式（2-5）和式（2-7）分别表示诱导裂缝起裂压力的下限和上限。一般地，由于钻井液在井壁会形成滤饼，钻井液滤饼使孔隙型地层井壁介于完全渗透和完全不渗透之间，因而孔隙型地层的裂缝起裂压力将介于下限和上限之间。

2. 微裂缝地层诱导裂缝的起裂

当井壁预存裂缝时，井壁岩石受到损伤。无论井壁预存裂缝是压裂产生的还是原生裂缝，在流体压力作用下裂缝将会变得更加容易延伸、扩大，裂缝宽度扩大到致漏裂缝宽度后而发生漏失，如图2-13所示。

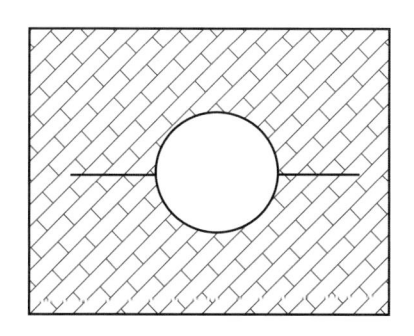

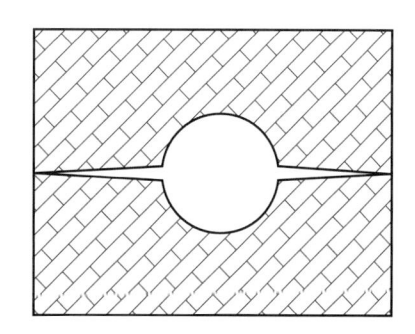

图2-13　微裂缝地层井壁诱导裂缝起裂示意图

事实上，在像岩石这样的天然实际材料中，常存在一定程度的原生或次生裂隙，高压液体可以渗入井壁周围的这些预存裂纹，并在地层破裂前对裂缝尖端产生一应力集度，从而使井壁岩石裂隙优先开裂[13, 17-18]。因此，在一定条件下，地层破裂问题并非理想介质中裂纹的形成问题，而应为地层岩石中预存裂隙的临界扩展问题。岩石中裂纹的临界扩展问题可利用断裂力学理论求解。材料的断裂有三种基本模式，如图2-14所示。

(a) Ⅰ型　　(b) Ⅱ型　　(c) Ⅲ型

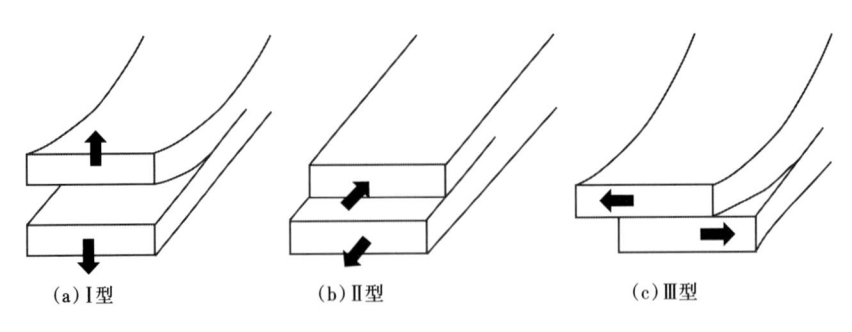

图 2-14　断裂基本形式

井壁诱导裂缝的扩展为典型的Ⅰ型断裂（张性断裂）问题[19-20]。由于裂纹尖端的应力具有奇异性，在有裂纹存在的情况下，常规的强度准则已不再适用。对于带有裂纹的岩石来说，其受载程度和极限状态不能用常规的应力来表征，而必须代之以应力强度因子。因此，带有裂纹岩石的张性断裂准则，可以表示为：

$$K_I \geqslant K_{IC} \tag{2-8}$$

式中　K_I——Ⅰ型裂纹尖端的应力强度因子，$Pa \cdot m^{1/2}$；

　　　K_{IC}——临界应力强度因子，也称为地层岩石的Ⅰ型断裂韧性，$Pa \cdot m^{1/2}$，可以通过实验测得。

基于线弹性岩石断裂力学，结合经典力学中各应力分量的计算方法，研究考虑裂纹存在时的地层岩石破裂压力计算公式[17,21-22]。由于问题的复杂性，可作如下假设：(1)岩石为均质各向同性的线弹性材料；(2)设诱导裂缝致漏为无限大板内孔壁两侧的双对称裂缝扩展问题；(3)裂缝的开裂和扩展方向垂直于最小主应力方向；(4)不考虑孔隙压力的作用。

基于上述基本假设，可将裂缝简化为一远场压应力场（σ_H，σ_h，$\sigma_H \geqslant \sigma_h$）和流体压力作用下的均质弹性无限板内孔两侧的轴对称双裂缝，如图 2-15 所示。裂缝的法线与最小主应力 σ_h 的方向平行，井内流体压力为 p_w 且作用在井壁上，井内高压流体可渗入裂纹内，并在裂纹面上产生的流体压力分布为 $p_{fi}(x)$，选取与最大主应力 σ_H 平行的方向为 x 坐标方向。

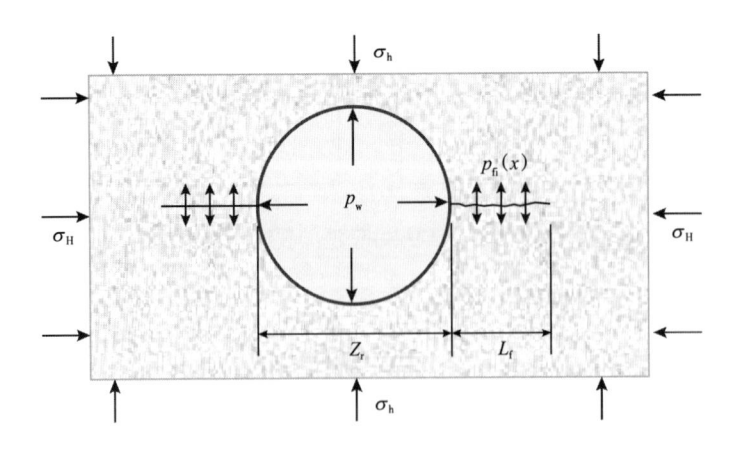

图 2-15　诱导裂缝的断裂力学模型

尽管如图 2-15 所示的应力系统仍较复杂，但应用叠加原理，可将该应力系统视为各种简单载荷的叠加，如图 2-16 所示。

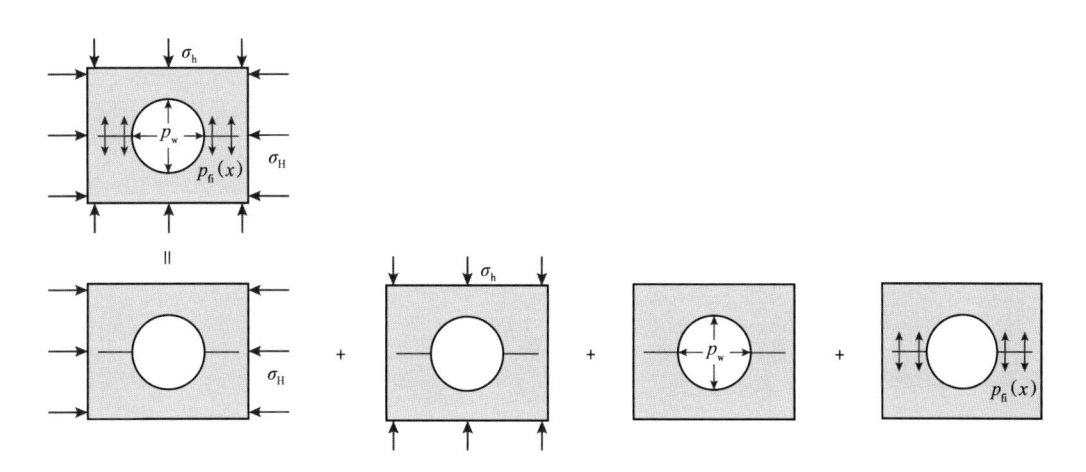

图 2-16 诱导裂缝模型中载荷的叠加

裂纹端部的应力强度因子，可表达为各种简单载荷引起的应力强度因子的叠加：

$$K_\mathrm{I} = K_\mathrm{I}(\sigma_\mathrm{H}, \sigma_\mathrm{h}, p_\mathrm{w}, p_\mathrm{fi}) = K_\mathrm{I}(\sigma_\mathrm{H}) + K_\mathrm{I}(\sigma_\mathrm{h}) + K_\mathrm{I}(p_\mathrm{w}) + K_\mathrm{I}(p_\mathrm{fi}) \tag{2-9}$$

式中　p_fi——缝内压力，Pa；

$K_\mathrm{I}(\sigma_\mathrm{H}, \sigma_\mathrm{h}, p_\mathrm{w}, p_\mathrm{fi})$——裂缝尖端总应力强度因子，Pa·m$^{1/2}$；

$K_\mathrm{I}(\sigma_\mathrm{H})$，$K_\mathrm{I}(\sigma_\mathrm{h})$，$K_\mathrm{I}(p_\mathrm{w})$ 和 $K_\mathrm{I}(p_\mathrm{fi})$——$\sigma_\mathrm{H}$、$\sigma_\mathrm{h}$、$p_\mathrm{w}$ 和 p_fi 引起的裂缝尖端应力强度因子分量，Pa·m$^{1/2}$。

求解裂纹尖端应力强度因子的过程中，采用计算无限大板内一半长为 L_f 的拉伸裂纹尖端应力强度因子的一般公式：

$$K_\mathrm{I} = -(\pi L_\mathrm{f})^{-1/2} \int_{-L_\mathrm{f}}^{L_\mathrm{f}} \sigma_y(x, 0) \left(\frac{L_\mathrm{f} + x}{L_\mathrm{f} - x}\right)^{1/2} \mathrm{d}x \tag{2-10}$$

式中，$\sigma_y(x, 0)$ 为裂缝面 $y=0$ 上的法向应力，按照岩土力学中的一般习惯，取压应力为正，拉应力为负。

根据叠加原理，各种载荷引起的应力强度因子分量按式（2-8）进行叠加，即可得到裂纹尖端的应力强度因子：

$$K_\mathrm{I} = \{\sigma_\mathrm{H} f_\mathrm{H}(b) - \sigma_\mathrm{h} f_\mathrm{h}(b) + p_\mathrm{w}[f_\mathrm{w}(b) + \lambda f_\mathrm{fi}(b)]\}\sqrt{r_\mathrm{w}} \tag{2-11}$$

式中，$0 < \lambda \leq 1$；$b = 1 + L_\mathrm{f}/r_\mathrm{w}$；$L_\mathrm{f}$ 为单翼裂缝长度，m；r_w 为井眼直径，m；$f_\mathrm{H}(b)$、$f_\mathrm{h}(b)$、$f_\mathrm{w}(b)$ 和 $f_\mathrm{fi}(b)$ 分别为 σ_H、σ_h、p_w、p_fi 对应的无量纲应力强度因子函数。

根据断裂力学中的裂纹扩展准则，令：

$$K_\mathrm{I} = K_\mathrm{IC} \tag{2-12}$$

可得到裂纹失稳扩展的临界压力为：

$$p_\text{f} = \frac{1}{f_\text{w}(b) + \lambda f_\text{fi}(b)}\left[\frac{K_\text{IC}}{\sqrt{r_\text{w}}} + \sigma_\text{h} f_\text{h}(b) - \sigma_\text{H} f_\text{H}(b)\right] (0 < \lambda \leqslant 1) \quad (2\text{-}13)$$

将该公式进一步化简，可得类似于经典计算方法的破裂压力公式：

$$p_\text{f} = k_1 \sigma_\text{h} - k_2 \sigma_\text{H} + S'_\text{T} \quad (2\text{-}14)$$

其中，

$$S'_\text{T} = \frac{K_\text{IC}}{[f_\text{w}(b) + \lambda f_\text{fi}(b)]\sqrt{r_\text{w}}}$$

$$k_1 = \frac{f_\text{h}(b)}{f_\text{w}(b) + \lambda f_\text{fi}(b)}$$

$$k_2 = \frac{f_\text{H}(b)}{f_\text{w}(b) + \lambda f_\text{fi}(b)}$$

式中　k_1，k_2——水力压裂的破裂系数；
　　　S'_T——有裂纹存在的地层岩石抗拉强度，Pa。

二、诱导裂缝的延伸

1. 诱导裂缝延伸过程

诱导裂缝在延伸过程中，一般会经历稳态延伸阶段和非稳态延伸阶段[1, 13, 23]。典型的地层漏失试验压力曲线，如图 2-17 所示。

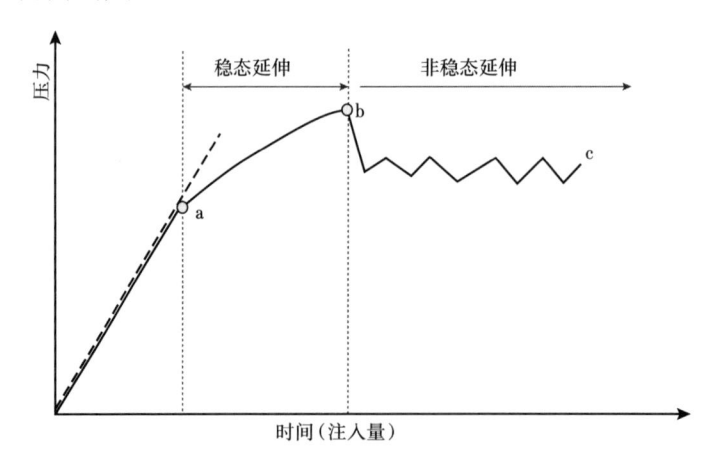

图 2-17　地层漏失试验压力曲线示意图

由图 2-17 可见，随着注入时间或注入量的增加，井筒压力先是近直线上升；当压力增加至 a 点对应的压力后，继续注入，压力曲线偏离直线趋势而呈较缓的曲线增加趋势；当压力增加至 b 点对应压力后，井筒压力断崖式下降，随后呈锯齿状波动。钻井工程中，将压力曲线上 a 点对应的压力称为裂缝起裂压力 FIP，表示使井壁地层中产生裂纹的最小井筒压力（与经典材料力学中材料的破裂压力对应）；将压力曲线上 b 点对应的井筒压力称为地层破裂压力 FBP（不同于材料力学中材料的理论破裂压力），表示钻井液进入裂缝并导致裂缝不稳定延伸时的井筒压力；将压力曲线上 b~c 段对应的井筒压力平均值称为裂缝延伸压力 FPP，表示维持诱导裂缝不稳定延伸的井筒压力。

裂缝起裂初期，裂缝处于稳态延伸阶段，如图 2-17 中 a~b 段。由于钻井液的滤失，井内压力增大速度变缓，压力曲线偏离直线。由于井壁钻井液滤饼的作用，井壁诱导裂缝起裂后，钻井液要经过由滤失到漏失的转变过程，但裂缝的长度、宽度及高度均迅速发展，如图 2-18 所示。

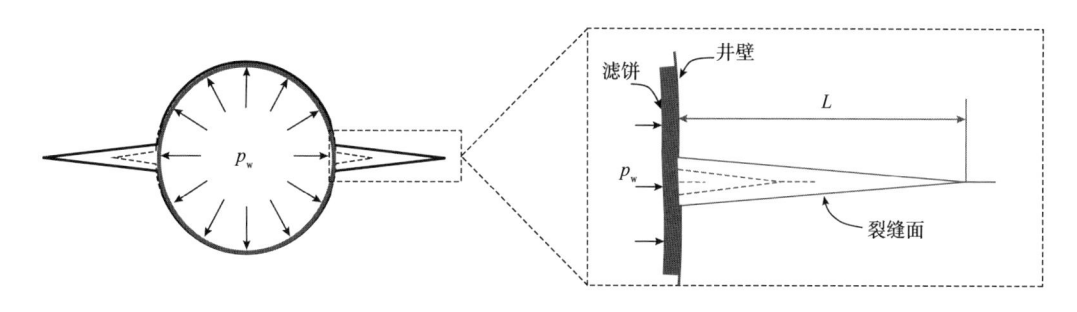

图 2-18　裂缝起裂初期裂缝形态示意图

当裂缝开度小于滤失—漏失临界缝宽，在钻井液的滤失造壁作用下，只有钻井液液相进入裂缝，地层虽然已经产生了裂缝，但还未导致漏失，继续注入，井筒压力会继续增加，这个阶段，可以概括为"破而不漏"阶段。

随着诱导裂缝的延伸，井壁裂缝宽度扩大，钻井液滤饼被突破，钻井液固相和液相均进入裂缝内，裂缝延伸进入非稳态阶段。如图 2-17 中 b~c 段，裂缝延伸压力 FPP 往往呈锯齿状波动现象。有研究表明，钻井液在裂缝内的滤失作用对裂缝延伸具有一定的阻挡作用；裂缝延伸压力 FPP 的波动，主要是裂缝内钻井液在裂缝端部形成的滤失层形成、破坏、再形成、再破坏的动态过程所致，如图 2-19 所示。

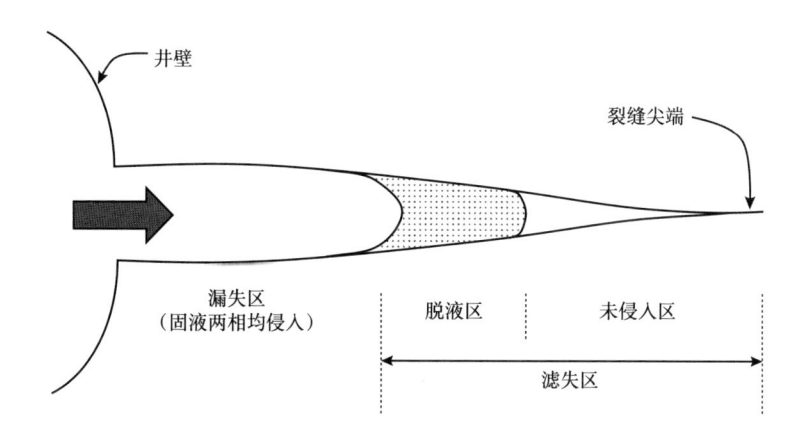

图 2-19　裂缝稳态延伸过程裂缝形态示意图

由图 2-19 可见，裂缝内可以划分为两个不同的区域，即漏失区和滤失区。靠近井眼附近，裂缝宽度较大，钻井液固相和液相均能进入裂缝，称为漏失区；远离井眼后，裂缝宽度逐渐变小，当钻井液固相与裂缝宽度尺寸相当时，则发生滤失脱液作用，形成滤失区。滤失区又可进一步划分为脱液区和未侵入区。其中，脱液区类似滤饼区，只是此时的滤饼质量可能不如井壁滤饼那么致密，脱液区内的液相含量也可能会更高；在脱液区与裂缝尖端之间，仅存在部分滤液或者甚至没有滤液，称为未侵入区。

诱导裂缝的延伸过程与地层性质、钻井液类型及性能有关。地层岩石越坚硬、脆性越大，裂缝的未侵入区越长，裂缝形态越细长。低渗透地层中裂缝更易延伸，因为注入的钻井液大多只能进入裂缝，而在高渗透性岩石中缝内钻井液向裂缝壁面的滤失作用强，滤失区迅速形成，裂缝延伸压力FPP波动明显，同时用于扩展裂缝的流体就减少了。微裂缝型地层中，油基钻井液比水基钻井液有更低的漏失压力FBP，且裂缝延伸压力FPP的波动更小。换言之，相同条件下，油基钻井液比水基钻井液更易发生诱导裂缝性漏失。

2. 诱导裂缝宽度剖面

诱导裂缝延伸时，裂缝宽度也会随着裂缝长度的增加而发生变化[15, 21, 24-26]。借鉴水力压裂理论，诱导裂缝宽度剖面可采用PKN裂缝模型描述[25]。

以垂直井为例，平面应变条件下，在各向均质、同性地层中，诱导裂缝宽度二维剖面常采用计算公式：

$$w(x) = \frac{4(1-v^2)}{E}(p_w - \sigma_H)\sqrt{(L_f + r_w)^2 - x^2} \quad (2-15)$$

式中　$w(x)$——裂缝内某一位置 x 处的宽度，m；
　　　L_f——裂缝长度，m；
　　　E——地层岩石弹性模量，Pa。

若地应力各向不均匀，考虑地应力各向异性的影响，诱导裂缝宽度平面分布可表示为：

$$w(x) = \frac{4(1-v^2)}{E}[p_w - \sigma_h + c(\sigma_H - \sigma_h)]\sqrt{(L_f + r_w)^2 - x^2} \quad (2-16)$$

式中　c——反应地应力各向异性的经验系数。

$$c = \frac{0.137 r_w^{1/2}}{[L_f + 3(x - r_w)]^{1/1.3}} \quad (2-17)$$

当 $x=r_w$ 时，可得到井壁诱导裂缝入口宽度：

$$w_A = \frac{4(1-v^2)}{E}[p_w - \sigma_h + c(\sigma_H - \sigma_h)]\sqrt{(L + r_w)^2 - r_w^2} \quad (2-18)$$

若按照式（2-18）计算裂缝入口宽度，可以发现井壁裂缝入口宽度随着裂缝长度的增加近似为线性增加的趋势。显然，这与实际情况并不相符。不同的延伸阶段，裂缝宽度变化具有不同的特性。

裂缝稳态延伸阶段，根据线弹性岩石力学，裂缝宽度随着裂缝长度增加而增大，裂缝宽度与裂缝长度近似线性关系，裂缝剖面近似楔形，如图2-20所示。

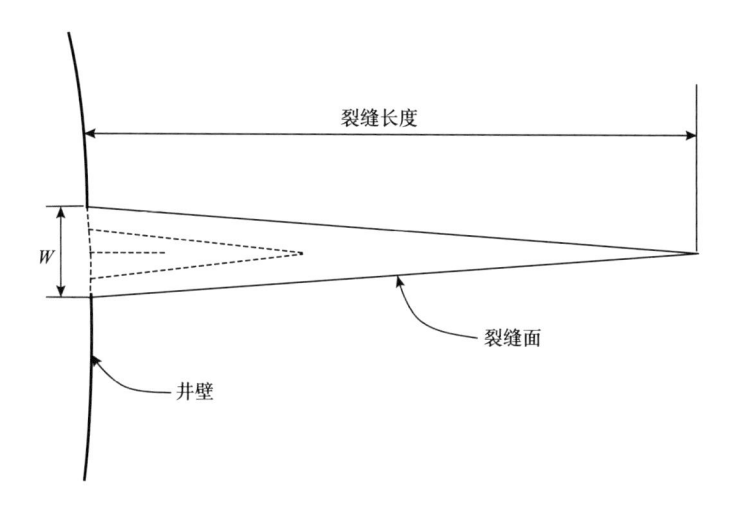

图 2-20　稳态延伸阶段裂缝剖面示意图

当裂缝延伸进入非稳态阶段后，裂缝宽度的变化将受原地应力、诱导应力和应变形式的限制，尤其是裂缝入口宽度将不再快速增大。因此，非稳态延伸阶段，裂缝长度增加较快，但裂缝宽度增加缓慢，如图 2-21 所示。

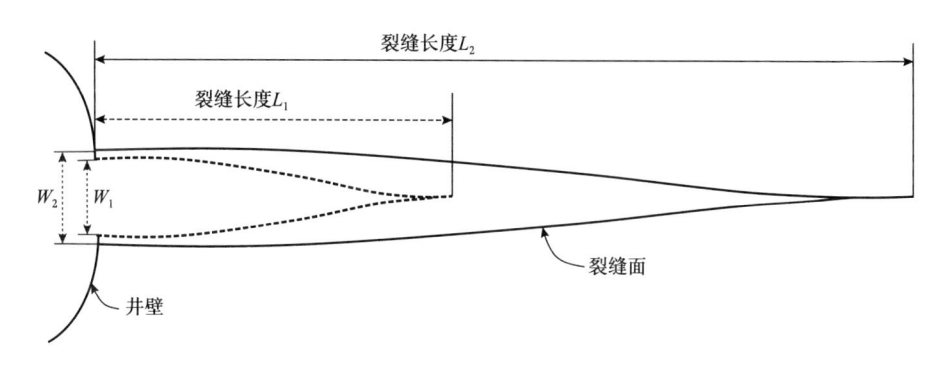

图 2-21　非稳态延伸阶段裂缝剖面示意图

理论上讲，诱导裂缝宽度由地层岩石的压缩变形及裂缝面位移两部分构成。式（2-18）虽可用于估算稳态延伸阶段的诱导裂缝宽度，但对非稳态延伸阶段裂缝宽度将会带来较大偏差。这主要是由于式（2-18）仅考虑了地层岩石在缝内压力作用下的压缩变形量。

针对诱导裂缝宽度时空演变过程的问题，研究人员提出了半解析模型、数值模型、数值仿真模型等模型，但这些模型大多各有侧重[9,27-29]。截至目前，仍未见可同时考虑钻井液在裂缝面滤失、钻井液流变性、地层流体影响和地层渗透性等因素的解析或数值模型的报道。需要指出的是，现有裂缝延伸模型无论是在假设条件还是推导过程都做了很多简化，实验室和矿场实验都证明现有裂缝延伸模型仍有待完善。

第三节　诱导裂缝致漏机制及特征

钻井液漏失的发生必须满足三个基本条件：压差、漏失通道及容纳空间。诱导致漏裂缝形成后，仅构成了压差和漏失通道两个条件。因此，井壁诱导致漏裂缝形成后，并不意味着一定会产生明显的漏失。诱导裂缝性漏失的发生，必须具有可以容纳经诱导裂缝漏失钻井液的储存空间。这些容纳空间往往是由于诱导裂缝延伸、扩展后，增加了裂缝滤失面积或沟通了天然漏失通道而形成的。

一、诱导裂缝致漏机制

1. 增加裂缝滤失面积

诱导裂缝在地层中延伸，必然增加裂缝壁面面积。随着诱导裂缝向地层远处延伸，地层裂缝岩石壁面与钻井液的接触面积增加。在压差作用下，若地层岩石渗透性高，钻井液会向裂缝壁面岩石渗透，从而增加了钻井液的消耗量，如图 2-22（a）所示；若地层岩石渗透性低，或者钻井液在裂缝壁面形成的滤饼非常致密，则漏失的钻井液将主要存在于诱导裂缝内部，如图 2-22（b）所示。

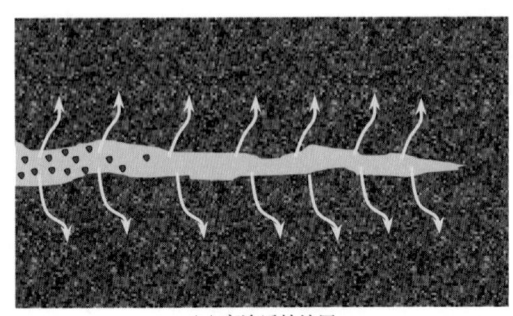

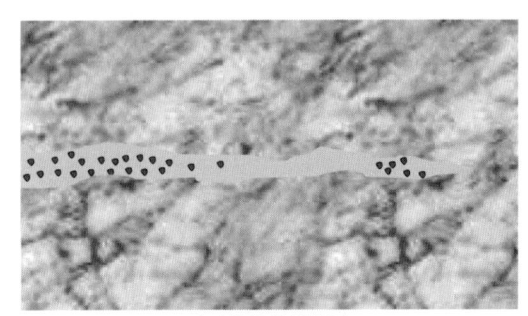

（a）高渗透性地层　　　　　　　　（b）低渗透性地层

图 2-22　诱导裂缝壁面滤失示意图

这种情况下，诱导裂缝本身既是漏失通道又是主要的容纳空间，但诱导裂缝空间体积通常较小，不足以容纳大量钻井液而发生明显的漏失。

2. 沟通天然漏失空间

若井眼周围发育有断层、裂缝网络和溶洞，诱导裂缝延伸后极易沟通这些天然容纳空间，从而产生较大的漏失[30]。诱导裂缝与天然裂缝或溶洞沟通后，天然裂缝既可作为漏失通道也可作为漏失钻井液的容纳空间，漏失通道尺寸增加，漏失速度增加，如图 2-23（a）所示；这些裂缝或溶洞也可能继续起裂延伸，增大了恶性漏失的风险，如图 2-23（b）所示。

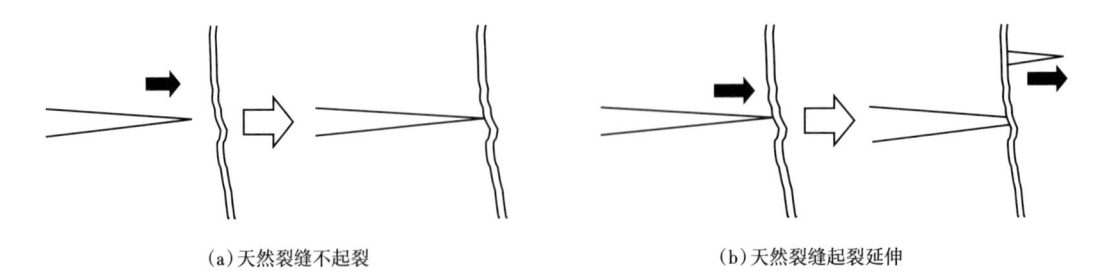

（a）天然裂缝不起裂　　　　　　　　（b）天然裂缝起裂延伸

图 2-23　诱导裂缝与天然漏失通道沟通示意图

这种情况下，诱导裂缝主要作为漏失通道，当诱导裂缝与天然裂缝或溶洞等沟通以后，漏失速度会明显增加，甚至会出现井口失返等恶性漏失。

二、诱导裂缝漏失特征

诱导裂缝性漏失往往具有比较明显的特征。不同类型的诱导裂缝性漏失具有不同的特征，可以分别从漏失压力和漏失速度两方面识别。

1. 漏失压力特征

井壁地层微裂缝的预存条件不同，诱导裂缝性漏失的压力特征也不尽相同[1, 31-33]。诱导致漏裂缝性漏失的压力特征，可通过漏失试验压力曲线区分，如图2-24所示。

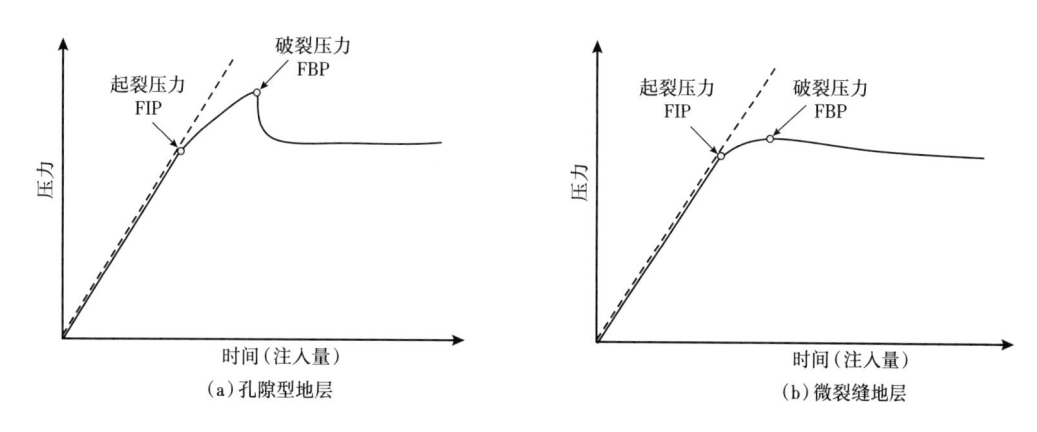

图 2-24 地层漏失试验压力曲线

图2-24（a）中地层起裂压力FIP与地层破裂压力FBP之间存在明显区别，表明井壁地层完整性较好，属于孔隙型地层压裂致漏；图2-24（b）中起裂压力FIP与地层破裂压力FBP相近，表明井壁地层预存有微裂缝，属于微裂缝型地层诱导致漏。

2. 漏失速度特征

诱导裂缝性漏失后，漏失速度可以通过钻井液池液位的变化来体现。根据诱导裂缝是否沟通天然裂缝，漏失速度特征曲线，如图2-25所示。

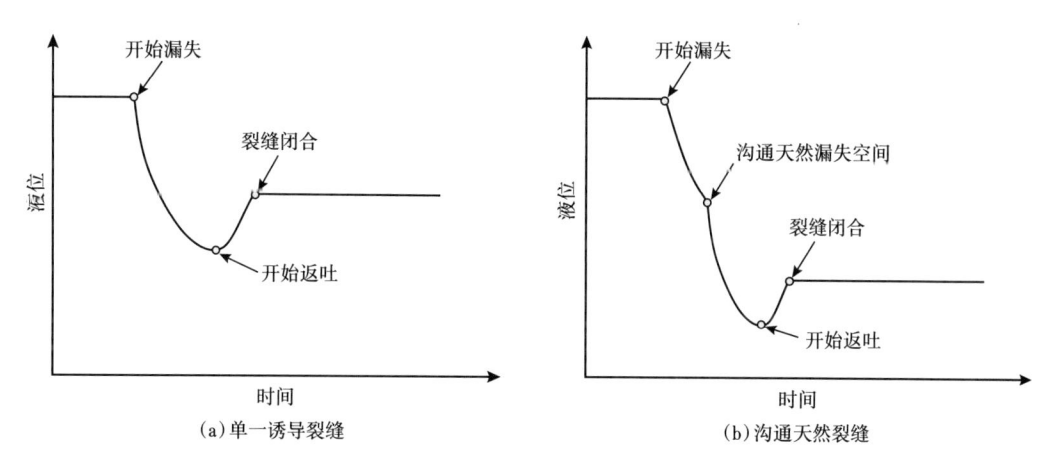

图 2-25 诱导裂缝漏失钻井液池液位曲线示意图

图 2-25（a）中钻井液池液位先降低，随后又恢复到一定水平，这是由于诱导裂缝延伸增加了裂缝体积和裂缝比面积，钻井液池液位下降。但若井内压力降低后又会引起裂缝闭合，往往会出现钻井液"返吐"的现象，钻井液池液位又部分恢复。"返吐"程度与钻井液性能及地层渗透性有关。图 2-25（b）中钻井液池液位先缓慢降低，随后又陡然降低。表明诱导裂缝延伸沟通了井眼附近的天然漏失空间，导致漏失速度显著增加。若井底压力降低后裂缝闭合，钻井液也可能会发生"返吐"，但"返吐"强度低于图 2-25（a）所示情形。

参考文献

[1] Lavrov A. Lost circulation: mechanisms and solutions[M]. Gulf professional publishing, 2016.
[2] 李大奇, 康毅力, 刘修善, 等. 基于漏失机理的碳酸盐岩地层漏失压力模型[J]. 石油学报, 2011, 32 (5): 900-904.
[3] 李大奇. 裂缝性地层钻井液漏失动力学研究[D]. 成都：西南石油大学, 2012.
[4] 贾利春, 陈勉, 侯冰, 等. 裂缝性地层钻井液漏失模型及漏失规律[J]. 石油勘探与开发, 2014, 41(1): 95-101.
[5] 李松, 康毅力, 李大奇, 等. 裂缝性地层 H-B 流型钻井液漏失流动模型及实验模拟[J]. 中国石油集团川庆钻探工程有限公司钻井液技术服务公司, 2015, 37（6）: 57-62.
[6] 李大奇, 刘四海, 康毅力, 等. 天然裂缝性地层钻井液漏失规律研究[J]. 西南石油大学学报（自然科学版）, 2016, 38（3）: 101-106.
[7] 王明波, 郭亚亮, 方明君, 等. 裂缝性地层钻井液漏失动力学模拟及规律[J]. 石油学报, 2017, 38(5): 597-606.
[8] Feng Y, Gray K. Lost circulation and wellbore strengthening[M]. Springer, 2018.
[9] 吕开河, 王晨烨, 雷少飞, 等. 裂缝性地层钻井液漏失规律及堵漏对策[J]. 中国石油大学学报（自然科学版）, 2022, 46（2）: 85-93.
[10] Majidi R, Miska S Z, Ahmed R, et al. Radial flow of yield-power-law fluids: Numerical analysis, experimental study and the application for drilling fluid losses in fractured formations[J]. Journal of Petroleum Science and Engineering, 2010, 70（3）: 334-343.
[11] Majidi R, Miska S Z, Yu M, et al. Quantitative analysis of mud losses in naturally fractured reservoirs: the effect of rheology[J]. SPE Drilling & Completion, 2010, 25（4）: 509-517.
[12] 王鸿勋, 张士诚. 水力压裂设计数值计算方法[M]. 北京：石油工业出版社, 1998.
[13] 陈勉, 金衍, 张广清. 石油工程岩石力学[M]. 北京：科学出版社, 2008.
[14] 蔡利山, 苏长明, 刘金华. 易漏失地层承压能力分析[J]. 石油学报, 2010, 31（2）: 311-317.
[15] 黄荣樽. 水力压裂裂缝的起裂和扩展[J]. 石油勘探与开发, 1981,（5）: 65-77.
[16] Miles A, Topping A. Stresses around a deep well[J]. Transactions of the AIME, 1949, 179（1）: 186-191.
[17] B.K. 阿特金森, 尹祥础, 修济刚. 岩石断裂力学[M]. 北京：地质出版社, 1992.
[18] 徐同台, 刘玉杰. 钻井工程防漏堵漏技术[M]. 北京：石油工业出版社, 1997.
[19] 侯冰. 应力敏感裂缝性地层堵漏力学机理及应用研究[D]. 北京：中国石油大学（北京）, 2009.
[20] 李家学. 裂缝地层提高承压能力钻井液堵漏技术研究[D]. 成都：西南石油大学, 2011.
[21] 王鸿勋. 水力压裂原理[M]. 北京：石油工业出版社, 1987.
[22] 王贵, 蒲晓林, 文志明, 等. 基于断裂力学的诱导裂缝性井漏控制机理分析[J]. 西南石油大学学报（自然科学版）, 2011, 33（1）: 131-134+119.
[23] Van Oort E, Vargo R. Improving Formation-Strength Tests and Their Interpretation[J]. SPE Drilling &

Completion, 2008, 23 (3): 284-294.

[24] Feng Y, Gray K. Modeling lost circulation through drilling-induced fractures[J]. SPE Journal, 2018, 23 (1): 205-223.

[25] Perkins T, Kern L R. Widths of hydraulic fractures[J]. Journal of petroleum technology, 1961, 13 (9): 937-949.

[26] Settari A, Cleary M P. Development and Testing of a Pseudo-Three-Dimensional Model of Hydraulic Fracture Geometry[J]. SPE Production Engineering, 1986, 1 (6): 449-466.

[27] 彭浩, 李黔, 高佳佳, 等. 可变形天然裂缝动态宽度流—固耦合计算模型[J]. 西南石油大学学报（自然科学版）, 2023, 45 (2): 77-86.

[28] Wen M, Huang H, Hou Z, et al. Numerical simulation of the non-Newtonian fracturing fluid influences on the fracture propagation[J]. Energy Science & Engineering, 2022, 10 (2): 404-413.

[29] Morita N, Fuh G-F, Black A D. Borehole breakdown pressure with drilling fluids-II. Semi-analytical solution to predict borehole breakdown pressure[J]. International Journal of Rock Mechanics and Mining Sciences & Geomechanics Abstracts, 1996, 33 (5): A213.

[30] Scheldt T, Andrews J S, Lavrov A. Understanding Loss Mechanisms: The Key to Successful Drilling in Depleted Reservoirs?[J]. SPE Drilling & Completion, 2020, 35 (2): 180-190.

[31] Morita N, Black A, Guh G. Theory of lost circulation pressure[C]. SPE-20409-MS, 1990.

[32] Fuh G-F, Morita N, Boyd P, et al. A new approach to preventing lost circulation while drilling[C]. SPE-24599-MS, 1992.

[33] Feng Y, Jones J F, Gray K. A review on fracture-initiation and-propagation pressures for lost circulation and wellbore strengthening[J]. SPE Drilling & Completion, 2016, 31 (2): 134-144.

第三章　天然裂缝性漏失机理与规律

天然裂缝性漏失，是指井壁地层预存天然裂缝，且裂缝开度大于钻井液固相颗粒粒径，在压差作用下钻井液固相和液相进入天然裂缝地层的漏失。天然裂缝性漏失一般表现为钻遇裂缝即漏失，一般漏失速度较大甚至失返。天然裂缝宽度及裂缝与地层中容纳空间的连通程度直接关系着天然裂缝性漏失的严重程度。天然裂缝可以存在于任何岩性地层中，因而天然裂缝性漏失也可能发生在任何岩性地层中。

第一节　天然致漏裂缝的形成

天然致漏裂缝一般是在地质历史时期形成的，受到各种地质因素的控制。根据岩心和地表露头上裂缝与控制其发育的主要地质因素的关系，可以将天然裂缝分为构造裂缝、成岩裂缝以及收缩裂缝三种主要类型。

一、构造裂缝

构造裂缝是指裂缝的形成和分布受局部构造事件或构造应力场控制的裂缝[1-2]。与局部构造事件有关的裂缝产状与发育程度在不同的构造部位明显不同，裂缝的走向随构造线的变化而发生明显的改变。按照盆地构造类型，构造裂缝又包括与断层构造有关的裂缝、与褶皱构造有关的裂缝、与其他构造（如底辟构造）有关的裂缝以及弱变形构造区的裂缝等类型。

地壳运动引起的地层岩石的变形，常使得地层岩石发生褶皱或断裂，而褶皱和断裂构造又会引起地层产生允许钻井液漏失的漏失通道，即天然致漏裂缝。

1. 与断层有关的裂缝

与断层有关的裂缝又包括与断层伴生的裂缝和断层活动派生的裂缝两种类型。

与断层伴生的裂缝是指形成裂缝构造应力场与形成断层的构造应力场一致，因而它们是区域构造应力场作用下产生统一变形的结果。这类裂缝与断层的关系主要有两种：一种相互平行；另一种是与断层共轭的剪切裂缝，它们在某一区域范围内都有分布。

断层活动派生的裂缝是指由于断层活动的应力扰动产生的局部应力场作用形成的裂缝，因而是断层活动派生的结果。这类裂缝一般只发育在断层附近的局部狭长地带（即应力扰动带），裂缝发育带的宽度与断层性质、规模、断层作用的强度等因素有关。一般与逆冲断层相关的裂缝发育带的宽度相对较大，断层的规模和强度越大，断层活动引起的裂缝发育带也越宽，因而裂缝发育带的宽度与断层的伸缩量呈正相关关系。区域性深大断裂引起的裂缝发育带的宽度可达 5km 以上，而有些断层影响的裂缝带宽度仅几百米甚至几十米。由断层活动派生的裂缝主要包括有一组张裂缝和两组共轭的剪切裂缝（图 3-1）。断层的末端一般是断层活动引起的局部应力集中区,同样是裂缝的相对发育区,裂缝通常是断层渐变消失的一种形式。此外,断层的交叉、分枝及弯曲的外凸部位也是断层活动时产生的局部应力相对集中区,因而也是相应的裂缝发育区。

通常,与断层伴生的裂缝和断层活动派生的裂缝共存,钻井工程领域一般不具体细分。

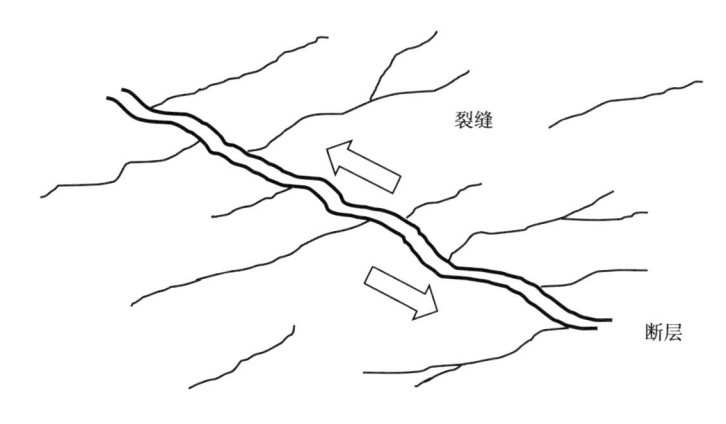

图 3-1 与断层有关的裂缝示意图

2. 与褶皱有关的裂缝

褶皱变形是构造应力作用下岩石变形的结果,构造应力作用的基本方式为水平应力作用与垂直应力作用。因此,褶皱形成也相对应地分为纵弯褶皱作用与横弯褶皱作用这两种基本形式。与褶皱构造有关的裂缝包括与纵弯褶皱有关的裂缝及与横弯褶皱有关的裂缝,在沉积盆地以前者为主。所有褶皱构造,大都是水平侧压力和垂直力作用的产物,但是这种力并不是孤立的,它们有着内在的联系,很多褶皱的形成就是这两种力共同作用的结果。

纵弯褶皱作用是指岩层受顺层挤压应力作用而形成褶皱的过程,地壳中的水平运动是造成这种作用的地质条件,地壳中的多数褶皱是纵弯作用的产物,如图 3-2 所示。

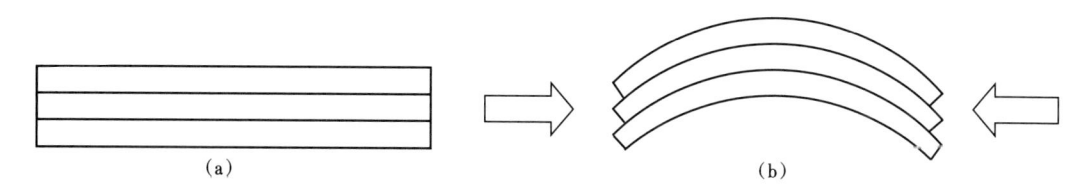

图 3-2 褶曲形成的主要力学方式

当岩层受水平侧压力作用而发生弯曲时,两个岩层之间沿着层面互相滑动,以致在褶曲两翼各形成一组剪切力,由此剪切力而使在褶曲翼部有可能形成破劈理和牵引褶曲,即拖曳褶皱。而在褶曲的顶部则岩层因受拉应力,常形成张性裂缝,褶皱越强烈,则张性裂缝越发育,如图 3-3 所示。钻井钻遇背斜轴部时,由于张性裂缝的存在,将很容易发生钻井液的漏失。

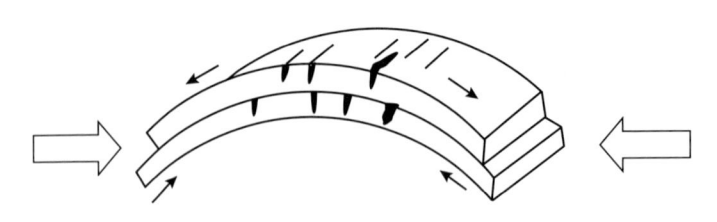

图 3-3　背斜轴部发生拉应力形成张裂缝

横弯褶皱作用是岩层因受到与层面垂直方向上的挤压而形成褶皱的作用。因岩层的原始状态多近于水平，故横弯褶皱作用的挤压也多自下而上，产生这种力的原因，包括地壳升降运动、岩浆的上拱作用、岩盐层及其他高塑性岩层的底辟作用以及沉积、成岩过程中产生的沉积压实作用等。

在垂直力作用下，较为常见的是断续褶皱，它是因基底坚硬岩层沿断裂活动，而使上覆岩层弯曲所形成的褶皱，多数表现为箱形或屉形褶皱以及挠曲等。

当组成褶皱的岩层脆性较大时，其顶部常发生各种张裂缝，如图 3-4 所示，钻井钻遇这类地层时，将发生钻井液的大量漏失；当组成褶皱的岩层塑性较大时，常形成顶部变薄、翼部变厚的顶薄褶曲，这是断续褶皱特点之一，如图 3-5 所示，这类构造一般不会出现天然的张性裂缝，因此，不具有天然的钻井液漏失通道。

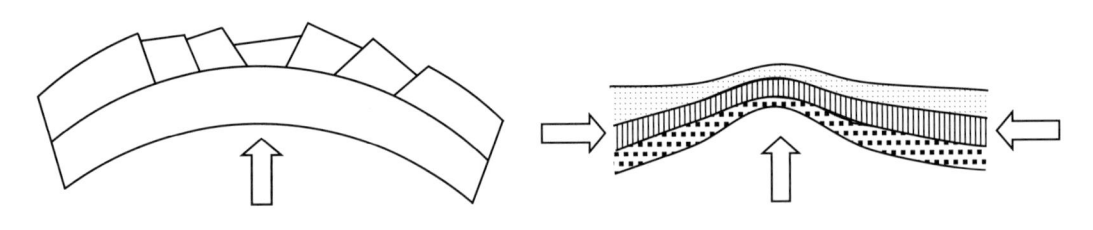

图 3-4　横弯褶皱示意图　　　　　图 3-5　顶薄褶曲示意图

3. 弱变形构造区的裂缝

在构造变形较弱（褶皱和断层构造不发育）的近水平岩层中，同样可能广泛发育方位变化较小、裂缝两侧无明显水平错动且垂直于岩层面的裂缝系统。将这类在构造变形相对较弱的地层中广泛发育的正交裂缝系统称为区域裂缝。这类裂缝分布规则，规模大，间距宽，发育范围广，产状相对较稳定，延伸较远，并组成良好的裂缝网络系统。在一些沉积盆地，通常表现为两组正交的裂缝形式，两组裂缝分别与盆地的长轴和短轴一致。其形成和分布与局部构造事件无关，裂缝的方位不随构造线的改变而发生变化，它的形成主要受区域构造应力场的控制。在裂缝性油藏中，这类裂缝同样十分重要，尤其是当这类裂缝系统与构造裂缝（与断层、褶皱有关的裂缝）系统相叠加时，可形成复杂的裂缝性漏失地层。

根据对野外地表露头和岩心的观察，弱变形构造区的裂缝产状稳定，裂缝面平直光滑，并常见擦痕甚至阶步；裂缝多呈雁行式排列，可见羽蚀构造；在砾岩或含砾砂岩中，还具有裂缝切穿砾石而过的现象；裂缝的尾端具有折尾、菱形结环和菱形分叉等现象。

二、成岩裂缝

成岩裂缝是指岩层在成岩过程中由于压实和压溶等地质作用而产生的近水平裂缝。成岩裂缝主要发育在泥质岩类和砂岩中，通常顺层理面分布，并且具有顺层理面发生弯曲、断续、分枝和尖灭等分布特点（图3-6）。

缝合线是岩石在成岩过程中由于压溶作用形成的一种成岩裂缝，常分布在灰岩、白云岩和砂岩中，其产状与层理面一致。此外，还有一类与构造相关的构造缝合线，一般与层理面斜交或直交。构造缝合线的形成一般是先在构造作用下形成裂缝，然后在压溶作用下形成缝合线。因此，构造缝合线与最大主压应力方向一致。

图3-6 成岩裂缝顺层理面分布

在特低渗透或超低渗透砂岩储层中，由于岩石致密，岩石中石英或长石矿物粗颗粒之间相互挤压，可以在颗粒内部沿长石的解理面或石英的裂纹裂开，形成颗粒内部的粒内缝，在颗粒边缘还可以形成粒缘缝。粒内缝和粒缘缝的形成主要与成岩过程中强烈的压实、压溶作用或者与构造挤压作用有关。在构造挤压较弱的地区，粒内缝和粒缘缝的形成主要以压实作用和压溶作用为主，此时它们可以划分为成岩裂缝。

三、收缩裂缝

收缩裂缝是指岩石在收缩过程中因体积减小而产生张应力形成的拉张裂缝或扩张裂缝。造成岩石收缩和体积减小的因素包括热收缩作用、干燥作用、脱水作用、矿物相变作用等，因而可以相应地形成热收缩裂缝、干燥裂缝、脱水裂缝和矿物相变裂缝。热收缩裂缝是在岩浆冷却过程中因发生收缩而形成的裂缝，因而它主要分布在岩浆岩中。

泥裂是干燥裂缝的典型表现，是在地表条件下由于干燥失水收缩形成的拉张裂缝，一般表现为倾角较陡的楔状裂缝。裂缝的横断面呈多边形，经常被后期沉积物充填，一般发育于泥质或富含泥质的沉积物中（图3-7）。

图3-7 泥岩中的泥裂现象

脱水裂缝是由于黏土失水或胶体悬浮物质失水造成体积缩小而形成的裂缝。裂缝呈三维多边形网络。通常，脱水裂缝的间距较小，且在三维空间上均匀分布。脱水裂缝可出现于粉砂岩、泥岩、灰岩、白云岩以及细—粗粒砂岩中。

矿物相变解理缝是指黏土矿物和碳酸盐相变引起的体积减小而形成的拉张或扩张裂缝，通常呈不规则的几何形状。蒙皂石向伊利石转化、方解石向白云石转变都可导致体积减少而形成这类裂缝。

第二节　天然裂缝漏失理论解析模型

利用流体力学、流变学方法，建立天然裂缝性漏失的理论解析模型，揭示天然裂缝漏失规律，对防止和控制裂缝性漏失具有重要的意义。现有天然裂缝漏失理论模型较多，但各有侧重及不足[3-17]。结合现有理论解析模型，本节介绍对天然裂缝漏失理论解析模型的发展。

一、基本假设

（1）钻井液为非牛顿流体，流变模式为赫—巴模式；
（2）地层流体为牛顿流体，并忽略其影响；
（3）不考虑裂缝壁面岩石基质滤失的影响；
（4）井眼贯穿裂缝形成双翼对称裂缝性漏失。

为了反映裂缝面与井眼的相交关系，模型假设裂缝面与井眼轴线的夹角为 γ（$0 \leq \gamma \leq 90°$）。根据井眼轴线与裂缝面夹角 γ 的大小，裂缝与井眼相交关系可分为三种（图3-8）：

（1）当 $\gamma=0$ 时，井眼轴线与裂缝面垂直相交；
（2）当 $0<\gamma<90°$ 时，井眼轴线与裂缝面倾斜相交；
（3）当 $\gamma=90°$ 时，井眼轴线与裂缝面顺行相交。

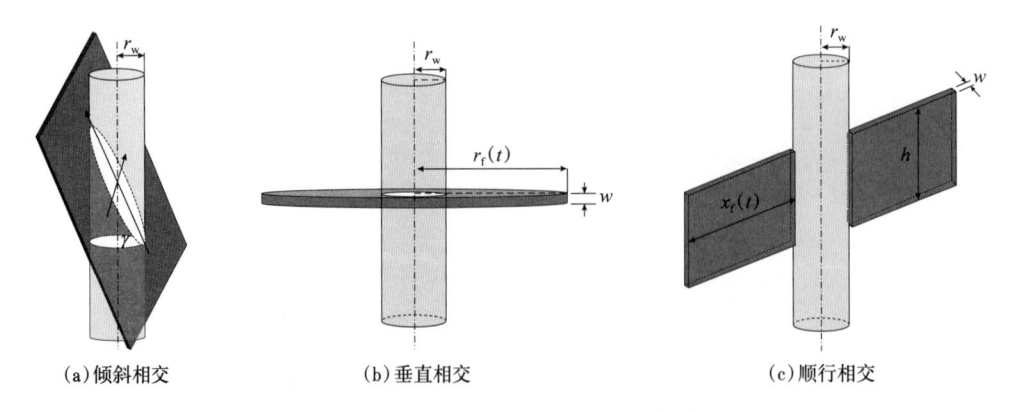

(a) 倾斜相交　　　　(b) 垂直相交　　　　(c) 顺行相交

图3-8　井眼轴线与裂缝面相交几何模型

二、模型推导

1. 径向流模型

当裂缝与井眼夹角小于90°时，即裂缝与井眼垂直相交和倾斜相交时，可将钻井液在井筒中的流动近似为径向流。

赫—巴模式的本构方程[18]：

$$\tau=\tau_y+K\left(-\frac{dv}{dz}\right)^n \tag{3-1}$$

式中　τ——剪切应力，Pa；
　　　z——裂缝内垂直于缝面的距离，m；
　　　n——钻井液流性指数；
　　　v——在位置 y 的速度，m/s；
　　　K——稠度系数，Pa·s；
　　　τ_y——钻井液屈服应力，Pa。

赫—巴流体在径向裂隙中的流动压降梯度方程[11]：

$$\frac{dp}{dr}=\frac{Kq^n}{\left(\frac{w_f}{2}\right)\left[\left(\frac{4\pi rn}{2n+1}\right)\left(\frac{w_f}{2}\right)^2\right]^n}+\left(\frac{2n+1}{n+1}\right)\left(\frac{2\tau_y}{w_f}\right) \tag{3-2}$$

式中　p——流体压力，Pa；
　　　r——径向距离，m；
　　　q——截面流量，L/s；
　　　w_f——裂缝宽，m。

当 $n=1$ 时，式（3-2）可表示成：

$$\frac{dp}{dr}=\frac{12\mu_p v_m}{w_f^2}+\frac{3\tau_y}{w_f} \tag{3-3}$$

式中　μ_p——塑性黏度，Pa·s；
　　　v_m——钻井液在裂缝中的流速，m/s。

考虑裂缝可能与井眼斜交，井壁上裂缝迹线为椭圆形状，迹线长度增加，相当于增加了井眼半径。因此，引入当量井眼半径，即：

$$r_{we}=\frac{r_w}{\cos\gamma}(0\leqslant\gamma<90°) \tag{3-4}$$

式中　γ——裂缝面与井眼水平面的夹角，（°）；
　　　r_{we}——当量井眼半径，m；
　　　r_w——井眼半径，m。

在某一时刻 t 的累计漏失量：

$$V_m(t)=\pi w_f\left\{[r_f(t)]^2-r_{we}^2\right\} \tag{3-5}$$

式中　$V_m(t)$——某一时刻 t 的累计漏失量，m³；

$r_f(t)$——时刻 t 的钻井液径向侵入距离，m。

则时刻 t 的瞬时漏失速率：

$$q_m(t) = \frac{dV_m(t)}{dt} \tag{3-6}$$

瞬时流速为：

$$v_m(t) = \frac{q_m(t)}{2\pi r_{we} w_f} \tag{3-7}$$

经过整理、化简，可得到侵入半径随时间的变化关系，即：

$$\frac{dr_f}{dt} = \frac{(1-n)^{\frac{1}{n}} \left[\frac{n}{2n+1} \left(\frac{w_f}{2} \right)^{1+\frac{1}{n}} \right] \left[\Delta p - \left(\frac{2n+1}{n+1} \right) \left(\frac{2\tau_y}{w_f} \right) (r_f - r_{we}) \right]^{\frac{1}{n}}}{r_f \left[K \left(r_f^{1-n} - r_{we}^{1-n} \right) \right]^{\frac{1}{n}}} \tag{3-8}$$

式中 r_f——钻井液的径向侵入距离，m；

Δp——井筒和漏层的压差，Pa。

引入无量纲侵入半径 r_D 和无量纲侵入时间 t_D：

$$r_D = \frac{r_f}{r_{we}} \tag{3-9}$$

$$t_D = \beta t \tag{3-10}$$

其中，

$$\beta = \left(\frac{n}{2n+1} \right) \left(\frac{w_f}{r_{we}} \right)^{\left(\frac{n+1}{n} \right)} \left(\frac{\Delta p}{K} \right)^{\left(\frac{1}{n} \right)} \tag{3-11}$$

将式（3-9）和式（3-10）代入式（3-8），进行无量纲化处理以后，得：

$$\frac{dt_D}{dr_D} = \frac{2^{\left(\frac{n+1}{n} \right)} r_D \left(\frac{r_D^{1-n} - 1}{1-n} \right)^{\frac{1}{n}}}{\left[1 - \alpha(r_D - 1) \right]^{\frac{1}{n}}} \tag{3-12}$$

其中，

$$\alpha = \left(\frac{2n+1}{n+1} \right) \left(\frac{2r_{we}}{w_f} \right) \left(\frac{\tau_y}{\Delta p} \right) \tag{3-13}$$

2. 线性流模型

当裂缝与井眼夹角 γ 等于 90° 时，即裂缝面与井眼轴线顺行相交时，可将钻井液在井筒中的流动近似为线性流，如图3-9所示。

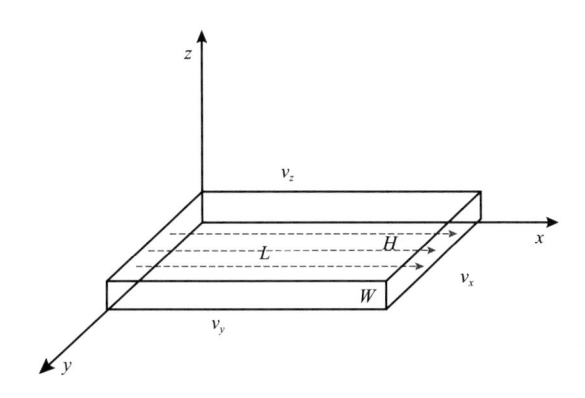

图3-9 钻井液在平行裂缝中一维流动示意图

钻井液在时刻t的累计漏失量：

$$V_m(t) = 2w_f h [x_f(t) - r_w] \tag{3-14}$$

式中 h——裂缝高度，m；

$x_f(t)$——t时刻钻井液侵入深度，m。

此时，漏失速率：

$$q_m(t) = \frac{dV_m(t)}{dt} \tag{3-15}$$

即：

$$q = 2w_f h \frac{dx_f}{dt} \tag{3-16}$$

流速方程：

$$v_m(t) = \frac{q_m(t)}{2w_f h} \tag{3-17}$$

根据赫—巴模式本构方程整理得：

$$v_x = -\left(\frac{dp}{dx}\right)^{-1}\left(\frac{n+1}{n}\right)\left(\frac{1}{K}\right)^{\frac{1}{n}}\left(-\tau_y - \frac{dp}{dx}y\right)^{\frac{n+1}{n}} - c \tag{3-18}$$

设裂缝壁面流速为零，即：

$$v_x = 0 \tag{3-19}$$

$$y = \pm \frac{w_f}{2} \tag{3-20}$$

联立式（3-18）至式（3-20），可求得系数c：

$$c = -\left(-\frac{\mathrm{d}p}{\mathrm{d}x}\right)^{-1}\left(\frac{n}{n+1}\right)\left(\frac{1}{K}\right)^{\frac{1}{n}}\left(-\tau_y - \frac{\mathrm{d}p}{\mathrm{d}x}\frac{w_f}{2}\right)^{\frac{n+1}{n}} \quad (3\text{-}21)$$

再把 c 代入式（3-18），可得：

$$v_x = \left(-\frac{\mathrm{d}p}{\mathrm{d}x}\right)^{-1}\left(\frac{n}{n+1}\right)\left(\frac{1}{K}\right)^{\frac{1}{n}}\left[-\left(-\tau_y - \frac{\mathrm{d}p}{\mathrm{d}x}y\right)^{\frac{n+1}{n}} + \left(-\tau_y - \frac{\mathrm{d}p}{\mathrm{d}x}\frac{w_f}{2}\right)^{\frac{n+1}{n}}\right] \quad (3\text{-}22)$$

对于赫—巴流体，存在动切力，即[19]：

$$\frac{\mathrm{d}v_x}{\mathrm{d}y} = 0 \quad (3\text{-}23)$$

$$y \leqslant z_p \quad (3\text{-}24)$$

联立式（3-22）至式（3-24）得：

$$\tau_y = -\frac{\mathrm{d}p}{\mathrm{d}x}y_p \quad (3\text{-}25)$$

考虑流核，即：

$$v_{xp} = \left(-\frac{\mathrm{d}p}{\mathrm{d}x}\right)^{-1}\left(\frac{n}{n+1}\right)\left(\frac{1}{K}\right)^{\frac{1}{n}}\left(-\tau_y - \frac{\mathrm{d}p}{\mathrm{d}x}\frac{w_f}{2}\right)^{\frac{n+1}{n}} \quad (3\text{-}26)$$

流核内的流量：

$$q_{xp} = 2h\int_0^{y_p} v_{xp}\mathrm{d}y = 2h\tau_y\left(-\frac{\mathrm{d}p}{\mathrm{d}x}\right)^{-2}\left(\frac{n}{n+1}\right)\left(\frac{1}{K}\right)^{\frac{1}{n}}\left(-\tau_y - \frac{\mathrm{d}p}{\mathrm{d}x}\frac{w_f}{2}\right)^{\frac{n+1}{n}} \quad (3\text{-}27)$$

流核外的流量：

$$q_x = 2h\int_{y_p}^{\frac{w}{2}} v_x\mathrm{d}y = 2h\left(-\frac{\mathrm{d}p}{\mathrm{d}x}\right)^{-2}\left(\frac{n}{2n+1}\right)\left(\frac{1}{K}\right)^{\frac{1}{n}}\left(-\tau_y - \frac{\mathrm{d}p}{\mathrm{d}x}\frac{w_f}{2}\right)^{\frac{2n+1}{n}} \quad (3\text{-}28)$$

裂缝断面总流量：

$$q = q_x + q_{xp} = 2h\left(\frac{n}{2n+1}\right)\left(\frac{1}{K}\right)^{\frac{1}{n}}\left(\frac{w_f}{2}\right)^{2+\frac{1}{n}}\left(-\frac{\mathrm{d}p}{\mathrm{d}x}\right)^{\frac{1}{n}}\left(1 - \frac{\tau_y}{-\frac{\mathrm{d}p}{\mathrm{d}x}\frac{w_f}{2}}\right)^{\frac{1}{n}}$$
$$\left[1 - \frac{1}{n+1}\left(\frac{\tau_y}{-\frac{\mathrm{d}p}{\mathrm{d}x}\frac{w_f}{2}}\right) - \frac{n}{n+1}\left(\frac{\tau_y}{-\frac{\mathrm{d}p}{\mathrm{d}x}\frac{w_f}{2}}\right)^2\right] \quad (3\text{-}29)$$

式(3-29)表明，截面流量 q 与压力梯度非线性相关。在流变参数及流量已知的条件下，可以通过数值迭代方法求解裂缝内 x 处的压力梯度，再根据进(出)口压力即可求得裂缝内压力分布。

若要获得问题的解析解，可对式(3-29)两边同时乘 n 次方、泰勒展开并化简，可得线性化单翼裂缝断面的总流量[20]：

$$q = 2h\left(\frac{n}{2n+1}\right)\left(\frac{w_f}{2}\right)^{2+\frac{1}{n}}\left(\frac{1}{K}\right)^{\frac{1}{n}}\left(-\frac{\mathrm{d}p}{\mathrm{d}x} - \frac{2n+1}{n+1}\frac{2\tau_y}{w_f}\right)^{\frac{1}{n}} \quad (3\text{-}30)$$

裂缝内平均流速：

$$\bar{v} = \frac{q}{w_f h} = \frac{1}{2}\left(\frac{n}{2n+1}\right)\left(\frac{w_f}{2}\right)^{1+\frac{1}{n}}\left(\frac{1}{K}\right)^{\frac{1}{n}}\left(-\frac{\mathrm{d}p}{\mathrm{d}x} - \frac{2n+1}{n+1}\frac{2\tau_y}{w_f}\right)^{\frac{1}{n}} \quad (3\text{-}31)$$

忽略壁面滤失，可得压力梯度为：

$$-\frac{\mathrm{d}p}{\mathrm{d}x} = \frac{Kq^n}{\left[2h\left(\frac{n}{2n+1}\right)\left(\frac{w_f}{2}\right)^{2+\frac{1}{n}}\right]^n} + \left(\frac{2n+1}{n+1}\right)\left(\frac{2\tau_y}{w_f}\right) \quad (3\text{-}32)$$

积分得到：

$$\Delta p = \left\{\frac{Kq^n}{\left[2h\left(\frac{n}{2n+1}\right)\left(\frac{w_f}{2}\right)^{2+\frac{1}{n}}\right]^n} + \left(\frac{2n+1}{n+1}\right)\left(\frac{2\tau_y}{w_f}\right)\right\}(x_f - r_w) \quad (3\text{-}33)$$

单翼裂缝流量：

$$q = 2h\left(\frac{n}{2n+1}\right)\left(\frac{w_f}{2}\right)^{2+\frac{1}{n}}\left(\frac{1}{K}\right)^{\frac{1}{n}}\left[\frac{\Delta p}{x_f - r_w} - \left(\frac{2n+1}{n+1}\right)\left(\frac{2\tau_y}{w_f}\right)\right]^{\frac{1}{n}} \quad (3\text{-}34)$$

同时，单翼裂缝流量：

$$q = w_f h \frac{\mathrm{d}x_f}{\mathrm{d}t} \quad (3\text{-}35)$$

联立单翼裂缝流量公式，可得到裂缝内钻井液的侵入前沿方程：

$$\frac{\mathrm{d}x_f}{\mathrm{d}t} = \left(\frac{n}{2n+1}\right)\left(\frac{w_f}{2}\right)^{1+\frac{1}{n}}\left(\frac{1}{K}\right)^{\frac{1}{n}}\left[\frac{\Delta p}{x_f - r_w} - \left(\frac{2n+1}{n+1}\right)\left(\frac{2\tau_y}{w_f}\right)\right]^{\frac{1}{n}} \quad (3\text{-}36)$$

整理得：

$$\frac{\mathrm{d}x_\mathrm{f}}{\mathrm{d}t}=\left(\frac{n}{2n+1}\right)\left(\frac{w_\mathrm{f}}{2}\right)^{1+\frac{1}{n}}\left(\frac{\Delta p}{K}\right)^{\frac{1}{n}}\left[\frac{1-\left(\frac{2n+1}{n+1}\right)\left(\frac{2r_\mathrm{w}}{w_\mathrm{f}}\right)\left(\frac{\tau_\mathrm{y}}{\Delta p}\right)\left(\frac{x_\mathrm{f}}{r_\mathrm{w}}-1\right)}{r_\mathrm{w}\left(\frac{x_\mathrm{f}}{r_\mathrm{w}}-1\right)}\right]^{\frac{1}{n}} \quad (3-37)$$

令：

$$x_\mathrm{D}=\frac{x_\mathrm{f}}{r_\mathrm{w}} \quad (3-38)$$

$$t_\mathrm{D}=\beta t \quad (3-39)$$

$$\beta=\left(\frac{n}{2n+1}\right)\left(\frac{w_\mathrm{f}}{r_\mathrm{we}}\right)^{\left(\frac{n+1}{n}\right)}\left(\frac{\Delta p}{K}\right)^{\left(\frac{1}{n}\right)} \quad (3-40)$$

则有：

$$\frac{\mathrm{d}x}{\mathrm{d}t}=r_\mathrm{w}\beta\frac{\mathrm{d}x_\mathrm{D}}{\mathrm{d}t_\mathrm{D}} \quad (3-41)$$

无量纲化处理，得到：

$$\frac{\mathrm{d}x_\mathrm{f}}{\mathrm{d}t}=r_\mathrm{w}\left(\frac{n}{2n+1}\right)\left(\frac{w_\mathrm{f}}{r_\mathrm{w}}\right)^{1+\frac{1}{n}}\left(\frac{\Delta p}{K}\right)^{\frac{1}{n}}\left[\frac{1-\left(\frac{2n+1}{n+1}\right)\left(\frac{2r_\mathrm{w}}{w_\mathrm{f}}\right)\left(\frac{\tau_\mathrm{y}}{\Delta p}\right)(x_\mathrm{D}-1)}{(x_\mathrm{D}-1)}\right]^{\frac{1}{n}} \quad (3-42)$$

因此，无量纲钻井液侵入前沿方程：

$$\frac{\mathrm{d}t_\mathrm{D}}{\mathrm{d}x_\mathrm{D}}=2^{\frac{n+1}{n}}\left[\frac{x_\mathrm{D}-1}{1-\alpha(x_\mathrm{D}-1)}\right]^{\frac{1}{n}} \quad (3-43)$$

其中

$$\alpha=\left(\frac{2n+1}{n+1}\right)\left(\frac{2r_\mathrm{w}}{w_\mathrm{f}}\right)\left(\frac{\tau_\mathrm{y}}{\Delta p}\right) \quad (3-44)$$

目前，尚难以获得径向流和线性流漏失模型中无量纲侵入前沿方程的解析解。为了分析天然裂缝漏失规律，可以利用差分方法，求得两个微分方程的数值解。根据数值解得到的结果，进而可以做出天然裂缝性漏失的理论曲线图版。

三、理论图版

根据天然裂缝性漏失解析模型，可得到不同流动模型钻井液侵入深度与时间的无量纲关系及其差分数值解[9, 11-12]。利用得到的差分数值解，可以得到天然裂缝性漏失的理论曲线图版[17]。

径向流模型的差分表示：

$$t_{D(i+1)} = t_{D(i)} + \frac{2^{\left(\frac{n+1}{n}\right)} r_{D(i+1)} \left[\frac{r_{D(i+1)}^{1-n} - 1}{1-n}\right]^{\frac{1}{n}}}{\left\{1 - \alpha\left[r_{D(i+1)} - 1\right]\right\}^{\frac{1}{n}}} \Delta r_D \quad (3-45)$$

式中　$t_{D(i)}$，$t_{D(i+1)}$——第 i、$i+1$ 个无量纲漏失时间；
　　　$r_{D(i+1)}$——第 $i+1$ 个无量纲侵入半径；
　　　Δr_D——无量纲侵入半径增量。

线性流模型的差分表示：

$$t_{D(i+1)} = t_{D(i)} + 2^{\frac{n+1}{n}} \left[\frac{x_{D(i+1)} - 1}{1 - \alpha\left(x_{D(i+1)} - 1\right)}\right]^{\frac{1}{n}} \Delta x_D \quad (3-46)$$

式中　$x_{D(i+1)}$——第 $i+1$ 个无量纲侵入深度；
　　　Δx_D——无量纲侵入深度增量。

理论曲线图版绘制过程：

首先，求取对数 $\lg(r_D)$[或 $\lg(x_D)$]和 $\lg(t_D)$ 的值；然后，分别以 $\lg(r_D)$[或 $\lg(x_D)$]为 x 轴，以 $\lg(t_D)$ 为 y 轴，绘制理论曲线图版。流性指数 $n=1$ 的钻井液径向漏失理论图版，如图 3-10 所示。

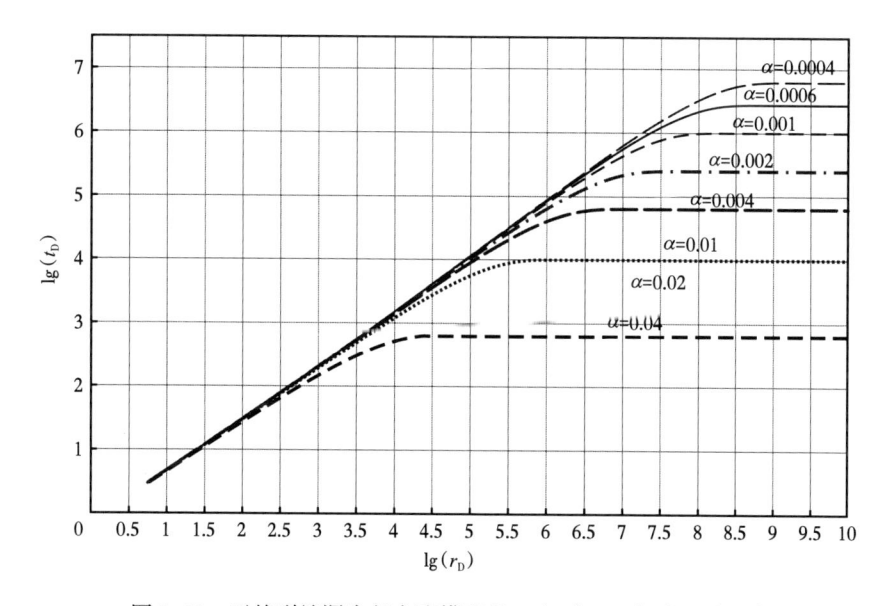

图 3-10　天然裂缝漏失径向流模型的 $\lg(r_D)$—$\lg(t_D)$ 理论图版

该理论图版的意义在于，可对实际井漏时测得的漏失量与漏失时间数据进行无量纲处理，得到实测井漏的无量纲侵入深度与时间的关系，通过与理论图版的对比，可以反向推算出天然裂缝的宽度，为后续堵漏材料的选择、堵漏配方设计提供参考。

第三节　天然裂缝漏失经验关联模型

天然裂缝漏失理论解析模型建立于裂缝内流动为层流假设基础之上，该基础假设往往与实际漏失情况并不相符。若裂缝内流动为层流流动，由于钻井液内部空间网架结构的存在，裂缝内流动阻力较大，随着钻井液向地层裂缝深部运移，钻井液流动将会自动停止。然而，实际井漏时，往往出现漏失速度大、漏失量大甚至漏失不止的现象，表明钻井液在裂缝内的流动并不全为层流流动。因此，天然裂缝漏失的理论解析解尚存局限性。

物理模拟实验难以获取大尺寸条件下裂缝内流动的细节信息，目前尚难以准确获取钻井液在天然裂缝内的流动状态。随着计算机技术及计算流体动力学（CFD）方法的飞速发展，采用CFD数值模拟的方法可以分析复杂流动系统的动力学行为特征，为分析天然裂缝漏失规律提供了可能。

本节介绍基于数值模拟的天然裂缝漏失经验关联模型的建立过程。以直井揭穿垂直天然裂缝发生漏失为例，首先介绍天然裂缝漏失数值模型的构建方法，然后利用量纲分析和试验设计方法，建立天然裂缝漏失的经验关联模型。

一、数值模拟方法

针对直井钻遇天然裂缝漏失情况，构建了垂直井筒—垂直裂缝模型。假设钻井液漏失为钻井液—地层水两相湍流流动，钻井液为不可压缩赫—巴流体，考虑裂缝宽度、井底压差、钻井液性能，构建垂直井筒—垂直裂缝漏失的CFD模型，并对CFD模型进行验证。

1. 几何模型

针对直井钻遇垂直裂缝的漏失情况，构建了垂直井筒—垂直裂缝漏失模型。垂直井筒—垂直裂缝钻井液漏失示意图如图3-11所示。垂直井筒—垂直裂缝模型中，井筒直径为165.1mm，井筒长度为5m，裂缝高度为4m，裂缝长度为10m，考虑裂缝宽度分别为0.5mm、2mm、4mm、5mm、6mm及8mm。

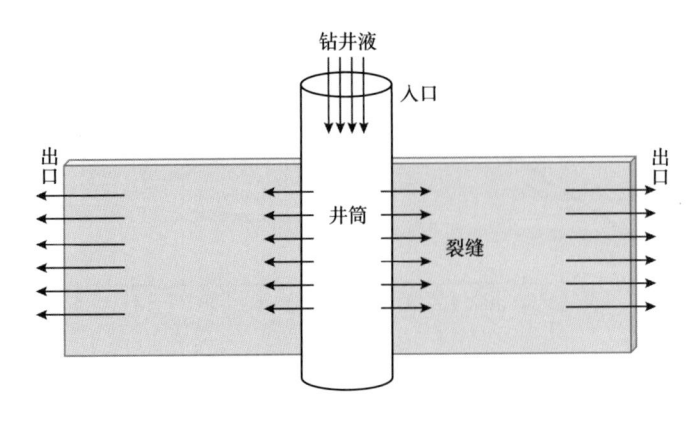

图3-11　垂直井筒—垂直裂缝几何模型示意图

采用三维建模软件构建了垂直井筒—垂直裂缝三维 CAD 模型，如图 3-12 所示。

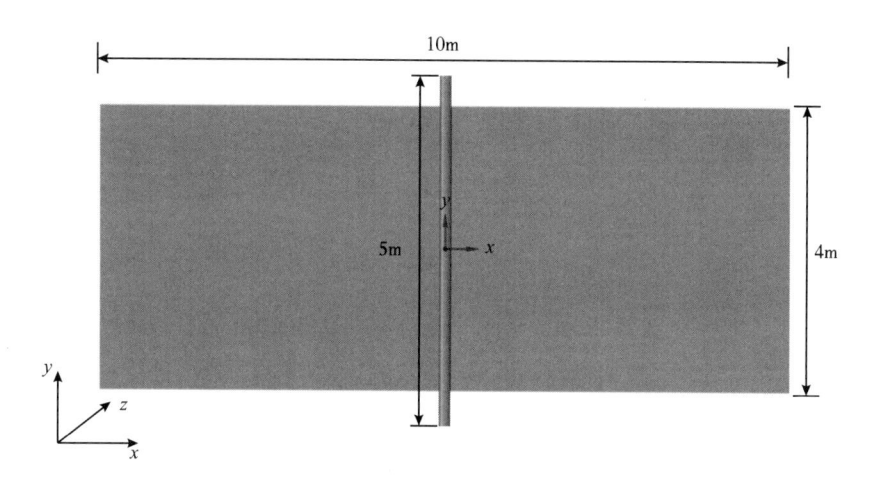

图 3-12 垂直井筒—垂直裂缝 CAD 模型

由于垂直井筒—垂直裂缝模型是关于井筒中心线的轴对称模型，为了提高计算速度，节约计算时间，可在 CFD 仿真计算中将轴对称模型进行简化。简化后的模型网格划分数量减少，简化后的垂直井筒—垂直裂缝 CAD 模型如图 3-13 所示。

2. 网格划分

建立 CAD 模型后，需要对该几何模型进行网格划分[21]。根据微元法思想，把一个复杂的实体几何模型分成若干简单的模型，通过对这些简单却又彼此之间相互联系、相互约束的个体进行运算追踪，从而完成对整个几何模型的求解。

利用网格划分软件，对简化后的垂直井筒—垂直裂缝 CAD 模型进行网格划分，划分出的网格情况如图 3-14 所示。

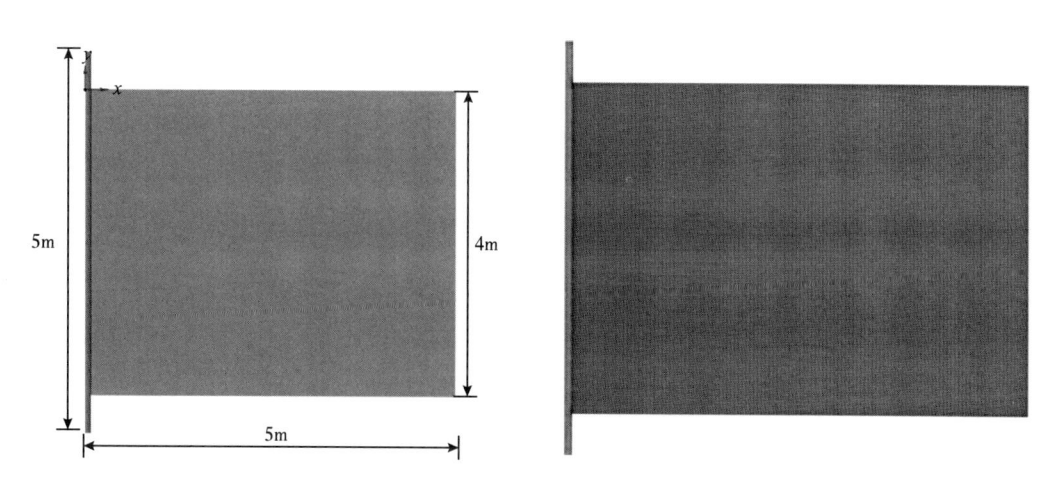

图 3-13 垂直井筒—垂直裂缝 CAD 简化模型　图 3-14 垂直井筒—垂直裂缝模型网格划分示意图

网格划分质量直接影响计算结果的精确度，网格质量太差会导致求解不收敛，无法进行数值模拟计算。常用的网格质量评价参数如下：偏斜系数（Skewness）取值范围 0~1，其值越接近 0 网格质量越好，一般认为其值在 0~0.25 网格质量较好，能够满足 CFD 计算要求；正交质量系数（Orthogonal Quality）取值范围 0~1，其值越接近 1 网格质量越好；雅可比比率（Jacobian Ratio），其值越接近 1，网格质量越好；对边偏角差（Parallel Deviation），对边偏角差越大网格质量越差，其值越接近 0，网格质量越好；扭曲系数（Warping Factor），扭曲系数越大网格质量越差，其值越接近 0，网格质量越好。

3. VOF 模型

VOF（Volume of Fluid）根据网格单元中流体积分数 F 来确定自由面，追踪流体的变化，能够高效地处理两相流流动问题[22-24]。以两相流为例，假定有 a 和 b 两种流体，取 a 流体为指定对象。体积比函数 F_a 如下：

$$F_a = \frac{网格单元中 a \text{ 流体体积}}{网格单元体积} \quad (3\text{-}47)$$

当 $F_a=1$ 时，表示 a 流体占据整个网格单元；当 $F_a=0$ 时，表示 b 流体占据整个流体单元；当 $0 < F_a < 1$ 时，表示网格单元中同时有 a，b 两种流体，此时单元称为交接液面单元。对流场中的任意一点 (x, y)，流体体积分数随时间的变化过程由式（3-48）控制：

$$\frac{\partial F}{\partial t} + \mu \frac{\partial F}{\partial x} + v \frac{\partial F}{\partial y} = 0 \quad (3\text{-}48)$$

对于不可压缩流体，控制方程守恒形式为：

$$\frac{\partial F}{\partial t} + \frac{\partial (F\mu)}{\partial x} + \frac{\partial (Fv)}{\partial y} = 0 \quad (3\text{-}49)$$

自 VOF 方法提出以来，研究者们为精确模拟多相流的流动，从自由界面传输和方程差分格式方面，同时考虑自由面重构格式来对 VOF 方法进行改进，提出了多种体积函数求解方法，如几何重构法、任意网格可压缩捕捉法和可压缩方案等。

4. 湍流模型

双方程湍流模型允许通过求解两个独立的输运方程来确定湍流长度和时间尺度[25]。Fluent 软件中的 Standard 模型就属于这类模型，自 Launder 和 Spalding 提出以来，一直是实际工程流动计算的主力。它具有很好的鲁棒性、经济性和对大范围湍流的合理预测，所以它在工业流动和传热模拟中非常受欢迎。它是一个半经验模型，模型方程的推导依赖于现象和经验[26]。

Standard 模型是基于湍流动能 k 及其耗散率 ε 的输运方程的模型。k 的模型传输方程是从精确方程推导出来的，而 ε 的模型传输方程是通过物理推理得到的，与数学上的精确方程相似性很小。

湍流动能（k）微分方程：

$$\frac{\partial}{\partial t}(\rho_m k) + \nabla (\rho_m \boldsymbol{v}_m k) = \nabla \left[\left(\mu_m + \frac{\mu_{f,m}}{\sigma_k} \right) \nabla k \right] + G_{k,m} - \rho_m \varepsilon + S_k \quad (3\text{-}50)$$

关于湍流动能耗散率（ε）的微分方程为：

$$\frac{\partial}{\partial t}(\rho_m \varepsilon) + \nabla(\rho_m \boldsymbol{v}_m \varepsilon) = \nabla\left[\left(\mu_m + \frac{\mu_{f,m}}{\sigma_\varepsilon}\right)\nabla \varepsilon\right] + \frac{\varepsilon}{k}(C_{1\varepsilon}G_{k,m} - C_{2\varepsilon}\rho_m \varepsilon) + S_\varepsilon \quad (3-51)$$

式中 ρ_m——混合密度，kg/m³；

μ_m——分子黏度，Pa·s；

$\boldsymbol{v}_m$——流场速度，m/s；

$G_{k,m}$——平均速度梯度带来的湍动能，m²/s²；

S_k——湍流动能源项，kg/(ms³)；

S_ε——湍流动能耗散率 ε 源项，kg/(ms⁴)，模拟中设为 0，系数 $C_{1\varepsilon}=1.42$，$C_{2\varepsilon}=1.68$。

$k\text{-}\varepsilon$ 模型具有以下优点：（1）通过求偏微分方程考虑湍流物理量的输运过程，即通过求解偏微分方程确定湍动特征速度与平均场速度梯度的关系，而不是直接将两者联系起来；（2）特征长度不是由经验确定，而是以耗散尺度作为特征长度，并由求解相应的偏微分方程得到。由于脉动特征速度和特征长度是通过解相应的微分方程求得，因而 $k\text{-}\varepsilon$ 模型在一定程度上考虑了流动场中各点的湍能传递和流动的历史作用。它能比较好地用于某些复杂的流动，例如环流、渠道流、边壁射流和自由湍流，甚至某些复杂的三维流等。

5. 钻井液流变模式

钻井液流变性是指钻井液在外力作用下流动变形的特性。钻井液流变性的核心就是研究剪切应力和剪切速率的关系。根据不同的流变参数构建流变方程，可以较好地描述钻井液的流变性能。常用的钻井液流变模式有牛顿流体、宾汉模式、幂律模式、卡森模式和赫—巴模式等。

赫—巴模式是在幂律模式的基础上增加了屈服值（动切力）修正后得到的流变模式。赫—巴模式的数学表达式如下：

$$\tau = \tau_y + K\gamma^n \quad (3-52)$$

式中 τ——剪切应力，Pa；

τ_y——屈服值，Pa；

n——流性指数；

K——稠度系数，Pa·sⁿ；

γ——剪切速率，s⁻¹。

6. 边界条件

在进行模拟计算时，设定边界条件：入口"inlet"和出口"outlet"皆为压力类型，以此作为湍流边界条件。井壁被认为是具有无滑动条件的固定壁面，裂缝设定为光滑规则均匀地层裂缝。井筒中的钻井液作为主相，裂缝中的地层水作为次相，设置钻井液类型为 Herschel-Bulkley 流体，地层水使用 CFD 软件系统自带材料库提供的液态水物理参数。

考虑因素包括裂缝宽度（w_f）、钻井液流性指数（n）、稠度系数（K）、动切力（τ_y）、钻井液密度（ρ_f）以及入口压力与出口压力之差，正压差（Δp）的影响。垂直井筒—垂直裂缝模型设定的具体参数见表 3-1。

表 3-1　垂直井筒—垂直裂缝模型设定参数表

参数	值	单位
裂缝宽度，w_f	0.5，2，4，5，6，8	mm
流性指数，n	0.4，0.5，0.6，0.8，1	
稠度系数，K	0.05，0.1，0.3，0.6，0.9	$Pa \cdot s^n$
屈服值，τ_y	2，4，6，8，10	Pa
钻井液密度，ρ_f	1.1，1.2，1.6，2，2.4，2.5	g/cm^3
正压差，Δp	1，3，5，7，9	MPa

7. 网格优化

以宽度为 2mm 的裂缝为例，在模型网格数量分别为 52776、67416、80946、95131 条件下，设定 $n=0.6$，$K=0.4Pa \cdot s^n$，$\tau_y=4Pa$，$\rho_f=1.6g/cm^3$，$\Delta p=3MPa$，运用 CFD 方法模拟了钻井液漏失情况。通过仿真数值模拟计算，取相同时刻（$t=0.2s$）不同网格数量下钻井液漏失速率，绘制了钻井液漏失速率随网格数量的变化关系曲线，如图 3-15 所示。

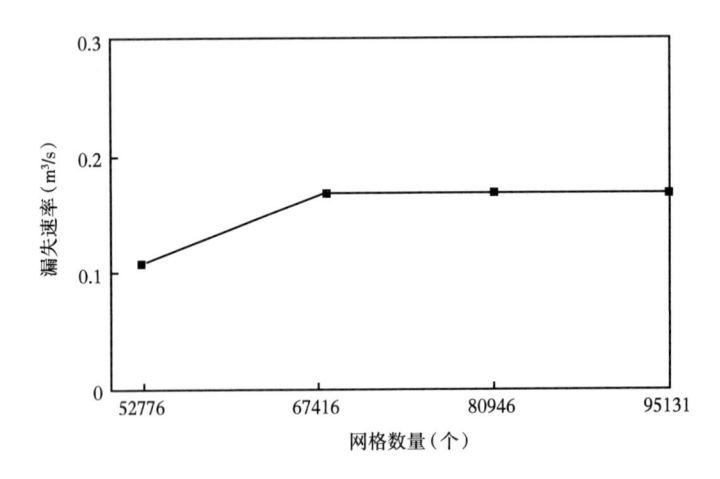

图 3-15　漏失速率随网格数量变化关系（缝宽 =2mm）

由图 3-15 可知，当网格数量达到 67416 后，漏失速率随网格数量增加变化不大，表明裂缝宽度为 2mm 的 CFD 仿真几何模型划分网格数量应大于 67416。以类似的方法，可优化不同宽度裂缝条件下的井筒—裂缝系统模型的网格数量，为天然裂缝漏失 CFD 仿真奠定基础。

二、经验模型的构建

采用量纲分析方法，开展天然致漏裂缝漏失参数量纲分析，建立天然致漏裂缝漏失各参数关联方程，并用 CFD 模拟数据对关联模型进行验证，该关联方程可为定量分析漏失规律提供参考。

1. 参数量纲分析

1）基本理论

量纲分析（Dimensional Analysis）是人们在处理复杂物理关系时一种重要的简化方法。

通过量纲分析，复杂的物理过程可以转化为一个带有量纲变量的方程，可以通过该量纲方程来分析不同物理量之间的内在关系[27]。物理学中，人类所掌握的基本物理量共有七个，即长度、质量、时间、电流、热力学温度、物质的量和发光强度，自然界中的任何物理量都可以用这七个物理量进行表示，称为导出量。比如：

$$\text{速度 } v: \text{m/s} \quad \text{量纲}: [v]: LT^{-1}$$
$$\text{密度 } \rho: \text{kg/m}^3 \quad \text{量纲}: [\rho]: ML^{-3}$$

量纲分析原本是在物理学研究过程中经常使用的一种分析方法，后来，逐渐演变成各个领域中建立具体数学模型的一个有力工具。

自然界中的数学公式其等号左右两边的单位都是一致的，这种性质称为量纲齐次性。研究者们通常采用这种性质检验建立的方程是否正确，量纲分析方法的基础就是量纲齐次性。满足量纲齐次性的方程也被称为量纲齐次性方程。根据量纲齐次原理，可以得出量纲分析法的基本定理，即 Π 定理（Buckingham）。设某个物理过程可以通过 $f(x_1, x_2, \cdots, x_n)=0$ 来表示，其中，$x_1, x_2, \cdots, x_n$ 具有不同的量纲，这 n 个物理量中有 j 个基本量纲，将 j 个基本量纲选为独立量纲，得到 $z=n-j$ 个无量纲量 $\Pi_1, \Pi_1, \cdots, \Pi_z$。至此，这组物理关系一定可以用 z 个无量纲量表示，即 $f(\Pi_1, \Pi_1, \cdots, \Pi_z)=0$。

量纲分析的基本步骤：

（1）列举参量。列举出研究某个问题涉及的所有参量，且列出的所有参量都是独立的，不能用其他量表示，其个数计为 n。

（2）确定量纲。通过七个基本量纲，确定所有列举的参量的量纲。

（3）确定独立量纲。首先选取 j 个独立变量，j 的个数通常为基本量纲数，根据 Π 定理，可以构造 $z=n-j$ 个无量纲量，如果出现问题，应重复选取 j 值再进行推导，直到确定独立量纲。

（4）构造无量纲量。根据独立量纲，构造 $z=n-j$ 个无量纲量 $\Pi_1, \Pi_1, \cdots, \Pi_z$。

（5）推导简化。分析构造的无量纲量与自然界已命名的无量纲量的关系，进行适当整理、简化。

（6）验证。验证上述过程，写出最终量纲关系。

2）裂缝漏失量纲分析

综合考虑 9 个变量，包括正压差（Δp）、钻井液密度（ρ_m）、钻井液流变性、裂缝宽度（w_f）、裂缝高度（H）、重力加速度（g）、时间（t）；其中钻井液流变性用 H-B 模型表征，考虑了流性指数（n）、稠度系数（K）和屈服值（τ_y）。此外，还包括钻井液漏失速率（q），共计 10 个参数。各个参数的量纲见表 3-2。

表 3-2 垂直井筒—垂直裂缝模型漏失参数量纲表

变量	符号	单位	量纲
压差	Δp	Pa	$L^{-1}MT^{-2}$
钻井液密度	ρ_m	kg/m³	$L^{-3}M$
钻井液流性指数	n		
钻井液稠度系数	K	Pa·s^n	

续表

变量	符号	单位	量纲
钻井液屈服值	τ_y	Pa	$L^{-1}MT^{-2}$
裂缝宽度	w_f	m	L
裂缝高度	H	m	L
重力加速度	g	m/s²	LT^{-2}
时间	t	s	T
漏失速率	q	m³/s	L^3T^{-1}

为了减小在量纲分析时稠度系数单位中 n 次方对计算难度的影响，将钻井液稠度系数 K、流性指数 n 以及屈服值 τ_y 用特征黏度 η_0 和特征剪切速率 γ_0 来表示：

$$\gamma_0 = \left(\frac{\tau_y}{K}\right)^{\frac{1}{n}} \tag{3-53}$$

$$\eta_0 = 2K^{1/n}\tau_y^{\frac{n-1}{n}} \tag{3-54}$$

得到简化后参数量纲，见表3-3。

表3-3 垂直井筒—垂直裂缝模型简化后参数量纲表

变量	符号	单位	量纲
压差	Δp	Pa	$L^{-1}MT^{-2}$
钻井液密度	ρ_m	kg/m³	$L^{-3}M$
有效黏度	η_0	Pa·s	$L^{-1}MT^{-1}$
有效剪切速率	γ_0	s⁻¹	T^{-1}
裂缝宽度	w_f	m	L
裂缝高度	H	m	L
重力加速度	g	m/s²	LT^{-2}
时间	t	s	T
漏失速率	q	m³/s	L^3T^{-1}

简化后的参数量纲包括长度（L）、质量（M）、时间（T）三个基本量纲。根据 Π 定理，本研究涉及的参数的总数量 $n=9$，基本量纲数量 $j=3$，可构建的无量纲参数个数 $z=9-3=6$。因此，可以将这9个参量组合成6个无量纲参数（Π_1，Π_2，…，Π_6）。

构造无量纲参数的方法较多，常采用了基于矩阵操作构造无量纲数的方法。首先，将所有涉及的物理量的量纲系数排列成一个量纲系数矩阵；然后，将量纲矩阵划分为两个矩阵，即核心矩阵 A 和残余矩阵 B，如图3-16所示，各矩阵计算结果见表3-4。

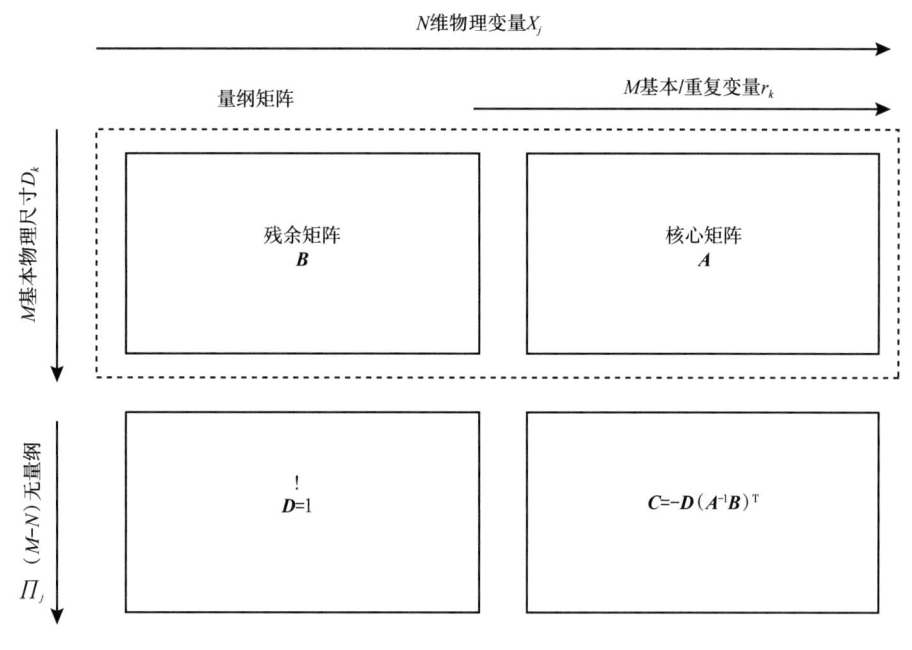

图 3-16 量纲矩阵计算示意图

表 3-4 量纲分析表

	q	w_f	Δp	g	η_0	γ_0	t	ρ_m	H
	\multicolumn{6}{c}{B}	\multicolumn{3}{c}{A}
M	0	0	1	0	1	0	0	1	0
L	3	1	-1	1	-1	0	0	-3	1
T	-1	0	-2	-2	-1	-1	1	0	0

根据得到的核心矩阵 A 和残余矩阵 B，结合附加一个对角单元矩阵 D，就可以得到无量纲数系数矩阵 C，无量纲数系数矩阵 C 的计算公式如下：

$$C = -D\left(A^{-1}B\right)^{\mathrm{T}} \tag{3-55}$$

其中，C 为无量纲数系数矩阵；A 为基本量纲系数矩阵；B 为残余量纲系数矩阵；D 为对角单元矩阵。根据式（3-55）可以得到无量纲数（Π_1，Π_2，$\cdots$，Π_6）：

$$\Pi_1 = \frac{qt}{H^3} \tag{3-56}$$

$$\Pi_2 = \frac{w_f}{H} \tag{3-57}$$

$$\Pi_3 = \frac{\Delta p t^2}{\rho_f H^2} \tag{3-58}$$

49

$$\varPi_4 = \frac{gt^2}{H} \tag{3-59}$$

$$\varPi_5 = \frac{\eta_0 t}{\rho_\text{m} H^2} \tag{3-60}$$

$$\varPi_6 = \gamma_0 t \tag{3-61}$$

2. 关联模型的建立

为了得到无量纲参数关联函数的具体表达形式，首先采用约束型混合多因素正交试验设计方法，对天然致漏裂缝漏失多参数混合水平仿真试验方案进行了精简设计，然后利用仿真试验结果，采用多元非线性回归的方法，求得多参数关联模型中的待定系数，从而确定经验关联模型具体表达式。多因素仿真试验参数取值，见表3-5。

表3-5 多因素仿真实验参数取值表

序号	w_f（mm）	Δp（MPa）	n	K（Pa·s^n）	τ_y（Pa）	ρ_m（g/cm³）
1	2	1	0.4	0.05	2	1.1
2	4	3	0.5	0.1	4	1.6
3	5	5	0.6	0.3	6	2.0
4	8	7	0.8	0.6	8	2.2
5	6	9	1.0	0.9	10	2.5

如果对上述参数进行全面试验设计，则需要试验次数为15625组，试验量巨大，且单个组别仿真耗费时间长。因此，需要对仿真试验方案进行优化设计，以实现多因素、混合水平全覆盖、均匀散布。

采用约束型混合多因素正交试验设计方法，充分考虑各参数之间的制约关系，对垂直井筒—垂直裂缝模型漏失仿真试验进行优化设计。

进行CFD仿真模拟，提取钻井液漏失速率达到峰值后到钻井液充满整个裂缝过程中的钻井液漏失速率数据；将钻井液漏失速率数据代入无量纲数$\varPi_1 \sim \varPi_6$中，计算可得无量纲数具体数值。根据无量纲数具体数值，采用函数对无量纲数进行非线性拟合[28]：

$$\varPi_1 = a_1 \varPi_2^{a_2} \varPi_3^{a_3} \varPi_4^{a_4} \varPi_5^{a_5} \varPi_6^{a_6} \tag{3-62}$$

通过多元非线性回归，可得待定系数（$a_1 \sim a_6$）。具体数值见表3-6。

表3-6 函数拟合模型待定系数值表

a_1	a_2	a_3	a_4	a_5	a_6	R^2
1.96231	1.2672	0.43186	−0.01362	−0.06286	−0.01589	0.97034

将各待定系数值及各无量纲数（$\Pi_1 \sim \Pi_6$）的代数形式代入式（3-62）、整理、化简得到漏失速率与各参数间的关系：

$$q = 1.87865 w_f^{1.2672} \Delta p^{0.43186} g^{-0.01362} H^{1.00842} t^{-0.24227} \rho_m^{-0.369} K^{\frac{-0.04697}{n}} \tau_y^{\frac{-0.06286n+0.04697}{n}} \quad (3\text{-}63)$$

利用式（3-63）对时间项进行积分，得到累计漏失量多参数关联模型：

$$V_L = 2.47931 w_f^{1.2672} \Delta p^{0.43186} g^{-0.01362} H^{1.00842} t^{0.75773} \rho_m^{-0.369} K^{\frac{-0.04697}{n}} \tau_y^{\frac{-0.06286n+0.04697}{n}} \quad (3\text{-}64)$$

式中 V_L——累计漏失量，m³；
w_f——裂缝宽度，m；
H——裂缝高度，m；
Δp——漏失压差，Pa；
n——钻井液流性指数；
K——钻井液稠度系数，Pa·s^n；
τ_y——钻井液屈服值，Pa；
ρ_m——钻井液密度，kg/m³；
g——重力加速度，m/s²；
t——时间，s。

3. 关联模型的验证

相同条件下，对比 CFD 仿真结果与经验模型计算结果，如图 3-17 所示。

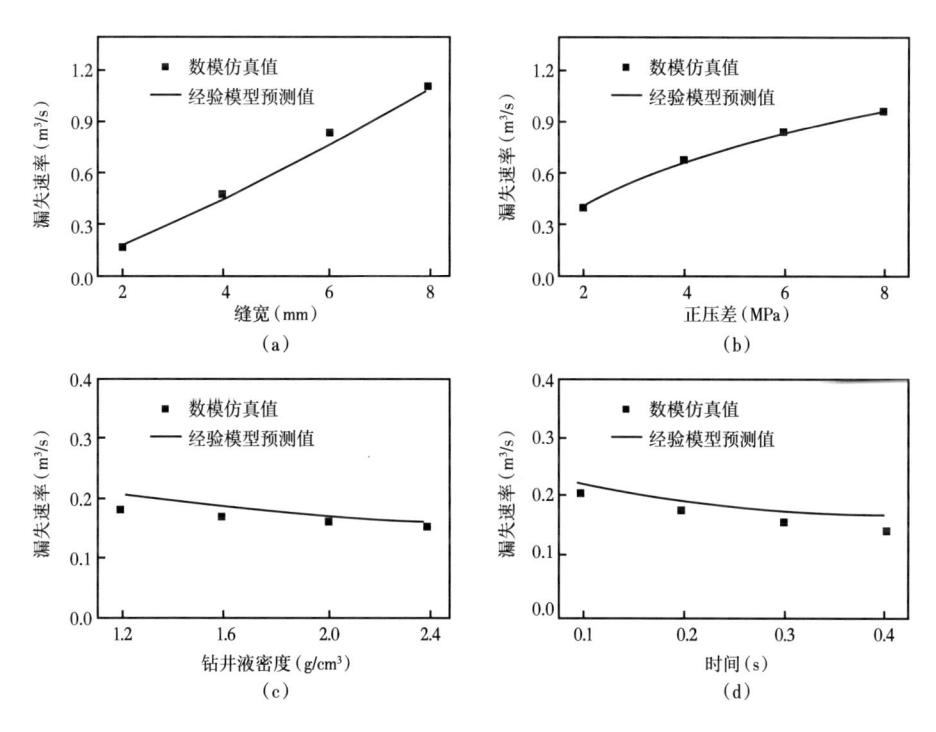

图 3-17 数模仿真值与经验模型预测值对比

由图 3-17 可知，在不同裂缝宽度、压差、钻井液密度及时间条件下，钻井液漏失速率变化规律，CFD 仿真结果与关联模型预测结果具有一致性。

以线性漏失模型为例，对比 CFD 仿真结果与关联模型计算结果，如图 3-18 所示。

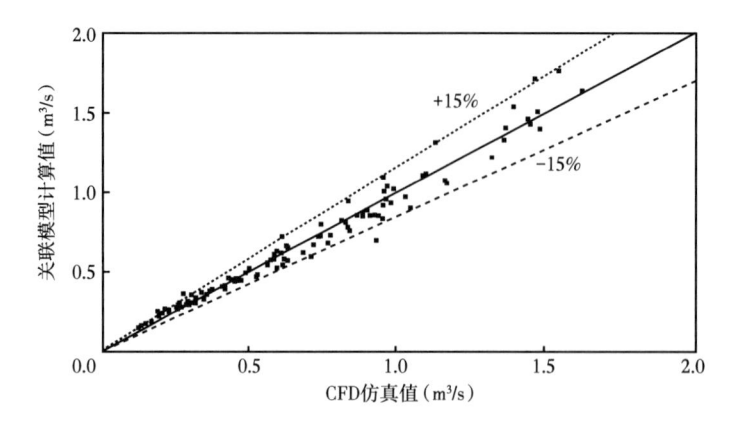

图 3-18 关联模型计算值与数模仿真值对比关系图

图 3-18 中，散点均分布在对角线附近，其中关联模型计算结果与数模仿真结果误差在 15% 以内，占比超过了 90%，表明本研究构建的多参数关联模型精度高、可靠性高。

第四节 天然裂缝漏失影响规律

利用建立的天然致漏裂缝漏失数值仿真模型，模拟不同参数情况下钻井液漏失过程，分析了漏失压差、裂缝宽度及钻井液密度对钻井液漏失的影响规律。

一、漏失压差的影响

漏失压差是井漏发生的必要条件，也是重要的影响因素。一般地，漏失压差越大，钻井液漏失速率越快，漏失程度越严重。在其他参数相同条件下，分析计算了钻井液的累计漏失量、漏失速率随压差的变化关系，如图 3-19 和图 3-20 所示。

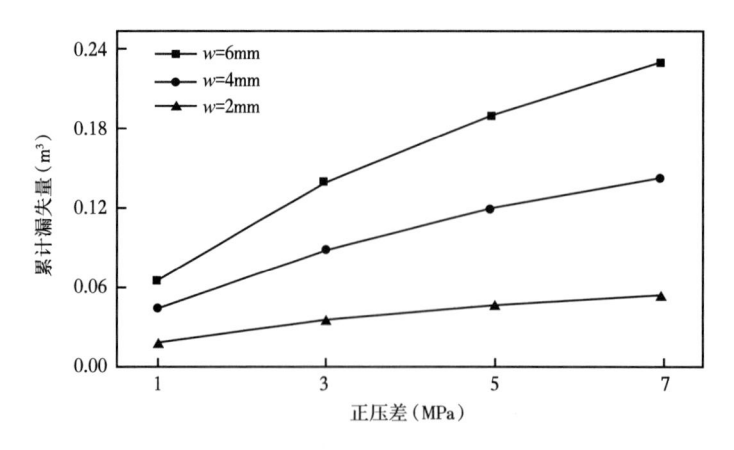

图 3-19 相同时刻下（$t=0.2s$）累计漏失量与正压差关系

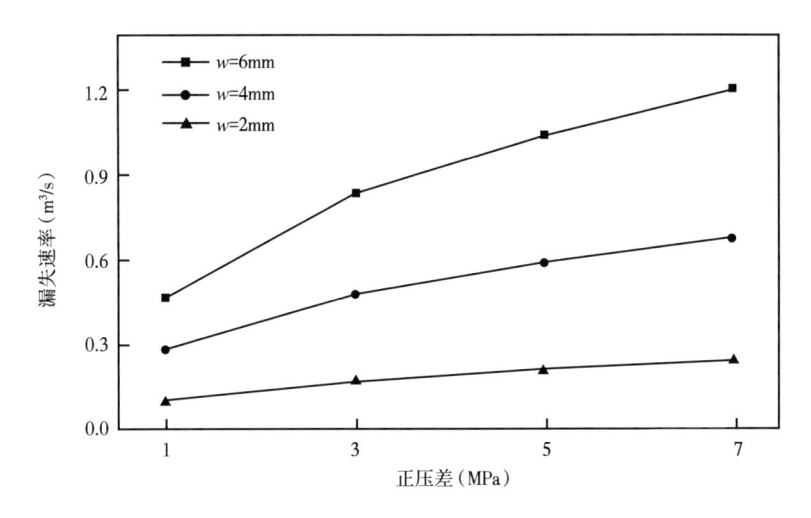

图 3-20　相同时刻下（$t=0.2s$）漏失速率与正压差关系

可知，在其他条件相同的情况下，正压差越大钻井液侵入越深。由图 3-19 可知，在相同时刻下钻井液累计漏失量随着正压差增大而近似线性增加；不同裂缝宽度情况下，钻井液累计漏失量随着正压差增大而增加的关系一致，但累计漏失量随着正压差的增幅不同；随着裂缝宽度越大，累计漏失量随着正压差增大的增幅越大。由图 3-20 可知，在相同时刻下，钻井液漏失速率随着正压差增大而线性增加；不同裂缝宽度情况下，钻井液漏失速率随着正压差增大而增加的关系一致，但漏失速率随着正压差增大的幅度不同；随着裂缝宽度越大，漏失速率随着正压差增大的幅度越大。

二、裂缝宽度的影响

裂缝宽度大于钻井液固相颗粒粒径是井漏发生的必要条件。裂缝宽度是影响钻井液漏失规律最主要的因素。一般地，裂缝宽度越大，钻井液漏失速度越大，漏失程度更为严重。设定钻井液性能参数 $n=0.6$、$K=0.5Pa·s^n$、$\tau_y=4Pa$、$\rho_m=1.6g/cm^3$，数值模拟了宽度为 0.5mm 的裂缝在正压差分别为 1MPa、5MPa、9MPa 时钻井液的漏失情况，得到了不同压差下钻井液漏失速率和累计漏失量随时间的变化关系，如图 3-21 所示。

由图 3-21（a）可知，随着漏失发生，钻井液漏失速率不断减小，到某一时刻漏失会自动停止；在正压差较小的情况下，初始时刻漏失速率较小，漏失自动停止所需时间较短；随着正压差增大，漏失初始时刻漏失速率增大，漏失自动停止所需要时间增加。由图 3-21（b）可知：随着漏失发生，钻井液累计漏失量增大，但累计漏失量增长趋势逐渐减缓，到一定值后趋于平稳，表明漏失自动停止；正压差越大，漏失自动停止时钻井液累计漏失量越大，钻井液侵入深度越深。因此，在裂缝宽度为 0.5mm 时，钻井液在井筒附近侵入一定深度后，由于钻井液内部具有一定结构强度，漏失会自动停止。当裂缝开度大于滤失—漏失临界裂缝宽度但小于某一宽度，钻井液虽然会在压差作用下漏入裂缝，但由于钻井液内部具有一定的结构强度，钻井液会自动停止漏失，将该缝宽称为"自动止漏缝宽"。

(a)钻井液漏失速率

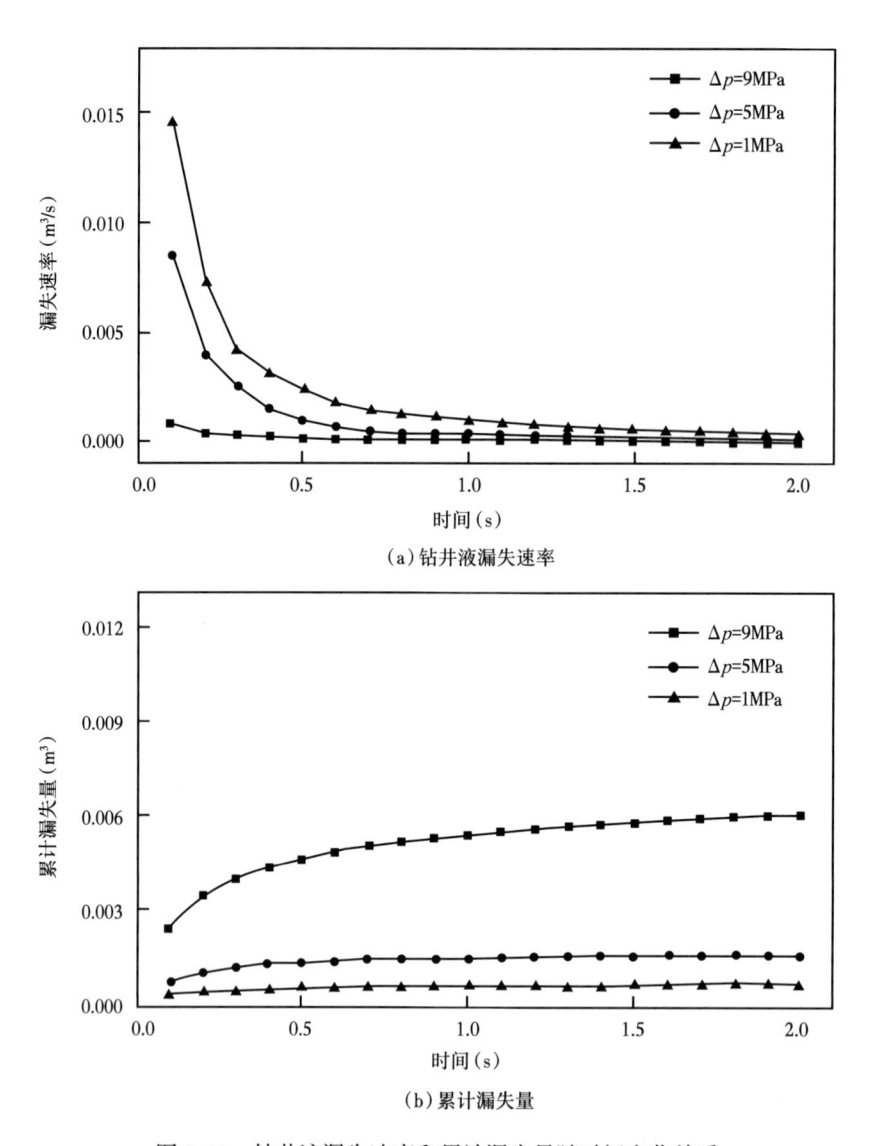

(b)累计漏失量

图 3-21 钻井液漏失速率和累计漏失量随时间变化关系

运用 CFD 方法，设定钻井液性能参数 $n=0.6$、$K=0.4$Pa·s^n、$\tau_y=$ 4Pa、$\rho_m=1.6$g/cm^3，数值模拟了裂缝宽度 2mm、4mm、6mm、8mm 时钻井液漏失情况。提取了 $t=0.2$s 时钻井液漏失数据，分析了不同压差下钻井液累计漏失量与正压差关系（图 3-22）、漏失速率与正压差关系（图 3-23）。

由图 3-22 可知，在相同时刻下，钻井液累计漏失量随着裂缝宽度增加而增大；在不同压差下累计漏失量随裂缝宽度增加而基本呈线性增大，但累计漏失量随着裂缝宽度增加的增幅不同。正压差越大，累计漏失量随着裂缝宽度增大的幅度越大。由图 3-23 可知，在相同时刻下，钻井液漏失速率随着裂缝宽度增加近似线性增大，在不同压差下漏失速率随裂缝宽度增加而增大的关系一致，但漏失速率随着裂缝宽度增加幅度不同，正压差越大，漏失速率随着裂缝宽度增大的幅度越大。

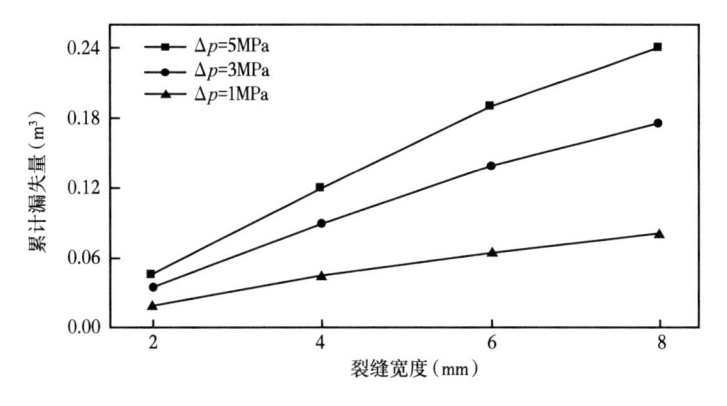

图 3-22　不同压差下钻井液累计漏失量与裂缝宽度关系

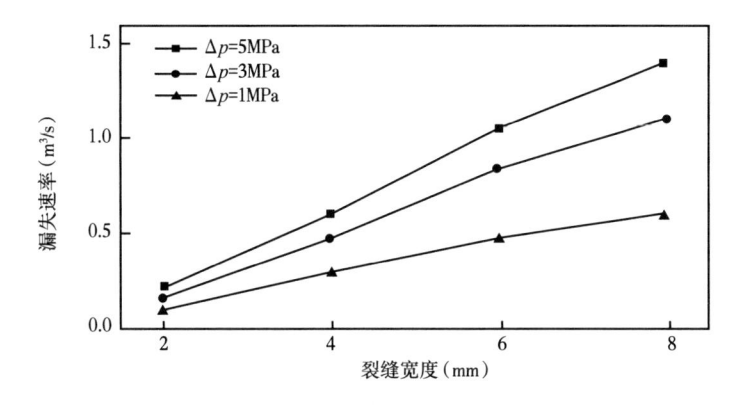

图 3-23　不同正压差下漏失速率与裂缝宽度关系

三、钻井液密度的影响

钻井液密度越大，相同体积的钻井液质量越大，钻井液受到的流动阻力越大。设定钻井液性能参数 $n=0.6$、$K=0.4\text{Pa}\cdot\text{s}^n$、$\tau_y=4\text{Pa}$、$\Delta p=3\text{MPa}$；分析了钻井液密度分别为 1.2g/cm^3、1.6g/cm^3、2.0g/cm^3、2.4g/cm^3 时钻井液累计漏失量、漏失速率与钻井液密度的关系，如图 3-24 和图 3-25 所示。

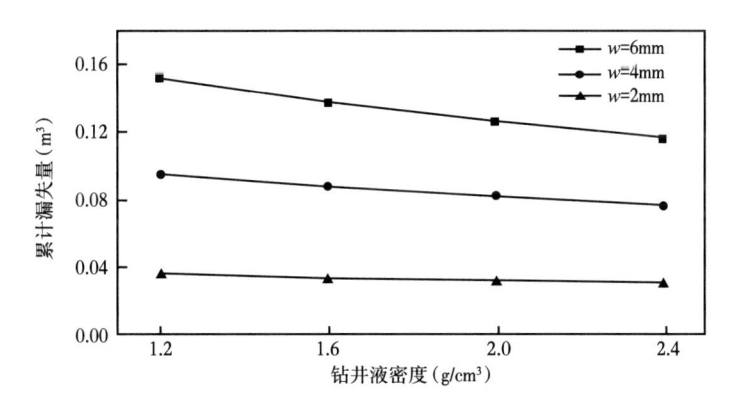

图 3-24　不同裂缝宽度下累计漏失量与钻井液密度关系

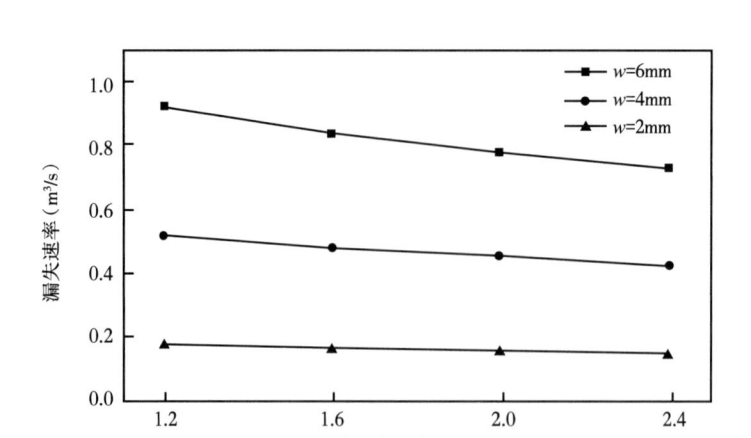

图 3-25　不同裂缝宽度下漏失速率与钻井液密度关系

由图 3-24 可知，在相同时刻下，钻井液累计漏失量随着钻井液密度增大而减小；在裂缝宽度为 2mm 时，累计漏失量随着钻井液密度增大而减小的趋势并不明显；在裂缝宽度为 6mm 时，累计漏失量随着钻井液密度增大而减小的趋势明显；裂缝宽度越大，钻井液密度对累计漏失量的影响程度越大；但是钻井液密度对累计漏失量的影响程度远不如正压差和裂缝宽度。由图 3-25 可知，在相同时刻下钻井液漏失速率随着钻井液密度增大而减小；在裂缝宽度为 2mm 时，漏失速率随着钻井液密度增大而减小的趋势并不明显；在裂缝宽度为 6mm 时，漏失速率随着钻井液密度增大而减小的趋势明显。裂缝宽度越大，钻井密度对漏失速率的影响程度越大，但是钻井液密度对漏失速率的影响程度远不如正压差和裂缝宽度的影响。

参 考 文 献

[1] 徐同台, 刘玉杰. 钻井工程防漏堵漏技术 [M]. 北京: 石油工业出版社, 1997.

[2] 秦启荣, 苏培东. 构造裂缝类型划分与预测 [J]. 天然气工业, 2006, 26 (10): 4.

[3] Dyke C G, Wu B, Milton-Tayler D. Advances in Characterizing Natural-Fracture Permeability From Mud-Log Data[J]. SPE Formation Evaluation, 1995, 10 (3): 160-166.

[4] Sanfillippo F, Brignoli M, Santarelli F J, et al. Characterization of Conductive Fractures While Drilling[C]. SPE-38177-MS, 1997.

[5] Bertuzzi F, Sanfilippo F, Brignoli M, et al. Characterization of Flow Within Natural Fractures: Numerical Simulations and Field Applications[C]. SPE-47268-MS, 1998.

[6] Civan F, Rasmussen M L. Further discussion of fracture width logging while drilling and drilling mud/loss-circulation-material selection guidelines in naturally fractured reservoirs[J]. SPE Drilling & Completion, 2002, 17: 249-250.

[7] Lavrov A, Tronvoll J. Mud loss into a single fracture during drilling of petroleum wells: modelling approach[C]. Netherlands: Swets Zeitlinger Publishers, 2003: 189-198.

[8] Lavrov A, Tronvoll J. Modeling mud loss in fractured formations[C]. SPE-88700-MS, 2004.

[9] Majidi R, Miska S Z, Yu M, et al. Modeling of drilling fluid losses in naturally fractured formations[C]. SPE-114630-MS, 2008.

［10］Huang J, Griffiths D V, Wong S-W. Characterizing Natural-Fracture Permeability From Mud-Loss Data[J]. SPE Journal, 2010, 16（1）: 111-114.

［11］Majidi R, Miska S Z, Ahmed R, et al. Radial flow of yield-power-law fluids: Numerical analysis, experimental study and the application for drilling fluid losses in fractured formations[J]. Journal of Petroleum Science and Engineering, 2010, 70（3）: 334-343.

［12］Majidi R, Miska S Z, Yu M, et al. Quantitative analysis of mud losses in naturally fractured reservoirs: the effect of rheology[J]. SPE Drilling & Completion, 2010, 25（4）: 509-517.

［13］贾利春, 陈勉, 侯冰, 等. 裂缝性地层钻井液漏失模型及漏失规律[J]. 石油勘探与开发, 2014, 41（1）: 95-101.

［14］李大奇, 刘四海, 康毅力, 等. 天然裂缝性地层钻井液漏失规律研究[J]. 西南石油大学学报（自然科学版）, 2016, 38（3）: 101-106.

［15］吕开河, 王晨烨, 雷少飞, 等. 裂缝性地层钻井液漏失规律及堵漏对策[J]. 中国石油大学学报（自然科学版）, 2022, 46（2）: 85-93.

［16］李大奇, 康毅力, 刘修善, 等. 裂缝性地层钻井液漏失动力学模型研究进展[J]. 石油钻探技术, 2013, 41（4）: 42-47.

［17］Liétard O, Unwin T, Guillo D J, et al. Fracture Width Logging While Drilling and Drilling Mud/Loss-Circulation-Material Selection Guidelines in Naturally Fractured Reservoirs[J]. SPE Drilling & Completion, 1999, 14（3）: 168-177.

［18］鄢捷年. 钻井液工艺学[M]. 北京: 中国石油大学出版社, 2001.

［19］Albattat R, Hoteit H. Modeling yield-power-law drilling fluid loss in fractured formation[J]. Journal of Petroleum Science and Engineering, 2019, 182: 106273.

［20］李大奇. 裂缝性地层钻井液漏失动力学研究[D]. 成都: 西南石油大学, 2012.

［21］纪兵兵, 陈金瓶. ANSYS ICEM CFD 网格划分技术实例详解[M]. 北京: 中国水利水电出版社, 2012.

［22］朱约钧. FLUENT 15.0 流场分析实战指南[M]. 北京: 人民邮电出版社, 2015.

［23］Nichols B D, Hirt C W, Hotchkiss R S. SOLA-VOF: A solution algorithm for transient fluid flow with multiple free boundaries[R]. NASA STI/Recon Technical Report N, 1980.

［24］Hirt C W, Nichols B D. Volume of fluid（VOF）method for the dynamics of free boundaries[J]. Journal of Computational Physics, 1981, 39（1）: 201-225.

［25］幸弋曜. 固井注水泥用纤维及颗粒材料堵漏和增韧实验研究[D]. 成都: 西南石油大学, 2011.

［26］Launder B E, Spalding D B. The numerical computation of turbulent flows[J]. Computer Methods in Applied Mechanics and Engineering, 1974, 3(2):269-289.

［27］徐婕, 詹士昌, 田晓岑. 量纲分析的基本理论及其应用[J]. 大学物理, 2004, 23（5）: 5.

［28］韩中庚. 数学建模方法及其应用[M]. 北京: 高等教育出版社, 2009.

第四章　诱导裂缝性漏失钻井液防漏机制与方法

诱导裂缝性漏失的发生与诱导裂缝的起裂与扩展密切相关。因此，预防诱导裂缝性漏失的关键在于防止井壁诱导裂缝的形成和扩展。从钻井液技术方面来讲，提高钻井液的封堵能力，可以提高地层承压能力，从而预防诱导裂缝性漏失的发生。

钻井液的"封堵"作用是一常用概念，但在防漏堵漏技术领域，往往被混淆使用。"封堵"可以细分为"封"和"堵"两层含义。其中，"封"即封护，指钻井液滤饼对井壁的封闭保护作用；"堵"即堵塞，是利用堵漏材料对漏失通道进行堵塞的作用。本章将从钻井液"封"与"堵"两个方面，阐述诱导裂缝性漏失的钻井液防漏作用机制与技术对策。

第一节　滤饼封护阻裂防漏

滤饼对钻井液向井壁的侵入具有封闭保护作用，可以阻止井壁诱导裂缝的产生和扩展，简称为"封护阻裂"作用。从作用机制方面来讲，滤饼封护阻裂作用对防止诱导裂缝性漏失具有"两道防线"作用机制。第一道防线，即致密的滤饼可以阻止完整孔隙型地层井壁诱导裂缝的产生，提高地层诱导裂缝起裂压力（对应可视为材料力学的破裂压力）；第二道防线，即坚韧的滤饼可以承受一部分压差，延缓钻井液漏失，阻止诱导裂缝扩展，从而提高地层破裂压力（并非为严格意义上的材料破裂压力）。

一、封护阻裂机制

1. 提高地层起裂压力

若井壁没有滤饼（如采用清水或无固相工作液作为钻井液），当井筒压力增加，井筒压力直接作用于井壁地层孔隙，导致井壁有效应力增大[1-3]。当井壁有效应力大于地层的抗张强度后，地层将产生裂缝。一方面，井内液体压力迅速传递至井壁孔隙，另一方面，井内液体介质将在压差作用下侵入形成的较窄裂缝内，压力作用在裂缝壁面上，加速裂缝的扩展。这种情况下，井壁地层的起裂压力较低，且等于地层破裂压力。

一般地，钻井液会在井壁形成的滤饼[4]。形成的滤饼可以一定程度上阻止井筒钻井液压力向地层传递，降低井壁有效应力，从而可以延缓孔隙型地层井壁诱导裂缝的产生，如图 4-1 所示。

滤饼对地层裂缝起裂压力的提高幅度，与滤饼的渗透率密切相关[5-11]。滤饼渗透率越低，越有利于阻挡井筒压力向地层孔隙的传递，越有利于提高地层裂缝的起裂压力。滤饼渗透率的范围变化较大，常用钻井液滤饼渗透率在 $10^{-5} \sim 10^{-2}$ mD 之间，一些经过特殊处理的钻井液滤饼渗透率还可能会更低[12-13]。因此，为了防止诱导裂缝性漏失，需要优化钻井液配方以形成致密的滤饼，从而提高地层起裂压力。不同渗透率滤饼作用下，地层漏失试验压力曲线示意图，如图4-2所示。

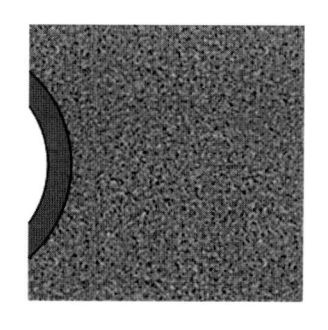

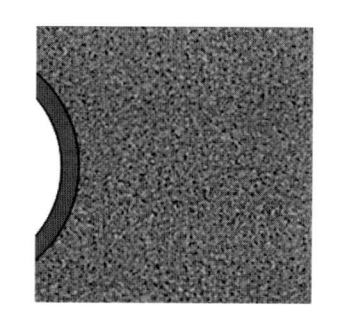

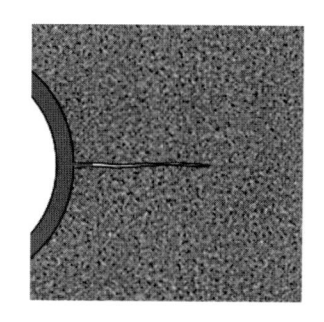

图 4-1　井壁存在滤饼时地层起裂过程示意图

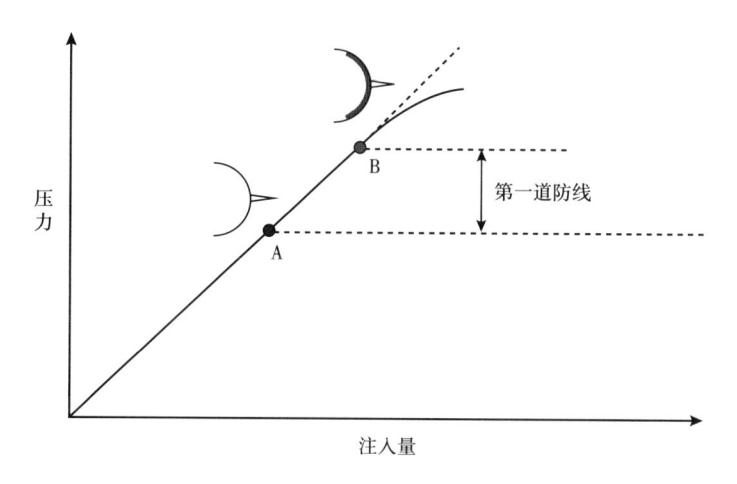

图 4-2　"阻裂"作用对地层起裂压力的影响

由图4-2可见，滤饼致密程度不一样，表现出的起裂压力和破裂压力也不一样。相较于疏松滤饼，致密滤饼对应的地层起裂压力和破裂压力均更高。因此，致密滤饼是井壁封护阻裂防漏作用的"第一道防线"。为了防止诱导裂缝性漏失，应当首先调整好钻井液滤失造壁性能，使钻井液在井壁形成渗透率尽可能低的滤饼。滤饼渗透率与不同地层的起裂压力的定量关系，尚需进一步深入研究。

2. 提高地层破裂压力

当井壁地层裂缝形成后，继续注入钻井液，井筒压力增加速度会变缓，直至压力峰值后明显下降，表明发生了明显的漏失，钻井工程领域将该峰值压力称为地层破裂压力[11, 14]。

地层破裂压力与井壁滤饼的性质有关。具有良好造壁性能的钻井液作用下，地层封堵和破裂过程可以描述为三个阶段：

1）滤饼形成阶段

钻井液在正压差的作用下，以较低滤失量在岩石表面形成一层薄、密、韧的封堵层（如滤饼），其厚度取决于钻井液的性质如滤失造壁性能。随着井内压力增加至某一压力时，井壁应力状态由压应力状态逐渐过渡为拉应力状态，使井壁岩石上原有裂纹呈张开的趋势或产生新的微裂纹，钻井工程领域将该压力称为地层起裂压力。

2）裂纹开启阶段

随着注入压力继续增加，当注入压力大于最小水平主应力时，井壁上形成的新裂纹或原有裂纹将开启，其宽度不断增加。由于滤饼整体也表现出具有一定的强度，当井壁岩石裂纹宽度不太大时，井壁上的滤饼将横跨在裂纹开口处，阻挡钻井液介质与压力向裂纹深部传递。此时，岩石和滤饼的强度共同抵抗井内压力，宏观上岩石仍表现为未被压裂。

3）液力劈裂阶段

当井内压力增大到滤饼能够承受的最大的临界压力时，井壁上的滤饼将被撕裂破坏，沟通了井眼与地层裂纹，井内流体压力将向裂纹内传递，从而对地层裂纹产生"液力劈裂"作用，如图4-3所示。此时，地层岩石很容易在液力劈裂作用下被压裂。当裂纹尺寸发展到致漏尺寸后，可表现出明显的钻井液漏失。

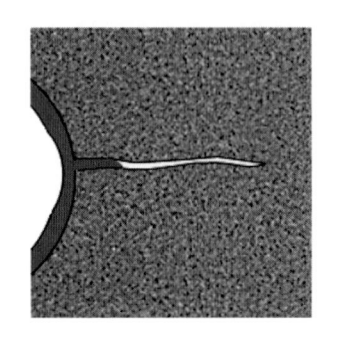

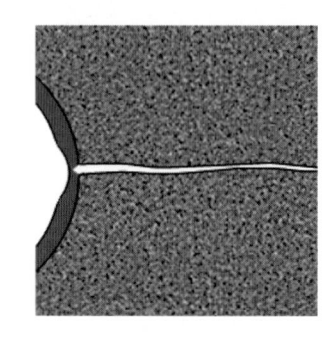

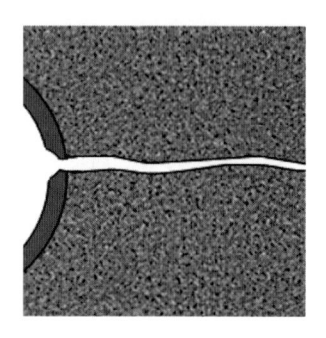

图4-3 地层破裂过程示意图

可见，钻井液作用下，地层岩石被压裂致漏的过程可以概括为"先破后漏"的过程。钻井液在井壁上形成的封堵层，使井壁的渗透率降低，增加了井壁岩石的完整程度，有利于阻止或减缓压力向裂纹内部的传递，可阻止或减缓井壁裂纹的液力劈裂作用，构筑起阻裂的"第二道防线"。因此，"阻裂"作用可提高地层岩石"破而不漏"的能力。

钻井液的"封护阻裂"作用对地层破裂压力的影响，如图4-4所示。

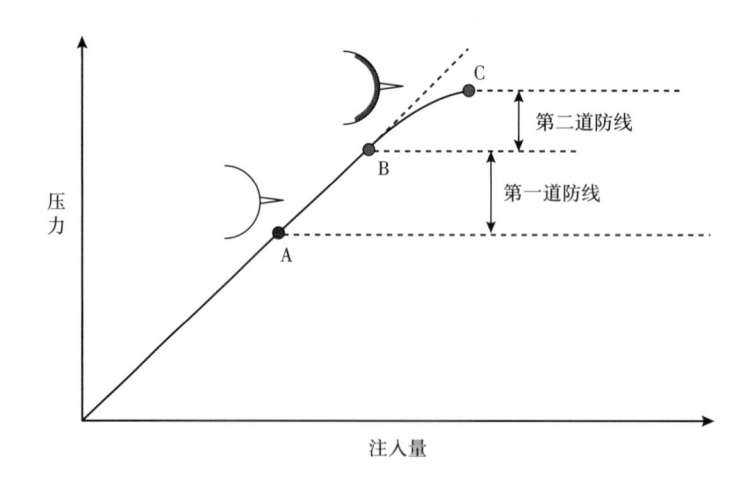

图4-4 "封护阻裂"作用对地层破裂压力的影响示意图

滤饼渗透率会直接影响裂缝内压力的大小，从而影响地层破裂压力。若钻井液能够在井壁形成渗透率极低的封堵隔离带（如滤饼），则可有效阻止钻井液压力向裂纹内部传递。利用前述断裂力学模型，地层破裂压力为：

$$p_\mathrm{f} = \frac{1}{f_\mathrm{w}(b) + \lambda f_\mathrm{fi}(b)} \left[\frac{K_\mathrm{IC}}{\sqrt{r_\mathrm{w}}} + \sigma_\mathrm{h} f_\mathrm{h}(b) - \sigma_\mathrm{H} f_\mathrm{H}(b) \right] \qquad (4-1)$$

式中　p_f——地层破裂压力，Pa；

K_IC——临界应力强度因子，也称为地层岩石的 I 型断裂韧性，$\mathrm{Pa \cdot m^{1/2}}$；

λ，b——$0 < \lambda \leqslant 1$、$b = 1 + L_\mathrm{f}/r_\mathrm{w}$；

L_f——单翼裂缝长度，m；

r_w——井眼直径，m；

$f_\mathrm{H}(b)$，$f_\mathrm{h}(b)$，$f_\mathrm{w}(b)$ 和 $f_\mathrm{fi}(b)$——σ_H、σ_h、p_w、p_fi 对应的无量纲应力强度因子函数。

当 $\lambda = p_\mathrm{p}/p_\mathrm{w}$ 时，即缝内压力等于地层流体压力，裂纹内压力值最低，地层破裂压力最高。因此，井壁裂缝内压力越低，地层破裂压力越高，地层越难以被压裂，这是因为带有压力的钻井液液相难以侵入裂纹内部，滤饼对地层裂纹产生"阻止劈裂"的作用。

滤饼的力学性质也会影响地层破裂压力。井壁形成非致漏裂缝后，滤饼仍可能横跨在裂缝入口外，承受井筒压力与裂缝内压力之差。只有当滤饼被压差破坏后，井筒压力才能有效传递至井壁裂缝内，对裂缝产生劈裂作用力。滤饼的力学性能越强，越有利于承受压差，地层破裂压力越大。滤饼力学性质对地层破裂压力的影响，可以用滤饼"应力桥"理论模式解释[9]。滤饼应力桥作用原理示意图，如图4-5所示。

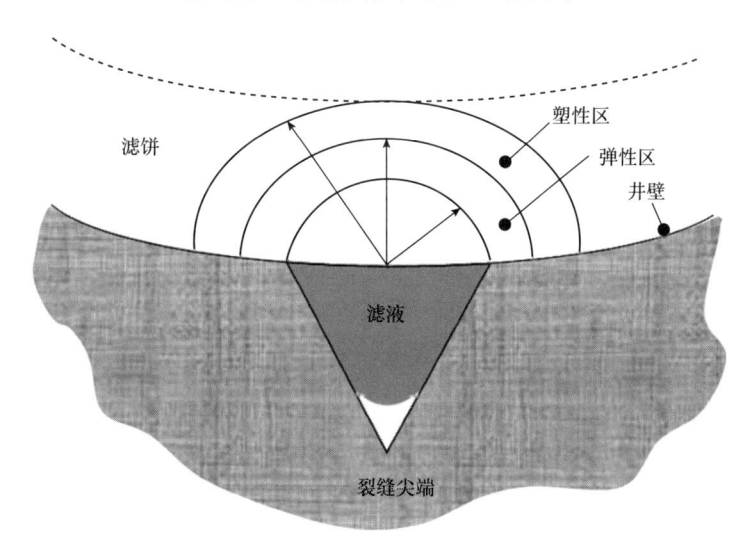

图4-5　滤饼"应力桥"模型示意图

"应力桥"理论认为，滤饼横跨在井壁裂缝入口外时，滤饼内部会存在弹性区和塑性区，可建立滤饼作用下的地层破裂压力与滤饼力学性质之间的理论关系。

综上所述，钻井液滤饼"封护阻裂"作用能够提高地层起裂压力和破裂压力，具有防止诱导裂缝性漏失的作用。滤饼对地层破裂压力的影响，如图4-6所示。

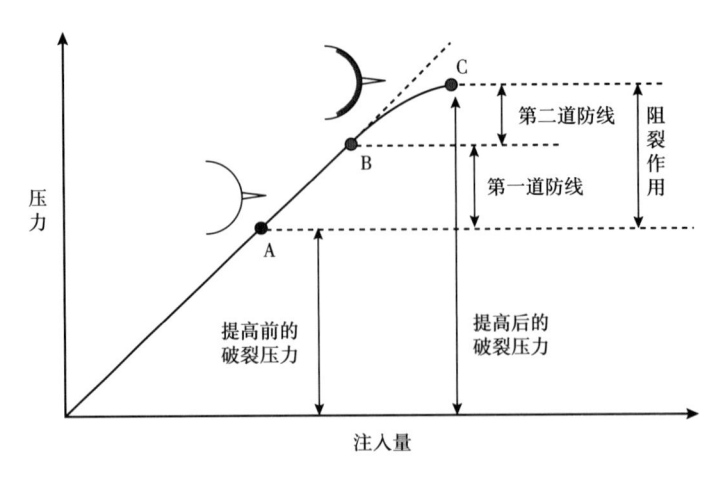

图 4-6 "阻裂"作用提高地层破裂压力示意图

关于滤饼对防止诱导裂缝性漏失的重要性，已经开始引起了关注，国内外学者已经开展了系列理论和实验研究[5, 11-12, 15-16]。然而，对滤饼防漏作用机理的认识尚不清晰、不统一，滤饼对防漏作用也还未引起现场工程师的广泛的重视，尚需深入研究和充分实践。

二、防漏模拟实验

采用岩心压裂实验法，研究不同注入流体对应的地层破裂压力、裂缝传播压力及重启压力，分析钻井液的防漏封堵能力。

1. 实验材料与方法

1）实验装置

岩心压裂实验装置由高压泵组、岩心夹持器、活塞式缸套和电脑控制系统四部分组成。该实验装置利用几何与力学过程相似基本原理，可模拟地层压裂致漏过程或关井间隙挤注堵漏钻井液体系的堵漏过程。实验过程中，可测定挤注压力、挤注速度随时间的变化，分析诱导致漏、堵漏过程与堵漏效果。实验装置基本结构示意图，如图 4-7 所示。

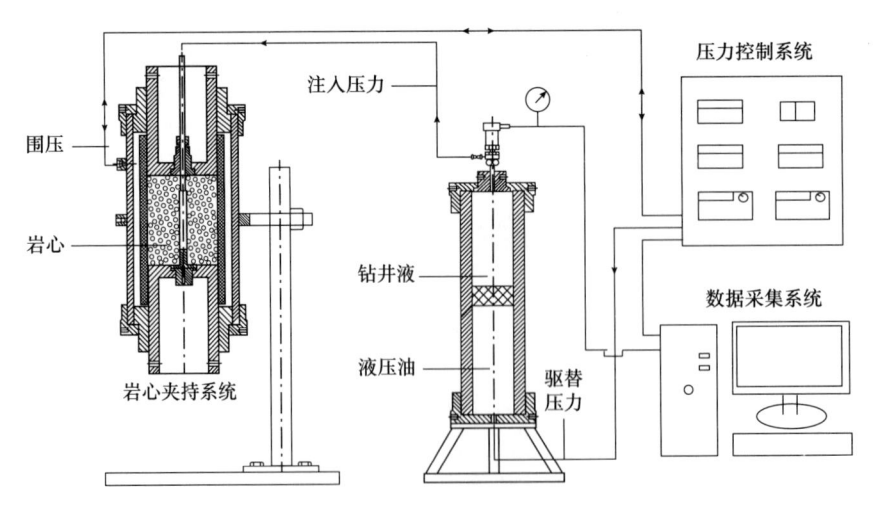

图 4-7 压裂实验装置结构示意图

2）实验材料

（1）岩心类型与规格。

实验用岩心的几何尺寸和实物，如图4-8所示。

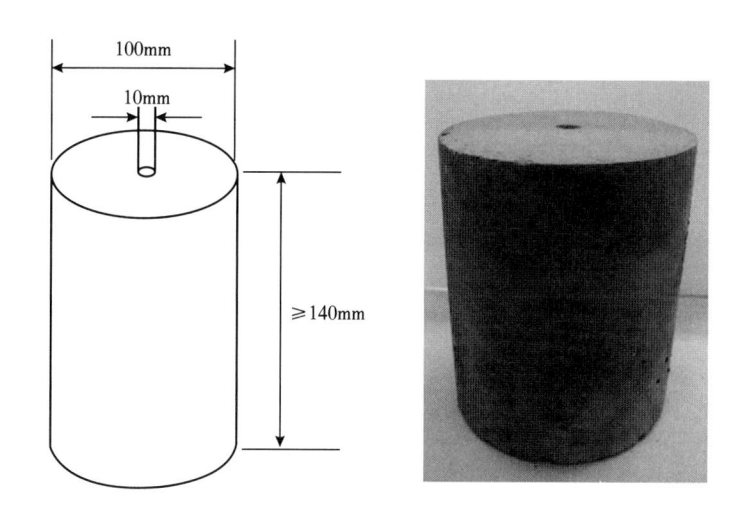

图 4-8 岩心几何尺寸示意图和实物图

（2）注入流体及性能。

实验采用的注入流体为清水、盐污染钻井液、水基分散钻井液及桥接堵漏钻井液体系，基本性能见表4-1。

表 4-1 实验用钻井液基本性能数据

钻井液类型	ρ（g/cm³）	FL（mL）	AV（mPa·s）	PV（mPa·s）	YP（Pa）	Gel（Pa/Pa）	滤饼厚度（mm）	pH 值
盐污染钻井液	1.04	14	8.5	4	4.5	3.5/8	1.5	9
水基分散钻井液	1.04	5	7	3	4	0.5/1	0.5	9.5
桥接堵漏钻井液	1.05	4	8	5	3	1/1.5	0.5	9

3）评价方法

将中心开孔的岩心充分浸透水后装入岩心夹持器，注入实验流体，逐渐增大孔内流体压力和围压。围压保持恒定，匀速增大注入压力直至岩心被压裂。岩心压裂后延时注入流体，同时分别记录岩心破裂压力、裂缝重启压力及延伸压力。每个实验均包含三次流体注入：

（1）第一次注入流体，岩心孔内压力升高直至岩心被压裂而产生诱导裂缝，可测定岩心的破裂压力，继续注入流体可测得裂缝的延伸压力；

（2）静置一定时间后，第二次注入流体，孔内压力增大使裂缝重新开启，可测定裂缝的重启压力；

（3）关闭静置一定时间后，第三次注入流体，以恒定的注入流体速度，测试注入流体的封堵效果。

实验结束后，将岩心裂缝拆分开，观察封堵情况。对比不同注入流体在各种特征压力上的差异，分析岩心的承压能力、钻井液的封堵能力。

2. 实验结果与分析

1）岩心破裂压力的对比

利用清水与三种性能不同的钻井液的实验压力数据，作出压力与时间的变化关系曲线（图4-9），压力曲线上最高点对应的压力值即为破裂压力。

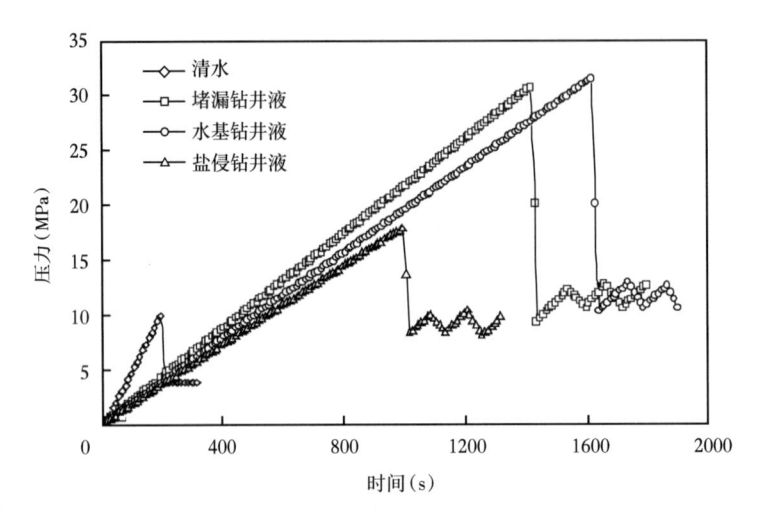

图4-9 不同注入流体的压裂实验曲线

由图4-9可以发现，岩心的破裂压力具有如下特点：

（1）工作液类型不同，对应的破裂压力值也不同。其中，清水对应的破裂压力为9.5MPa，而钻井液对应的破裂压力在17.5~31MPa之间。可见，清水比任意一种钻井液体系对应的破裂压力都低。换言之，有固相工作流体比无固相工作流体对应的岩石破裂压力更高，验证了前述地层破裂压力受工作液性能影响的认识。

（2）固相含量相同时，工作液滤失造壁性能不同，对应的岩石破裂压力不尽相同。盐污染水基钻井液的滤失量较大，形成的滤饼厚且疏松，其对应的岩心破裂压力仅为17.5MPa；而未受污染水基钻井液的滤失量较小、滤饼薄而密，其对应的岩心破裂压力可高达31MPa，高出前者13.5MPa。因此，验证了钻井液滤饼对防止诱导裂缝性漏失的积极作用。

（3）添加有碳酸钙颗粒的水基桥接堵漏钻井液，其对应的岩心破裂压力与水基钻井液对应的破裂压力相当。可见，桥接堵漏钻井液对诱导裂缝性漏失的预防作用并无特殊之处。

含有固相的工作液体系，尤其是造壁性能良好的钻井液，其对应岩心的破裂压力明显更高。这并不符合传统岩石力学的破坏理论。实验中的渗透率极低岩心的破裂压力，传统破裂压力计算公式，未考虑工作液的类型及性能对岩石破裂压力的影响。事实上，诱导裂缝性漏失过程会受工作液体系类型及性能的影响，所以，不应忽略钻井液性能尤其是滤饼性能对地层岩石破裂压力的影响。

实验还发现，压裂岩心过程中，挤入岩心内的钻井液的体积量比纯水多，其对应的压力曲线整体向右明显地偏移。如：比较清水、盐侵钻井液及水基钻井液对应的压力曲线，相同压力(如9MPa)时,三种注入体系的挤入体积分别为3mL、16mL及26mL。造壁性能越好的工作液体系,达到相同压力时的注入体积反而越大。究其原因,这正是钻井液滤饼对井壁封堵作用的结果。压裂过程中,随着注入压力的升高,岩心内孔壁的原有微裂纹将会开启或产生新的微裂纹,这些微裂纹将允许液相进入并形成微滤饼,微滤饼的形成有利于阻挡流体介质和压力的传递,这相当于增加了薄弱处的强度,而迫使在别处形成新的微裂纹,但新的微裂纹又很快被形成的微滤饼封堵住。只有当注入压力大于滤饼的承压能力与岩石自身的抗拉强度之和时,才会发生明显的破裂。表现为岩心破裂所需时间更长,注入量更大。相反,由于纯水不具备滤饼的封护阻裂作用,孔壁微裂纹一旦形成,岩心就会在最薄弱处产生"水力尖劈"作用,岩心被压裂破坏。表现为压裂岩心所需时间更短、注入量更小,且用较低的压力即可使整个岩心破裂。实验结束后,沿裂缝拆开岩心观察发现,钻井液压裂岩心的孔壁上有较多径向裂纹,而清水压裂的岩心孔壁未见有较多的径向裂纹,证明了以上分析。

可见,滤失造壁性能良好的工作液能明显提高地层岩石破裂压力,同时具有稳定井壁和防止漏失的双重作用。因此,在薄弱地层中钻进时,采用造壁性能良好的钻井液体系,可以获得更高的地层承压能力。

2)裂缝延伸压力的对比

裂缝延伸压力的大小,可以反映裂缝扩展的难易程度,与岩石的强度、地应力、工作液体系的成分及性能有关[5]。

由图4-9可见,裂缝延伸压力具有如下特点:

(1)当注入压力达到破裂压力后,岩心孔隙内压力立即降低到某一数值,该数值即为裂缝延伸压力,此时裂缝开始延伸;

(2)在裂缝延伸过程中,含有固相的工作液对应的延伸压力曲线段,均出现了一种特殊的"锯齿"形状;

(3)对照表4-1的数据可以发现,"锯齿"状出现的频率与工作液瞬时滤失量有关。瞬时滤失量的大小反映了工作液的初始脱水能力,工作液的瞬时滤失量越大,表明其脱水能力越强,形成滤饼的速度越快。因此,"锯齿"状出现的频率又是裂缝延伸过程中工作液形成滤饼能力的反映。

压力曲线出现的"锯齿"形状,反映了压力传播的不稳定性及裂缝延伸过程的不连续性,其中必然存在某种物质阻挡了压力的传递,显然,该物质即为工作液迅速脱水而形成的滤饼。只有当注入压力大于使滤饼破坏的临界压力时,压力才可能传递到微裂缝尖端而使裂缝延伸,在裂缝深部又不断有新的滤饼快速形成,将造成裂缝延伸压力的波动,从而形成"锯齿"状的压力曲线。其中,"齿谷"反映裂缝延伸时的阻力,而"齿尖"则反映工作液滤饼的封堵能力。

从裂缝延伸的整体过程来看,缝内滤饼的形成在一定程度上可以使裂缝延伸阻力增大,但并不能使地层裂缝的延伸压力大幅提高。换言之,诱导缝内的滤饼尚不足以阻止诱导裂缝的延伸。

3)裂缝重启压力的对比

将已经压裂形成裂缝的岩心静置一段时间使裂缝闭合,再重新注入流体,使裂缝在注入流体压力的作用下重新开启。注入压力曲线最高点所对应的压力值即为裂缝重启压力。

裂缝重启压力的大小，可以反映工作液对诱导裂缝的封堵能力。

采用了两种实验方式重启裂缝：

（1）第一种方式：先用清水使岩心压裂，再使用钻井液体系使裂缝开启，用于反映钻井液体系对非致漏天然裂缝的封堵性能；

（2）第二种方式：岩心被压裂后，直接使用原有工作液体系重新开启裂缝，用于反映原工作液体系对诱导裂缝的封堵性能。

实验过程中，第一次增压使裂缝重新开启，静置时间短，用于反映注入钻井液的封堵作用。第二次增压使裂缝重新开启，静置时间可适当延长，用于反映注入钻井液的封堵与稳固两种作用。典型裂缝重启压力曲线，如图4-10和图4-11所示。

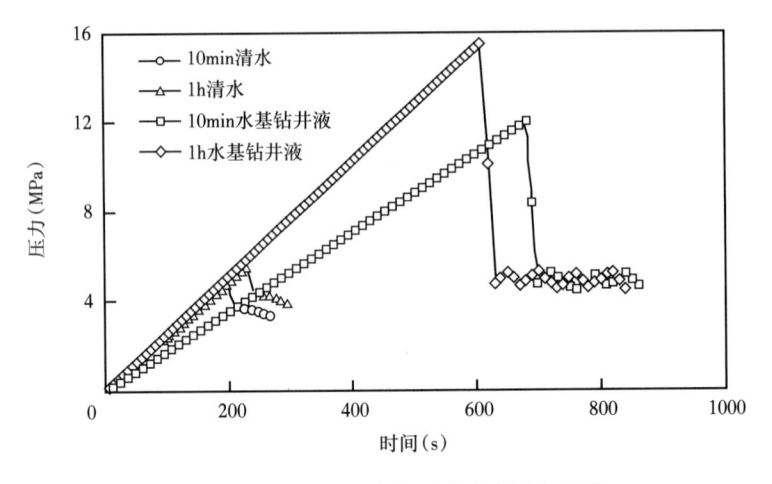

图4-10　第一种方式的裂缝重启压力曲线

由图4-10可见，清水对应的两次重启压力分别为5MPa、5.5MPa；而造壁性能良好的钻井液对应的两次重启压力分别为12MPa、15.5MPa，增加近两倍。充分说明了井壁上良好的滤饼对裂缝具有较强的阻裂作用，这对采用造壁性能良好的钻井液以防止地层天然裂纹开启而引发井漏具有重要的启示。

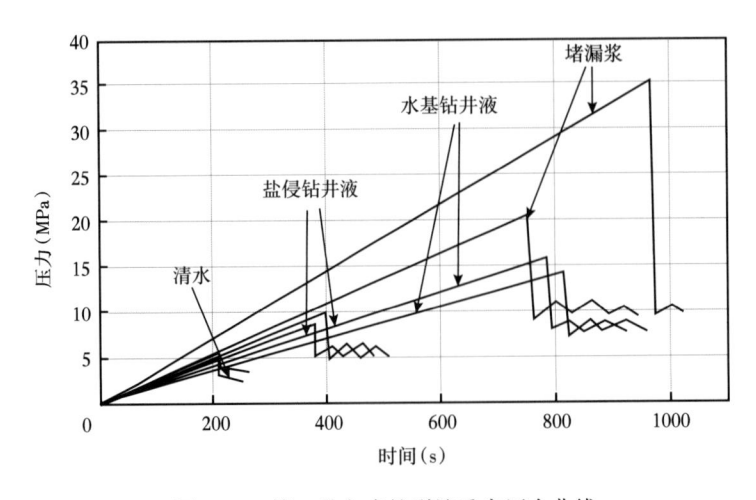

图4-11　第二种方式的裂缝重启压力曲线

从图4-11可见，清水与盐污染钻井液对应的两次裂缝重启压力均各自近似相等；而未受污染的水基钻井液对应两次裂缝重启压力相差3.5MPa。然而，这三种工作液对应的最高裂缝重启压力都仅为各自破裂压力的1/2左右。仅有桥接堵漏钻井液对应的两次裂缝重启压力相差很大，高达15MPa，这说明随时间延长，桥接堵漏钻井液对诱导裂缝的封堵能力增强。值得注意的是，桥接堵漏钻井液对应的最高裂缝重启压力（34.8MPa），已经高出其破裂压力值，表明除滤饼的封堵作用以外，刚性碳酸钙颗粒可进一步增强封堵带的承压能力，产生更加高效的封堵效果，地层岩石的承压能力得到大幅提高。

综上所述，通过改善钻井液体系的滤失造壁性能和封堵性能，地层承压能力可得到大幅提高，验证了防止诱导裂缝漏失的"封护阻裂"理论的正确性和可行性。

第二节 强化井筒承压堵漏

当对地层承压能力要求较高时，滤饼对诱导裂缝性漏失的预防作用有限，可利用强化井筒承压堵漏，提高地层承压能力。往往适用于同一裸眼井段内的安全密度窗口极窄甚至为负的情况。当下部地层将采用更高密度钻井液，而上部地层承压能力低，钻进下部地层时上部地层必然会发生诱导裂缝性漏失。因此，需要在钻穿上部薄弱地层后，采用堵漏方法提高上部地层的承压能力。换言之，强化井筒承压堵漏方法，是一种"未漏先堵"的防漏方法。

一、作用机制

强化井筒承压堵漏方法是通过人为压裂造缝，并在致漏裂缝内建立起阻挡井筒流体介质和压力向裂缝内传递"人工隔墙"的防漏方法[17-20]。建立的"人工隔墙"能有效地阻止裂缝继续延伸扩大，从而制止钻井液的继续漏失，并能保证已经堵住的裂缝不因重新开启而再次发生漏失。因此，强化井筒承压堵漏机理应包含两方面作用，其一是阻止裂缝的延伸扩展，从而阻止诱导裂缝性漏失的机理；其二是提高裂缝的重启压力及围岩破裂压力，从而避免再次漏失的机理。强化井筒的作用模式，如图4-12所示。

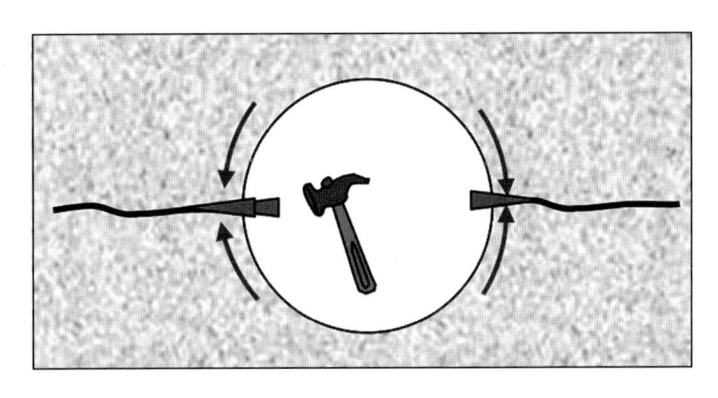

图4-12 强化井筒作用原理示意图

为了揭示强化井筒承压堵漏的作用机制，国外油气公司和油田技术服务公司联合开展了一项名为GPRI2000的攻关实验，提出了著名的"应力笼"（Stress Cage）理论和裂缝闭合应力（FCS）理论。应力笼理论认为，在裂缝入口附近形成封堵层，阻止裂缝延伸和闭合，使井周岩石周向应力增大，从而提高地层承压能力［图4-13（b）］[19, 21-23]；而裂缝闭合应力（FCS）理论则认为，地层承压能力的提高取决于裂缝闭合应力（FCS）的提高，堵漏材料必须隔离裂缝尖端，地层承压能力增加值应当与裂缝宽度增加值相对应［图4-13（c）］[24-25]。

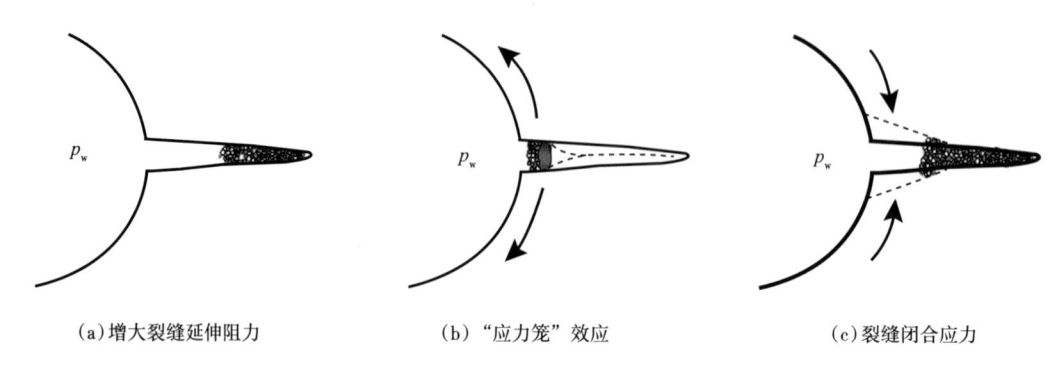

（a）增大裂缝延伸阻力　　　　（b）"应力笼"效应　　　　（c）裂缝闭合应力

图4-13　不同井筒强化理论模式原理示意图

1. 阻止裂缝延伸扩展

井壁产生致漏裂缝后，钻井液流入裂缝，若钻井液的流动摩阻较小而不采取任何增大缝内流体流动阻力的措施，诱导裂缝将不断向地层深部延伸扩张，沟通地层中的天然断裂或溶洞等，可造成大量的钻井液漏失。因此，阻止裂缝延伸扩展是强化井筒承压堵漏的首要任务[5, 26-31]。

根据断裂力学理论，当满足裂缝止裂条件时有：

$$K_{\mathrm{I}} < K_{\mathrm{IC}} \tag{4-2}$$

式中　K_{I}——Ⅰ型裂纹尖端的应力强度因子，$Pa \cdot m^{1/2}$；

　　　K_{IC}——临界应力强度因子，也称为地层岩石的Ⅰ型断裂韧性，$Pa \cdot m^{1/2}$，可以通过实验测得。

即，当裂缝尖端应力强度因子小于岩石的断裂韧性时，裂缝就停止延伸。

对于已钻地层，其井眼半径r_{w}、地应力条件（σ_{H}、σ_{h}）均已客观存在，此时，裂缝尖端的应力强度因子K_{I}就取决于井内钻井液压力p_{w}和裂缝内的流体压力的分布$p_{\mathrm{fi}}(x)$，即人为可控因素为p_{w}和$p_{\mathrm{fi}}(x)$。然而，在承压堵漏作业过程中，井内钻井液压力p_{w}是提高地层承压能力所要求的井内压力值，即地层必须能够承受的最大井内钻井液压力，是设计要求的期望压力值，不允许随意调整，因此，改善缝内压力分布$p_{\mathrm{fi}}(x)$就是改变裂缝尖端的应力强度因子的唯一途径。

1）缝内压力的影响

理论与实践表明，堵漏钻井液在裂缝内建立的"人工隔墙"，阻挡流体介质和压力传递，可以改善缝内压力的分布。当缝内压力$p_{\mathrm{fi}}(x)$和其他载荷（σ_{h}、σ_{H}、p_{w}）在裂缝尖端共同产生的应力强度因子满足裂缝止裂的断裂力学条件时，裂缝停止延伸。

堵漏钻井液的对流体压力的阻挡作用主要是通过堵漏材料在裂缝内架桥、堆积和填充等作用,在裂缝中形成一段封堵隔墙,变缝为孔,使钻井液的流动由原先在裂缝中的窄缝流转换为在封堵隔墙中的孔隙渗流。

堵塞隔墙形成过程中,设某一时刻封堵隔墙有效渗透率为 K_p,钻井液入口端有效孔隙度为 ϕ,封堵隔墙长度为 L_p,液相在封堵隔离带的流动视为达西流动,钻井液在裂缝中的漏失流量 Q,裂缝尖端流体压力 p_{tip},隔墙段内孔隙流体压力为 p_x,如图4-14所示。

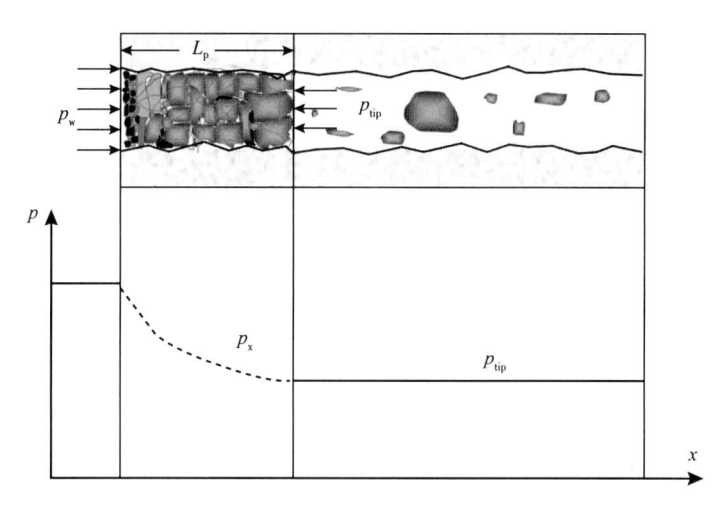

图4-14 桥塞封堵裂缝物理模型

根据渗流力学基本理论,可以得到任意时刻裂缝内压力:

$$p_{tip} = p_w - \frac{\mu}{\phi A_f} \frac{QL_p}{K_p} \qquad (4-3)$$

式中 p_{tip}——裂缝尖端内流体压力,Pa;
A_f——裂缝开口端面面积,m²;
μ——钻井液液相黏度,Pa·s;
Q——钻井液液相的流量,m³/s;
L_p——封堵隔墙的长度,m;
K_p——封堵隔墙的有效渗透率,D。

随着堵漏材料不断进入裂缝并在裂缝内架桥、堆积,封堵隔墙的长度 L_p 将不断增大,钻井液液相在隔墙内的流动压降增大。若在桥接堵漏材料中加入变形材料和填充材料,钻井液入口端面的有效孔隙度 ϕ 将随着变形材料和填充材料的充填作用而减小,封堵隔墙的有效渗透率 K_p 也将减小。由式(4-3)可知,钻井液在封堵隔墙中的流动压降增大,缝内压力降低,钻井液漏失得到控制。

在堵塞深度条件下,裂缝尖端段内流体压力大小对裂缝尖端的应力强度因子有显著影响。在堵塞深度一定的条件下,分别考察了不同裂缝"尖端段"压力条件下,即 $p_{tip}<\sigma_h$、$p_{tip}=\sigma_h$ 及 $\sigma_h<p_{tip}<p_w$ 三种情形下,裂缝尖端应力强度因子随裂缝长度的变化规律,如图4-15所示。

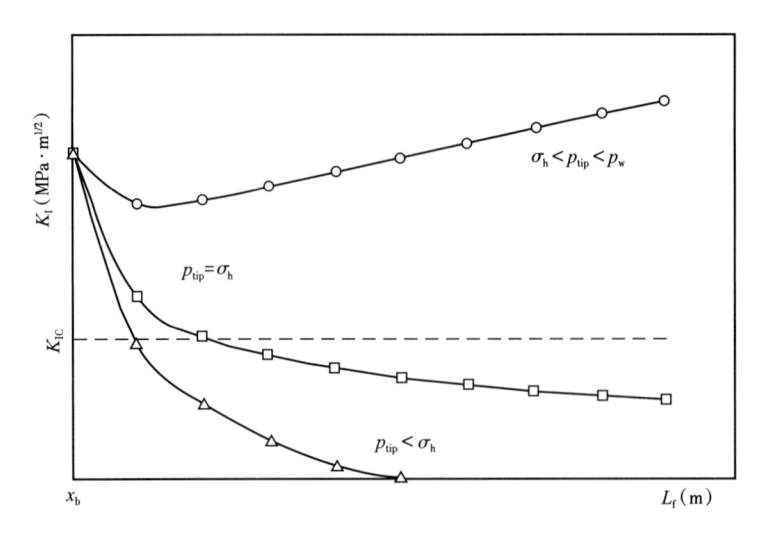

图 4-15 应力强度因子与裂缝长度关系曲线

由图 4-15 可知，对于封堵深度 x_b 一定时，裂缝"尖端段"的压力 p_{tip} 会明显地影响裂缝的延伸能力：

（1）当裂缝"尖端段"压力满足 $\sigma_h < p_{tip} < p_w$ 关系时，裂缝尖端的应力强度因子均大于岩石的断裂韧性 K_{IC}，裂缝的延伸不能被有效的阻止。

（2）当裂缝"尖端段"压力 $p_{tip}=\sigma_h$ 时，裂缝尖端的应力强度因子随着裂缝的延伸会逐渐较小，当减小到岩石断裂韧度 K_{IC} 以下时，裂缝的延伸也就停止。

（3）当裂缝"尖端段"压力 $p_{tip}<\sigma_h$ 时，裂缝尖端的应力强度因子随着裂缝的延伸会急剧降低，当减小到岩石断裂韧度 K_{IC} 以下后，裂缝就停止延伸，且裂缝长度较短。

可见，只有裂缝"尖端段"压力小于或等于最小主应力时，即满足 $p_{tip} \leqslant \sigma_h$ 时，裂缝延伸才可能得到有效阻止，且"尖端段"的压力越低，裂缝的长度就越短，越有利于阻止裂缝的延伸。

裂缝尖端段流体压力 p_{tip} 的大小，应根据不同渗透率的地层而论。对于基岩渗透率非常低的地层，如碳酸盐岩地层，由于裂缝"尖端段"的钻井液很难通过渗滤的形式进入裂缝壁面基质，通常这部分钻井液压力的耗散较少，最终与水平最小主应力 σ_h 相近；若基岩内预存了较小的微裂纹，裂缝"尖端段"的钻井液会在压差的作用下进入这些微裂纹中，该段流体压力也会很快降低。所以裂缝"尖端段"的最大流体压力值为最小水平地应力 σ_h，即：

$$p_{tip} \leqslant \sigma_h \tag{4-4}$$

式中 p_{tip}——裂缝尖端内流体压力，Pa；

σ_h——最小水平主应力，Pa。

而对于基岩渗透率非常高的地层，如疏松砂岩地层，由于裂缝"尖端段"的钻井液液相很容易通过渗滤的形式进入裂缝壁面基岩，通常这部分钻井液的压力也很快降低，最终与地层流体压力 p_p 平衡。所以裂缝"尖端段"的最小流体压力值为地层流体压力 p_p，即：

$$p_{tip} \geqslant p_p \tag{4-5}$$

式中 p_p——地层孔隙压力，Pa。

因此，对于实际地层，若地层压力小于最小水平主应力，即 $p_p < \sigma_h$，则裂缝"尖端段"流体压力应满足条件：

$$p_p \leqslant p_{tip} \leqslant \sigma_h \quad (4\text{-}6)$$

2）堵塞深度的影响

"人工隔墙"可以在裂缝的不同位置形成，不同堵塞深度的"人工隔墙"对裂缝延伸的阻止作用也不尽相同。基于岩石断裂力学基本理论，结合工程实际，讨论"人工隔墙"在不同封堵位置形式下裂缝内压力分布 $p_{fi}(x)$ 及对裂缝延伸的阻止作用。

图 4-16 所示为无限大地层内双翼裂缝的一翼，设"人工隔墙"在裂缝内某位置 $x_b(r_w \leqslant |x_b| \leqslant L_f + r_w)$ 处开始形成，则裂缝被分为"隔墙段"和"尖端段"两部分。

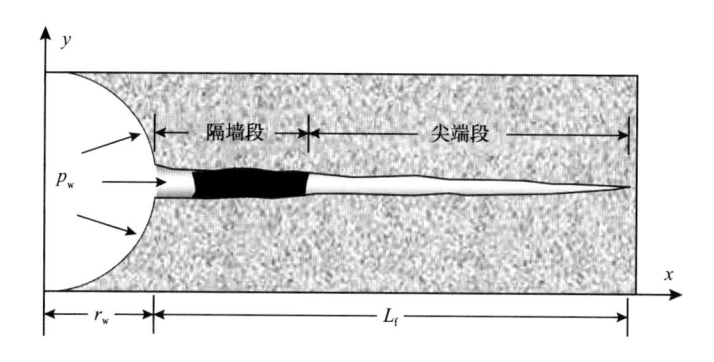

图 4-16 封堵裂缝物理模型

设"隔墙段"对裂缝的支撑应力为 p_{plug}，"尖端段"内的流体压力为 p_{tip}，缝内压力分布可以表示为：

$$p_{fi}(x) = \begin{cases} p_{plug} & r_w \leqslant |x| \leqslant x_b \\ p_{tip} & x_b < |x| \leqslant r_w + L_f \end{cases} \quad (4\text{-}7)$$

根据断裂力学理论，无限大板内一半长为 a 的拉伸裂缝尖端的应力强度因子一般公式为[32]：

$$K_I = -(\pi a)^{-1/2} \int_{-a}^{a} \sigma_y(x,0) \left(\frac{a+x}{a-x}\right)^{1/2} dx \quad (4\text{-}8)$$

将式（4-7）代入式（4-8），得：

$$\begin{aligned} K_I(p_{fi}) &= \frac{1}{\sqrt{\pi(L+r_w)}} \int_{-(r_w+L_f)}^{r_w+L_f} p_{fi}(x) \left(\frac{L_f+r_w+x}{L_f+r_w-x}\right)^{1/2} dx \\ &= \frac{1}{\sqrt{\pi(L_f+r_w)}} \left[\int_{-(L_f+r_w)}^{-x_b} p_{tip} \left(\frac{L_f+r_w+x}{L_f+r_w-x}\right)^{1/2} dx + \int_{-x_b}^{-r_w} p_{plug} \left(\frac{L_f+r_w+x}{L_f+r_w-x}\right)^{1/2} dx \right. \\ &\left. + \int_{r_w}^{x_b} p_{plug} \left(\frac{L_f+r_w+x}{L_f+r_w-x}\right)^{1/2} dx + \int_{x_b}^{r_w+L_f} p_{tip} \left(\frac{L_f+r_w+x}{L_f+r_w-x}\right)^{1/2} dx \right] \end{aligned} \quad (4\text{-}9)$$

查积分公式表，对式（4-9）积分得：

$$K_{\mathrm{I}}(p_{\mathrm{fi}}) = 2\sqrt{\frac{L_{\mathrm{f}}+r_{\mathrm{w}}}{\pi}}\left[p_{\mathrm{plug}}\left(\arcsin\frac{x_{\mathrm{b}}}{L_{\mathrm{f}}+r_{\mathrm{w}}}-\arcsin\frac{r_{\mathrm{w}}}{L_{\mathrm{f}}+r_{\mathrm{w}}}\right)\right.$$
$$\left.+p_{\mathrm{tip}}\left(\frac{\pi}{2}-\arcsin\frac{x_{\mathrm{b}}}{L_{\mathrm{f}}+x_{\mathrm{b}}}\right)\right] \quad (4\text{-}10)$$

令 $\lambda = \dfrac{p_{\mathrm{tip}}}{p_{\mathrm{w}}}$，则式（4-7）改写成：

$$p_{\mathrm{fi}}(x) = \begin{cases} p_{\mathrm{plug}} & r_{\mathrm{w}} \leqslant |x| \leqslant x_{\mathrm{b}} \\ \lambda p_{\mathrm{w}} & x_{\mathrm{b}} < |x| \leqslant r_{\mathrm{w}} + L_{\mathrm{f}} \end{cases} \quad (4\text{-}11)$$

为了将缝内压力 p_{fi} 与井内压力 p_{w} 完全联系起来，需要讨论"隔墙段"对裂缝壁面的支撑应力 p_{plug} 与井内压力 p_{w} 之间的关系。"人工隔墙"在裂缝中的形成过程，是原先由流体占据的部分裂缝空间被钻井液中的堵漏材料所填充，原先的钻井液的液压支撑裂缝转变成由钻井液中堵漏材料支撑裂缝的过程。"人工隔墙"与原先的钻井液应该对裂缝壁面发挥着同样的支撑作用，它们的区别仅在于原先钻井液的液压是使裂缝张开的压力，"人工隔墙"对裂缝的支撑则是阻止已经张开的裂缝闭合的压力，而这两个压力产生的效果可以视为等价的。因此，"隔墙段"对裂缝的支撑应力应等于钻井液的液压，则实际缝内压力分布为：

$$p_{\mathrm{fi}}(x) = \begin{cases} p_{\mathrm{w}} & r_{\mathrm{w}} \leqslant |x| \leqslant x_{\mathrm{b}} \\ \lambda p_{\mathrm{w}} & x_{\mathrm{b}} < |x| \leqslant r_{\mathrm{w}} + L_{\mathrm{f}} \end{cases} \quad (4\text{-}12)$$

由于封堵隔离带对流体压力的阻挡作用，裂缝"尖端段"的流体压力应该低于井内钻井液的压力，但高于地层的流体压力 p_{p}，即满足式（4-13）：

$$p_{\mathrm{p}} < p_{\mathrm{tip}} < p_{\mathrm{w}} \quad (4\text{-}13)$$

裂缝内压力引起的裂缝尖端应力强度因子：

$$K_{\mathrm{I}}(p_{\mathrm{fi}}) = 2p_{\mathrm{w}}\sqrt{\frac{L_{\mathrm{f}}+r_{\mathrm{w}}}{\pi}}\left[\left(\arcsin\frac{x_{\mathrm{b}}}{L_{\mathrm{f}}+r_{\mathrm{w}}}-\arcsin\frac{r_{\mathrm{w}}}{L_{\mathrm{f}}+r_{\mathrm{w}}}\right)\right.$$
$$\left.+\lambda\left(\frac{\pi}{2}-\arcsin\frac{x_{\mathrm{b}}}{L_{\mathrm{f}}+x_{\mathrm{b}}}\right)\right] \quad (4\text{-}14)$$

其中，$r_{\mathrm{w}} \leqslant |x_{\mathrm{b}}| \leqslant L_{\mathrm{f}} + r_{\mathrm{w}}$；$p_{\mathrm{p}}/p_{\mathrm{w}} < \lambda < 1$。

（1）当 $|x_{\mathrm{b}}| = r_{\mathrm{w}}$ 时，即在裂缝入口外堵塞（也称"封门"），如图4-17所示，这种情况下裂缝内压力分布：

$$p_{\mathrm{fi}}(x) = p_{\mathrm{tip}} = \lambda p_{\mathrm{w}} \quad (r_{\mathrm{w}} \leqslant |x| \leqslant r_{\mathrm{w}} + L_{\mathrm{f}}) \quad (4\text{-}15)$$

裂缝内压力引起裂缝尖端的应力强度因子：

$$K_{\mathrm{I}}(p_{\mathrm{fi}}) = 2\sqrt{\frac{L_{\mathrm{f}}+r_{\mathrm{w}}}{\pi}}\lambda p_{\mathrm{w}}\left(\frac{\pi}{2} - \arcsin\frac{r_{\mathrm{w}}}{L_{\mathrm{f}}+r_{\mathrm{w}}}\right) \quad \left(\frac{p_{\mathrm{p}}}{p_{\mathrm{w}}} < \lambda < 1\right) \quad (4-16)$$

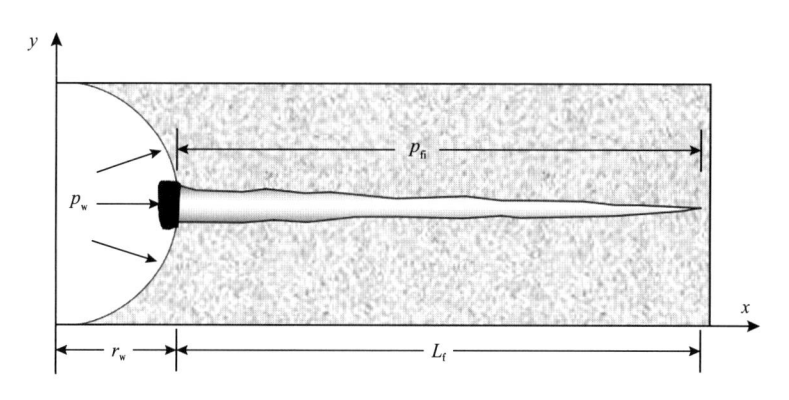

图 4-17 堵漏材料的"封门"示意图

这种堵塞位置形式下，裂缝尖端处的应力强度因子 K_{I} 可以取得最小值，若仅从力学的角度考虑，"封门"是最有利于阻止裂缝延伸和钻井液漏失的。

然而，由于钻井液对井壁的冲刷和钻具与井壁的接触、碰撞等作用，堵漏材料的"封门"作用极易被破坏，所以钻井工程上并不允许堵漏材料"封门"；另外，若钻井液中固相堵漏材料停留在裂缝入口外，若后续作业压力增大而导致裂缝的开口度进一步扩张到允许堵漏材料进入裂缝的程度后，堵漏材料的"封门"作用会被破坏。所以，堵漏材料的"封门"作用虽然能够有效地阻止裂缝的延伸，但在钻井工程领域是不允许的。当然，如果形成的封堵层不被破坏，则可采用"封门"作用提高封堵效率。

（2）当 $|x_{\mathrm{b}}| = r_{\mathrm{w}} + L_{\mathrm{f}}$ 时，即在裂缝末端堵塞（亦称"封尾"），如图 4-18 所示。

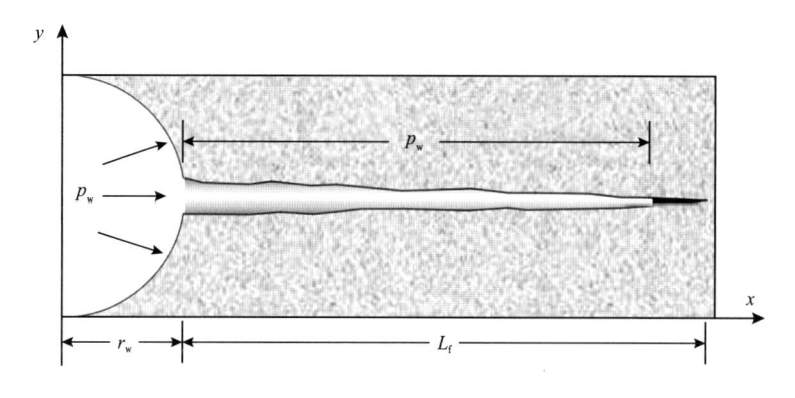

图 4-18 堵漏材料的"封尾"示意图

由于裂缝与井眼连通，裂缝内压力近似等于井内压力，即裂缝内压力分布为：

$$p_{\mathrm{fi}}(x) = p_{\mathrm{w}} \quad (r_{\mathrm{w}} \leqslant |x| \leqslant r_{\mathrm{w}} + L_{\mathrm{f}}) \quad (4-17)$$

裂缝内压力引起裂缝尖端的应力强度因子：

$$K_{\mathrm{I}}(p_{\mathrm{fi}})=2\sqrt{\frac{L_{\mathrm{f}}+r_{\mathrm{w}}}{\pi}}p_{\mathrm{w}}\left(\frac{\pi}{2}-\arcsin\frac{r_{\mathrm{w}}}{L_{\mathrm{f}}+r_{\mathrm{w}}}\right) \qquad (4\text{-}18)$$

这种情况下，K_{I} 将取得最大值，且远大于 K_{IC}，不能满足裂缝的止裂条件，从断裂力学的角度考虑，"封尾"最不利于阻止裂缝的延伸和钻井液的漏失。另外，若钻井液中堵漏材料一般为固相材料，如桥接堵漏材料，固相材料在裂缝尖端封堵，必然会伴随着钻井液的失水作用，对于像碳酸盐岩这样的基岩渗透率极低的地层，钻井液中的液相很难渗滤到基岩，这就导致钻井液中的固相堵漏材料很难在裂缝内形成封堵带。因此，在基岩渗透率极低的地层中，固相堵漏材料的"封尾"在实际工程实践中也是难以实现的。

（3）当 $r_{\mathrm{w}}<|x_{\mathrm{b}}|<L_{\mathrm{f}}+r_{\mathrm{w}}$，即在裂缝入口内一定距离 x_{b} 处堵塞（简称"封喉"），如图 4-19 所示。

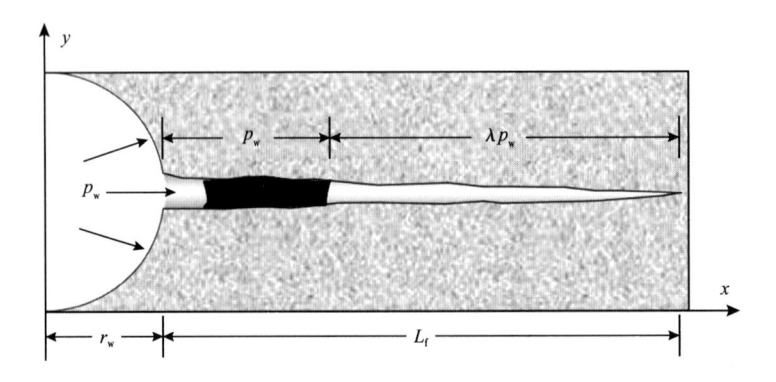

图 4-19 堵漏材料的"封喉"示意图

这种情况下裂缝内压力分布：

$$p_{\mathrm{fi}}(x)=\begin{cases}p_{\mathrm{w}} & r_{\mathrm{w}}\leqslant|x|\leqslant x_{\mathrm{b}}\\ \lambda p_{\mathrm{w}} & x_{\mathrm{b}}<|x|\leqslant r_{\mathrm{w}}+L_{\mathrm{f}}\end{cases} \qquad (4\text{-}19)$$

裂缝内压力引起裂缝尖端的应力强度因子：

$$\begin{aligned}K_{\mathrm{I}}(p_{\mathrm{fi}})=&2p_{\mathrm{w}}\sqrt{\frac{L_{\mathrm{f}}+r_{\mathrm{w}}}{\pi}}\left[\left(\arcsin\frac{x_{\mathrm{b}}}{L_{\mathrm{f}}+r_{\mathrm{w}}}-\arcsin\frac{r_{\mathrm{w}}}{L_{\mathrm{f}}+r_{\mathrm{w}}}\right)\right.\\ &\left.+\lambda\left(\frac{\pi}{2}-\arcsin\frac{x_{\mathrm{b}}}{L_{\mathrm{f}}+x_{\mathrm{b}}}\right)\right]\quad \frac{p_{\mathrm{p}}}{p_{\mathrm{w}}}<\lambda<1\end{aligned} \qquad (4\text{-}20)$$

这种堵塞位置形式下，裂缝尖端应力强度因子 K_{I} 较低，并能满足裂缝的止裂条件。可见，堵漏材料对裂缝的"封喉"是堵塞裂缝的最佳位置形式。

综上所述，堵漏材料在裂缝入口内一定距离堵塞（"封喉"或"封腰"）为堵塞裂缝的最佳位置形式，且裂缝"尖端段"的流体压力小于最小水平主应力（$p_{\mathrm{tip}}<\sigma_{\mathrm{h}}$）是有效阻止裂缝延伸的必要条件。

2. 提高裂缝重启压力

除阻止裂缝延伸扩张以外，井筒强化还要求在恢复钻进时不因已经堵住的裂缝重新开启而再次漏失，即裂缝应具有更高的重启压力。裂缝重启压力是指使裂缝克服闭合应力而重新开启时的井内有效压力。当井内压力大于裂缝重启压力时，裂缝就会开启，裂缝开口度增大从而引发钻井液漏失。裂缝的开启是裂缝壁面附近岩石受缝内压力的变形和位移而成，裂缝壁面附近岩石必然产生附加诱导应力场，裂缝重启压力的提高取决于井周围岩裂缝诱导应力场[17]。

1）井周围岩的裂缝诱导应力场

裂缝开口度增大的过程中，伴随着裂缝壁面岩石的压缩变形，裂缝的闭合应力会随着裂缝面岩石的压缩而增大，该过程必然会在井周围岩内产生附加应力场，称为"诱导应力场"[33-35]。

（1）理论模型的建立。

为了分析井周围岩裂缝诱导应力场，必须建立相应的数学、力学模型。假设：①地层为均质各向同性介质；②地层为处于线弹性状态的多孔介质；③裂缝为垂直裂缝。

设无限大地层中有一条对称双翼垂直裂缝（短半轴接近0的椭圆裂缝），裂缝单翼长度为L_f，作用于裂缝面上的净压力为Δp，如图4-20所示。

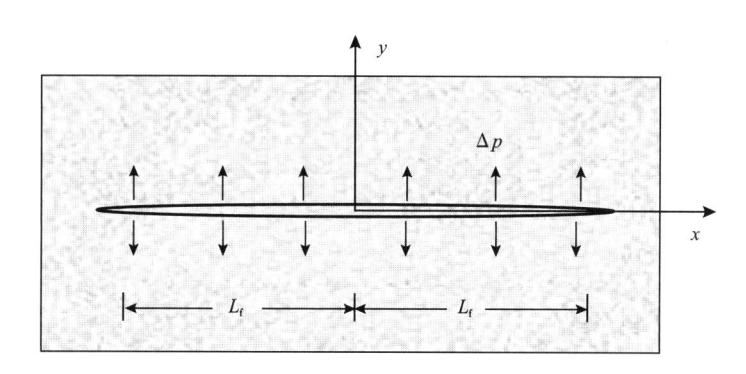

图4-20 分析诱导应力场的裂缝模型示意图

根据弹性力学理论，设水力裂缝诱导应力场属于平面应变问题，则平衡微分方程为：

$$\begin{cases} \dfrac{\partial \sigma_x}{\partial x} + \dfrac{\partial \tau_{xy}}{\partial y} = 0 \\ \dfrac{\partial \sigma_y}{\partial x} + \dfrac{\partial \tau_{xy}}{\partial x} = 0 \end{cases} \quad (4\text{-}21)$$

物理方程为：

$$\begin{cases} \varepsilon_x = \dfrac{1}{E}\left[(1-\upsilon^2)\sigma_x - \upsilon(1+\upsilon)\sigma_y\right] \\ \varepsilon_y = \dfrac{1}{E}\left[(1-\upsilon^2)\sigma_y - \upsilon(1+\upsilon)\sigma_x\right] \\ \gamma_{xy} = \dfrac{1+\upsilon}{E}\sigma_{xy} \end{cases} \quad (4\text{-}22)$$

式中　υ——岩石的泊松比；
　　　E——岩石的弹性模量，Pa。

几何方程为：

$$\begin{cases} \varepsilon_x = \dfrac{\partial u}{\partial x} \\ \varepsilon_y = \dfrac{\partial u}{\partial y} \\ \gamma_{xy} = \dfrac{\partial v}{\partial x} + \dfrac{\partial u}{\partial y} \end{cases} \quad (4\text{-}23)$$

式中　u——x 方向的位移，m；
　　　v——y 方向的位移，m。

边界条件为：

$$\text{在} y = 0,\ |x| \leqslant L_f \text{处}, \ \sigma_y = \Delta p, \ \tau_{xy} = 0; \quad (4\text{-}24)$$

$$\text{在} y = 0,\ |x| > L_f \text{处}, \ \tau_{xy} = 0, \ v = 0; \quad (4\text{-}25)$$

$$\text{在} \sqrt{x^2 + y^2} \to \infty \text{处}, \ \sigma_x \to 0, \ \sigma_y \to 0, \ \tau_{xy} \to 0。 \quad (4\text{-}26)$$

上述平衡微分方程、物理方程、几何方程和边界条件，构成了定量分析的数学模型。

（2）理论模型的求解。

利用线弹性力学理论，采用半逆解法，经过繁琐的数学推导过程，Sneddon 求解了该数学模型，并得出了应力分量的具体表达式[33]：

$$\Delta\sigma_x(x,y) = \Delta p \dfrac{r}{L_f}\left(\dfrac{L_f^{\ 2}}{r_1 r_2}\right)^{\tfrac{3}{2}} \sin\theta \sin\dfrac{3}{2}(\theta_1+\theta_2) - \Delta p\left[\dfrac{r}{(r_1 r_2)^{\tfrac{1}{2}}}\cos\left(\theta-\dfrac{1}{2}\theta_1-\dfrac{1}{2}\theta_2\right)-1\right] \quad (4\text{-}27)$$

$$\Delta\sigma_y(x,y) = -\Delta p \dfrac{r}{L_f}\left(\dfrac{L_f^{\ 2}}{r_1 r_2}\right)^{\tfrac{3}{2}} \sin\theta \sin\dfrac{3}{2}(\theta_1+\theta_2) - \Delta p\left[\dfrac{r}{(r_1 r_2)^{\tfrac{1}{2}}}\cos\left(\theta-\dfrac{1}{2}\theta_1-\dfrac{1}{2}\theta_2\right)-1\right] \quad (4\text{-}28)$$

$$\Delta\tau_{xy}(x,y) = -\Delta p \dfrac{r}{L_f}\left(\dfrac{L_f^{\ 2}}{r_1 r_2}\right)^{\tfrac{3}{2}} \sin\theta \cos\dfrac{3}{2}(\theta_1+\theta_2) \quad (4\text{-}29)$$

式中　$\Delta\sigma_x$——初始最大水平主应力方向（平行于缝面）的诱导应力，MPa；
　　　$\Delta\sigma_y$——初始最小水平主应力方向（垂直于缝面）的诱导应力，MPa；
　　　$\Delta\tau_{xy}$——剪切诱导应力，MPa，对于垂直裂缝 $\Delta\tau_{xy}=0$；
　　　Δp——裂缝面上的净压力，MPa。

模型中的各几何参数 r、r_1、r_2、θ、θ_1、θ_2 的意义及关系，如图 4-21 所示。

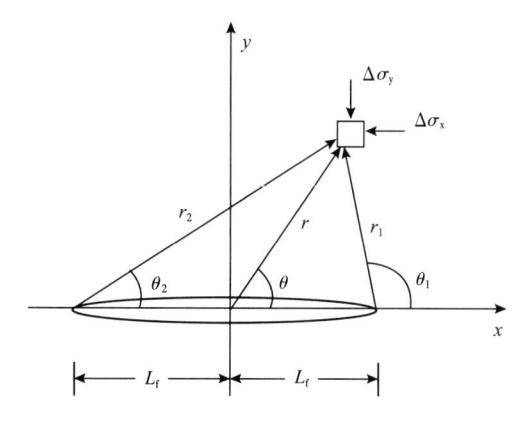

图 4-21　几何关系示意图

$$\begin{cases} r = \sqrt{x^2 + y^2} \\ r_1 = \sqrt{y^2 + (x - L_f)^2} \\ r_2 = \sqrt{y^2 + (x + L_f)^2} \end{cases} \quad (4\text{-}30)$$

$$\begin{cases} \theta = \arctan(y/x) \\ \theta_1 = \arctan[y/(x - L_f)] \\ \theta_2 = \arctan[y/(x + L_f)] \end{cases} \quad (4\text{-}31)$$

如果 θ、θ_1 和 θ_2 为负值，则应分别用 $\theta+\pi/2$、$\theta_1+\pi/2$ 和 $\theta_2+\pi/2$ 来代替。利用应力分量表达式与几何关系式，可以计算出裂缝诱导应力的大小，得到裂缝诱导应力场。

（3）诱导应力场分析。

利用裂缝诱导应力场的理论模型，可以计算距裂缝不同距离处的诱导应力分量，获得井周围岩的诱导应力与裂缝距离之间的关系。诱导应力分量随离裂缝面距离变化的无量纲关系曲线，如图 4-22 所示。

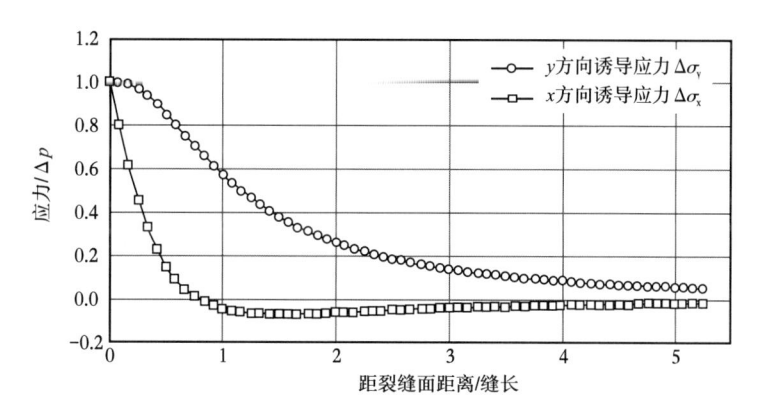

图 4-22　诱导应力与距裂缝面距离的无量纲变化关系

由图4-22可见，裂缝诱导应力在裂缝面上为最大，等于裂缝面上的净应力Δp。随着距裂缝面距离的增大，诱导应力减小，且诱导应力值逐渐降为0。另外，在水平最小主应力方向（垂直裂缝面方向）的水平诱导应力大，而在水平最大主应力方向（裂缝延伸方向）上的水平诱导应力小，且降低速度很快。当距裂缝面的距离大于3倍裂缝长度后，$\Delta\sigma/\Delta p \leqslant 0.15$，说明诱导应力的影响深度约为3倍裂缝长度（$3L_f$）。

利用有限元软件，建立有限元模型，也可以模拟得到垂直裂缝井周围岩的诱导应力场。模型中假设地层岩石为均质的弹性变形体，裂缝壁面为平面，岩石弹性模量$E=3.6\times10^4$MPa，泊松比$\upsilon=0.3$，最大水平地应力$\sigma_H=55$MPa，最小水平地应力$\sigma_h=45$MPa，井内钻井液压力$p_w=57$MPa，裂缝半长$L_f=324$mm。

图4-23　井周围岩y方向应力分布　　　　图4-24　井周围岩x方向应力分布

图4-23和图4-24中，井周围岩y方向的诱导应力作用范围大，且在裂缝壁面取得最大值，x方向的诱导应力作用范围小，且在最小水平主应力方向取得最大值。这与前面的理论分析相吻合，证明了裂缝内的钻井液压力改变了井周围岩的应力状态。还可以看出，裂缝壁面上的y方向诱导应力为压应力，这就说明诱导应力增大了裂缝的闭合应力；最小水平主应力方向上的x方向诱导应力也为压应力，表明诱导应力可提高井周围岩抵抗产生新裂缝的能力。

无论采用理论解析模型还是有限元数值模型，分析结果都证明了这样一个事实：由于裂缝的扩张，井周围岩将产生一个附加的诱导应力场，该诱导应力场不仅有利于增大裂缝壁面附近的周向应力，使裂缝的闭合应力增大，而且增大了最小水平主应力方向上井壁的周向应力，使在该方向井壁岩石具有更高的承受井内压力的能力。可见，诱导应力对提高地层承压能力特别是应力敏感性地层的承压能力的重要性，只有产生足够大的诱导应力并且保持诱导应力场不消失，才能够将地层承压力提高到期望的水平。

2）诱导应力提高裂缝重启压力

裂缝重启压力是指使裂缝克服闭合应力而重新开启的井内有效压力，其数值与裂缝的闭合应力σ_{FCS}相等。裂缝的闭合应力σ_{FCS}是指使裂缝开启而恰好不闭合时的井内压力，反映的是裂缝趋于闭合的能力。因此，提高裂缝的重启压力也就相当于提高裂缝的闭合应力。

一般认为，裂缝初次开启时的闭合应力 σ_{FCS} 等于最小水平主应力 σ_{h}。随着裂缝开口度的不断增大，钻井液进入裂缝，裂缝壁面附近产生附加的诱导应力场，如图 4-25 所示。

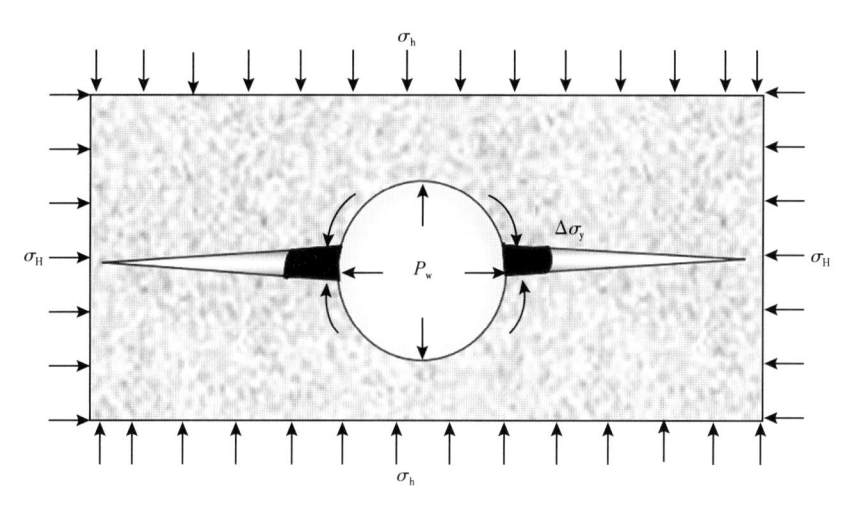

图 4-25 增加裂缝闭合应力示意图

由于诱导应力场的存在，裂缝闭合应力 σ_{FCS} 将相应增大，裂缝闭合应力可表示为：

$$\sigma_{\text{FCS}}(x,0) = \sigma_{\text{h}} + \Delta\sigma_{y}(x,0) \tag{4-32}$$

式中　$\sigma_{\text{FCS}}(x, 0)$——裂缝闭合应力，MPa；

$\Delta\sigma_{y}(x, 0)$——缝面周向诱导应力，MPa。

由于裂缝重启压力是使裂缝恰好开启而不闭合时的井内流体压力，其大小应与井壁裂缝的闭合应力相等，即：

$$p_{\text{re}} = \sigma_{\text{FCS}}(r_{\text{w}},0) \tag{4-33}$$

式中　p_{re}——裂缝重启压力，MPa；

$\sigma_{\text{FCS}}(r_{\text{w}}, 0)$——井壁处裂缝闭合应力，MPa。

可见，提高裂缝闭合应力的关键在于提高周向诱导应力，必须采取人为手段诱导并维持一定大小的周向诱导应力。若诱导应力场完全是由缝内的液体压力诱导产生，当井内压力降低（如泄压、起下钻时），缝内液体压力将降低，裂缝面的压缩作用减弱甚至消失，诱导应力也相应地降低甚至消失，而达不到提高裂缝重启压力的目的。因此，只有采用具有一定机械强度的堵漏材料支撑裂缝壁面，诱导应力才不会随井内压力的降低而削弱甚至消失。从这个意义上讲，堵漏材料对诱导裂缝应发挥"支撑剂"的作用。

3. 提高围岩破裂压力

承压堵漏过程中，堵塞隔墙阻止裂缝延伸扩展、提高了裂缝重启压力，初始裂缝方位之外的井周围岩的破裂压力也相应得到提高。初始裂缝方位以外的围岩需要更高的压力才能被压裂而形成新的裂缝。井周围岩被压裂多条裂缝的示意图，如图 4-26 所示。

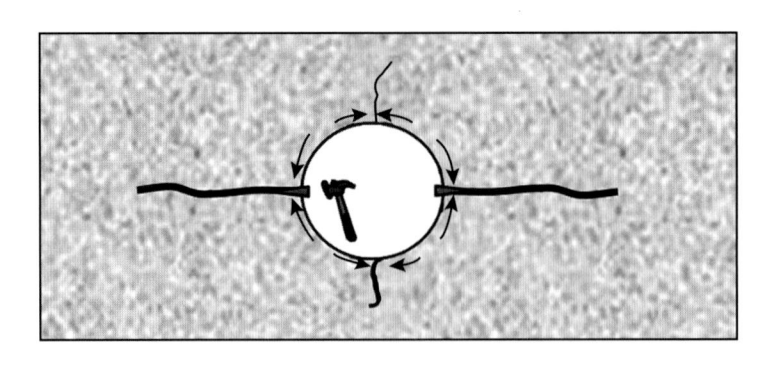

图 4-26　井周围岩被压裂多条裂缝示意图

1）近井带应力重定向

张开裂缝在两个初始水平主应力方向上都会产生附加诱导应力。在初始最小水平主应力方向的诱导应力大，在初始最大水平主应力方向的诱导应力小。因此，若诱导应力的差值大于原地应力差，则初始最小主应力方向的实际应力将大于初始最大主应力方向的实际应力，这种井周围岩应力大小关系发生改变的现象被称为"应力重定向"[34]。设井壁上沿 σ_h 方向的最大诱导应力为 $\Delta\sigma_y$，沿 σ_H 方向的最大诱导应力为 $\Delta\sigma_x$，如图 4-27 所示。

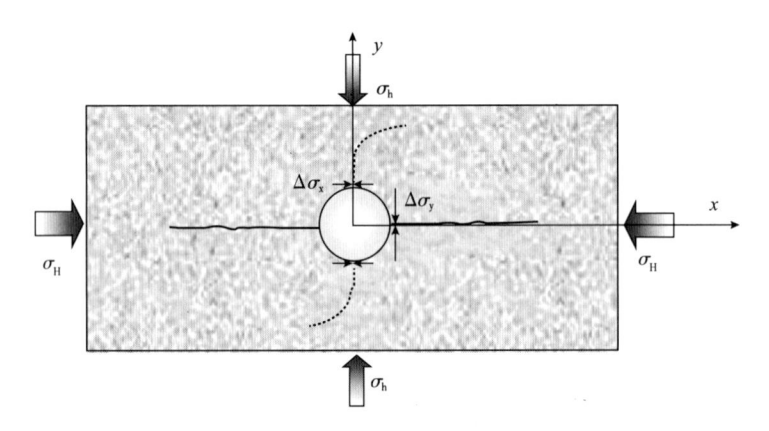

图 4-27　井周围岩应力重定向示意图

根据应力重定向的定义，应力重定向条件可表示为：

$$\sigma_h + \Delta\sigma_y \geqslant \sigma_H + \Delta\sigma_x \tag{4-34}$$

由式（4-34）可知，水平地应力场越均匀，井周围岩越容易发生应力重定向。当水平地应力场为均匀应力场时，即 $\sigma_h = \sigma_H$ 时，井壁上各个方位均可能出现裂缝。

当井周围岩发生应力重定向时，若井内压力足够大，井壁岩石在初始最小主应力方位将有可能产生新的裂缝，新裂缝的闭合应力比初始裂缝的闭合应力更大。可以推测，新裂缝的开口尺寸和长度都会小于初始裂缝。

2）井周围岩破裂压力

诱导应力场形成后，井周围岩则会具有新的、更高的破裂压力。下面讨论井周围岩应力发生重定向的工程条件及井周围岩的新破裂压力计算公式。

（1）在 $y=0$，$x=r_w$ 处，即在沿初始最大主应力方向的井壁上，$\Delta\sigma_y(r_w,0)$ 为最大：

$$\Delta\sigma_y(r_w,0)=\Delta p \tag{4-35}$$

（2）在 $x=0$，$y=r_w$ 处，即在沿初始最小主应力方向的井壁上，$\Delta\sigma_x(0,r_w)$ 为最大：

$$\Delta\sigma_x(0,r_w)=\Delta p\left(1-\frac{r_w}{\sqrt{r_w^2+L_f^2}}\right)-\Delta p\frac{r_w L_f^2}{\left(r_w^2+L_f^2\right)^{\frac{3}{2}}} \tag{4-36}$$

若发生应力重定向，即满足式（4-34），可获得井周围岩应力重定向的临界井底压力为：

$$p_w \geqslant \frac{\sigma_H-\sigma_h}{\dfrac{r_w}{\left(r_w^2+L_f^2\right)^{1/2}}+\dfrac{r_w L_f^2}{\left(r_w^2+L_f^2\right)^{3/2}}}+\sigma_h \tag{4-37}$$

当井底压力大于该临界压力值时，井周围岩应力将发生重定向，在初始裂缝方位之外有可能发生破裂。

井周围岩发生应力重定向后，井壁处的最小周向应力（张应力为负，压应力为正），出现在初始最小水平主应力方向上：

$$\sigma_{\theta,t}=-p_w-\sigma_h+3\sigma_H+\Delta\sigma_x(0,r_w) \tag{4-38}$$

最小有效周向应力为：

$$\bar{\sigma}_{\theta,t}=\sigma_{\theta,t}-p_p \tag{4-39}$$

根据最大张应力准则，得到产生新裂缝时围岩的破裂压力：

$$p_f=\frac{3\sigma_H-\sigma_h+\sigma_t}{\dfrac{r_w}{\left(r_w^2+L_f^2\right)^{1/2}}+\dfrac{r_w L_f^2}{\left(r_w^2+L_f^2\right)^{3/2}}}+\sigma_h-p_p \tag{4-40}$$

显然，一方面，此时井周围岩的新破裂压力大于地层初始破裂压力值，表明初始裂缝方位之外的井周围岩破裂压力得到了提高；另一方面，当井筒压力超过新破裂压力后，会发生井壁多裂缝压裂性漏失，应当引起充分的重视。

二、强化井筒技术

1. 诱导裂缝开度估算

封堵裂缝的堵漏过程是极其复杂的动态过程，裂缝宽度是随着裂缝延伸而不断变化的[3, 19, 36-42]。裂缝宽度的变化与裂缝内压力分布和封堵隔离带的形成过程有密切关系，目前，尚未有准确描述该复杂过程的数学模型。

致漏诱导裂缝的成因与储层增产改造水力压裂缝作用原理相似，诱导裂缝宽度计算可借鉴水力压裂理论计算模型[43-44]。目前，PKN 和 CGD 模型是计算水力裂缝几何尺寸的最常用模型。CGD 模型假设裂缝在垂向和横向延伸相近，缝长延伸短，漏失量较小，此类裂缝模型主要适用于浅层；而 PKN 模型假设裂缝在垂向延伸受限，缝长延伸快，延伸长度长，易与裂缝和溶洞相沟通，能形成较大的漏失空间，易造成钻井液的大量漏失，此类模型主要适用于深部地层。因此，在适用性方面，PKN 比 CGD 模型适用性更广泛。

假设诱导裂缝被堵漏钻井液成功封堵，"人工隔墙"的封堵深度坐标为 x_b，则根据前述承压堵漏力学机理的分析结果，封堵深度必须满足 $r_w < |x_b| < L_f + r_w$，即对裂缝的封堵位置形式为"封喉"，如图 4-28 所示。

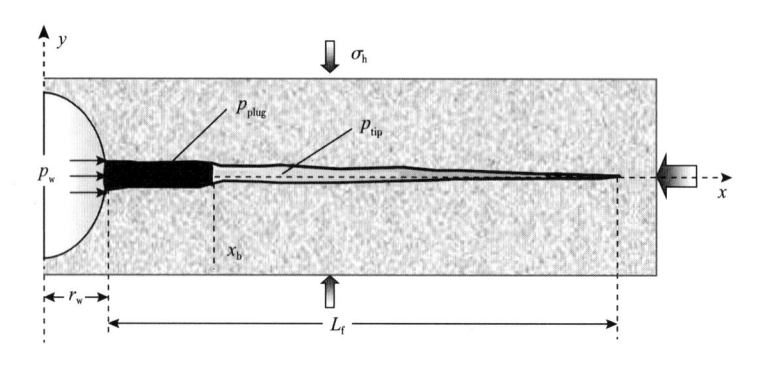

图 4-28 诱导裂缝"封喉"示意图

"人工隔墙"在裂缝中的形成过程，是原先由流体占据的部分裂缝空间被钻井液中的堵漏材料所占据，原先钻井液的液压支撑裂缝转变成由钻井液中的堵漏材料支撑裂缝的过程。"人工隔墙"与原先钻井液应该对裂缝壁面发挥着同样的支撑作用，区别仅在于原先钻井液的液压是使裂缝张开的压力，"人工隔墙"对裂缝的支撑应力则是阻止已经张开裂缝闭合的压力，而这两个压力产生的效果是等价的。因此，"隔墙段"对裂缝的支撑应力可视为等于钻井液的液压，即 $p_{plug}=p_w$，此时裂缝内实际压力分布可表示为：

$$p_{frac}(x) = \begin{cases} p_{plug}=p_w & r_w \leq |x| \leq x_b \\ p_{tip}=\lambda p_w & x_b < |x| \leq r_w + L_f \end{cases} \quad (4-41)$$

裂缝尖端段的流体压力 p_{tip}，应根据不同地层岩石基质的渗透率作相应假设：对于岩石基质渗透率极低的地层，如碳酸盐岩地层，裂缝尖端的流体压力耗散较慢，近似等于最小水平地应力，可假设 $\lambda=\sigma_h/p_w$，即裂缝尖端段的流体压力 $p_w=\sigma_h$；对于岩石基质渗透率极高的地层，如疏松砂岩地层，裂缝尖端的流体压力耗散较快，最终可以达到与地层流体压力相平衡，可假设 $\lambda=p_p/p_w$，即 $p_{tip}=p_p$，这样，裂缝尖端的流体压力为：

$$p_{tip} = \begin{cases} \sigma_h & （低渗透地层） \\ p_p & （高渗透地层） \end{cases} \quad (4-42)$$

裂缝内压力引起的裂缝尖端应力强度因子：

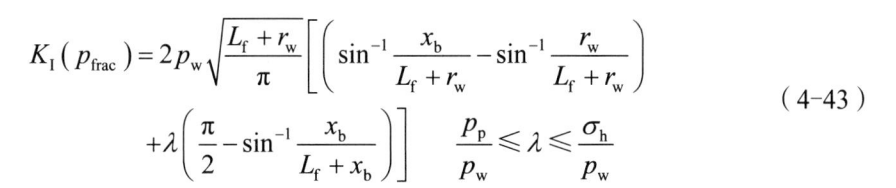

$$K_{\mathrm{I}}(p_{\mathrm{frac}}) = 2p_{\mathrm{w}}\sqrt{\frac{L_{\mathrm{f}}+r_{\mathrm{w}}}{\pi}}\left[\left(\sin^{-1}\frac{x_{\mathrm{b}}}{L_{\mathrm{f}}+r_{\mathrm{w}}} - \sin^{-1}\frac{r_{\mathrm{w}}}{L_{\mathrm{f}}+r_{\mathrm{w}}}\right)\right.$$
$$\left. + \lambda\left(\frac{\pi}{2} - \sin^{-1}\frac{x_{\mathrm{b}}}{L_{\mathrm{f}}+x_{\mathrm{b}}}\right)\right] \quad \frac{p_{\mathrm{p}}}{p_{\mathrm{w}}} \leqslant \lambda \leqslant \frac{\sigma_{\mathrm{h}}}{p_{\mathrm{w}}} \tag{4-43}$$

裂缝尖端的应力强度因子为各压力分量产生的应强度因子的叠加，即：

$$K_{\mathrm{I}} = K_{\mathrm{I}}(\sigma_{\mathrm{H}}) + K_{\mathrm{I}}(\sigma_{\mathrm{h}}) + K_{\mathrm{I}}(p_{\mathrm{w}}) + K_{\mathrm{I}}[p_{\mathrm{frac}}(x)] \tag{4-44}$$

假定"人工隔墙"封堵在近井壁地带的某一深度坐标 x_{b}，若裂缝尖端的应力强度因子 $K_{\mathrm{I}} \geqslant K_{\mathrm{IC}}$，则裂缝长度必将增加，直到满足 $K_{\mathrm{I}} < K_{\mathrm{IC}}$ 时，裂缝停止延伸，此时裂缝长度即为裂缝封堵后的裂缝长度 L_{f}。

平面应变条件下，裂缝内任意分布作用在裂缝壁面的正应力 $p_{\mathrm{frac}}(x)$ 与裂缝宽度 w_{f} 间的关系通用公式[32]：

$$w_{\mathrm{f}}(\eta) = \frac{8(1-\nu^2)L_{\mathrm{f}}}{\pi E}\int_{\eta}^{1}\frac{u\mathrm{d}u}{\sqrt{u^2-\eta^2}}\int_{0}^{u}\frac{p(s)\mathrm{d}s}{\sqrt{u^2-\eta^2}} \tag{4-45}$$

$$\eta = (x - r_{\mathrm{w}})/L_{\mathrm{f}}$$
$$\eta' = (x_{\mathrm{b}} - r_{\mathrm{w}})/L_{\mathrm{f}}$$

式中 L_{f}——裂缝的长度，mm；

u, s——积分变量。

（1）当 $0 \leqslant \eta \leqslant \eta'$，人工隔墙段裂缝各点的宽度：

$$w_{\mathrm{f}}(\eta) = \frac{8(1-\nu^2)(p_{\mathrm{w}}-\sigma_{\mathrm{h}})L_{\mathrm{f}}}{\pi E}\left\{\sqrt{1-\eta^2}\left(\frac{\pi}{2}-\arccos\eta'\right)\right.$$
$$\left.+\left[\eta'\ln\left(\frac{\sqrt{1-\eta^2}+\sqrt{1-\eta'^2}}{\sqrt{\eta'^2-\eta^2}}\right) - \eta\ln\left(\frac{\eta'\sqrt{1-\eta^2}+\eta\sqrt{1-\eta'^2}}{\sqrt{\eta'^2-\eta^2}}\right)\right]\right\} \tag{4-46}$$

当 $\eta=0$ 时，即 $x=r_{\mathrm{w}}$，可以计算出井壁裂缝的最大开口度：

$$w_{\mathrm{f}}(0) = \frac{8(1-\nu^2)(p_{\mathrm{w}}-\sigma_{\mathrm{h}})L_{\mathrm{f}}}{\pi E}\left[\frac{\pi}{2} - \arccos\eta' + \eta'\ln\left(\frac{1+\sqrt{1-\eta'^2}}{\eta'}\right)\right] \tag{4-47}$$

当 $\eta=\eta'$ 时，即 $x=x_{\mathrm{b}}$，可以得到封堵隔墙端部 x_{b} 处的裂缝宽度：

$$w_{\mathrm{f}}(\eta') = \frac{8(1-\nu^2)(p_{\mathrm{w}}-\sigma_{\mathrm{h}})L_{\mathrm{f}}}{\pi E}\left[\sqrt{1-\eta'^2}\left(\frac{\pi}{2}-\arccos\eta'\right) - \eta'\ln\eta'\right] \tag{4-48}$$

（2）当 $\eta' \leqslant \eta \leqslant 1$，即裂缝尖端段裂缝各点的宽度：

$$w_{\mathrm{f}}(\eta) = \frac{8(1-\nu^2)(p_{\mathrm{w}}-\sigma_{\mathrm{h}})L_{\mathrm{f}}}{\pi E}\left\{\sqrt{1-\eta^2}\left(\frac{\pi}{2}-\arccos\eta'\right)\right.$$
$$\left.+\left[\eta'\ln\left(\frac{\sqrt{1-\eta^2}+\sqrt{1-\eta'^2}}{\sqrt{\eta^2-\eta'^2}}\right) - \eta\ln\left(\frac{\eta'\sqrt{1-\eta^2}+\eta\sqrt{1-\eta'^2}}{\sqrt{\eta^2-\eta'^2}}\right)\right]\right\} \tag{4-49}$$

因此，成功封堵诱导裂缝后的裂缝宽度可以分为两步进行计算：首先，假设近井壁地带的"人工隔墙"封堵深度坐标 x_b，结合岩石断裂力学模型，计算出裂缝的长度 L_f；然后，利用 England 公式计算裂缝宽度。

假设某井的 2900~3000m 的井段为薄弱层井段，需要采用先期承压堵漏。井眼半径 r_w=108mm，地层岩性为碳酸盐岩，杨氏弹性模量为 $3.6×10^4$MPa，泊松比为 0.3，岩石的断裂韧度为 50MPa·mm$^{1/2}$，最小水平主应力为 45MPa，最大水平主应力为 51MPa，地层的期望承压能力当量密度为 1.9g/cm³。

为了尽量减少堵漏钻井液的用量，迅速在近井地带形成封堵裂缝的"人工隔墙"，裂缝封堵深度不宜取的过大，通常应在近井壁地带取值。当封堵深度较小时，缝口宽度和封堵深度坐标 x_b 处的宽度很接近，"人工隔墙"段的裂缝壁面可以近似为平行裂缝。图 4-29 所示为封堵段长度为 200mm 时裂缝宽度剖面。

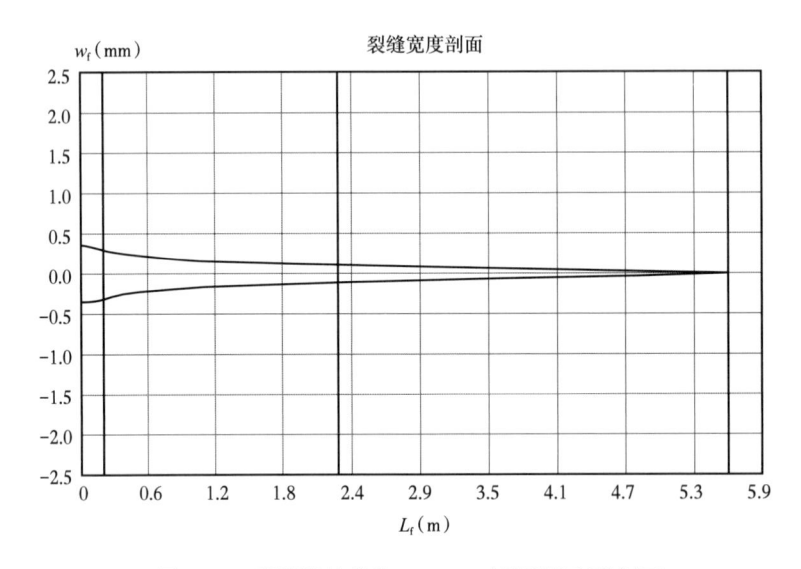

图 4-29 封堵段长度为 200mm 时的裂缝宽度剖面

由图 4-29 可见，裂缝宽度剖面大致可以分为三段，前面段是封堵隔离带的"人工隔墙"段，该部分的裂缝宽度最大，这是由于堵漏材料对裂缝的支撑作用使裂缝保持原来的宽度；中间段可以视为是裂缝未被堵漏材料充填或不完全充填段，该部分的裂缝宽度沿裂缝长度方向变化较快，且比"人工隔墙"段长；尾部狭窄段是裂缝的宽度小于 0.2mm 的部分，由于这部分的裂缝宽度较小，钻井液的固相无法进入，仅有钻井液的液相通过滤失作用进入这部分裂缝，而钻井液中的固相材料将形成相对于狭窄段的滤饼封堵在其端部。

2. 承压堵漏材料设计

承压堵漏材料的粒度和强度的正确选择，直接关系着承压堵漏材料能否有效进入裂缝并形成稳定的高承压封堵隔层，从而提高地层的承压能力。井筒强化原理示意图如图 4-30 所示。

1）堵漏材料粒度

堵漏材料的粒度及其分布特征，直接影响堵漏材料能否有效进入诱导裂缝。承压堵漏材料粒度设计需要遵循"进得去""停得住"的技术原则。

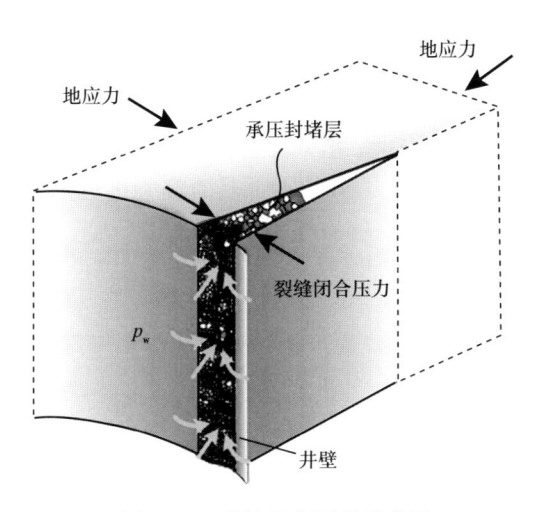

图 4-30 井筒强化原理示意图

（1）粒度应与裂缝开度相匹配。

井筒强化技术的关键核心在于近井壁诱导裂缝中形成封堵层，这就要求堵漏材料必须有效进入裂缝，并在裂缝内滞留。根据强化井筒的目标要求，可以利用前述计算方法，估算诱导裂缝的开度，然后利用堵漏材料粒度与裂缝宽度的关系设计堵漏材料粒度。

实践过程中，合理匹配材料粒度与裂缝宽度并非易事。一方面，现有粒度设计方法多种多样，各种方法的适用性有待考证；另一方面，承压堵漏过程中，流体、裂缝和颗粒处于多场耦合环境下，难以采用静态方法设计堵漏材料粒度。因此，承压堵漏材料粒度的科学设计方法，尚需深入研究。

（2）粒度分布应满足封堵层承压要求。

堵漏材料进入裂缝后，经过架桥、充填等作用后，形成裂缝封堵段塞层，如图4-31所示。

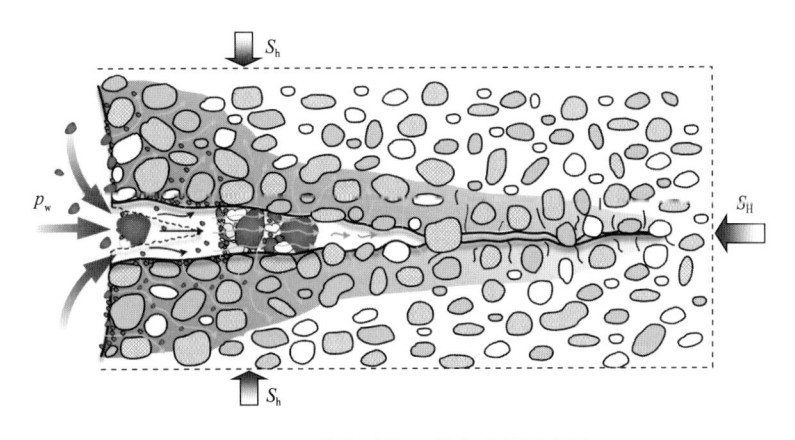

图 4-31 裂缝封堵层形成过程示意图

封堵层既要承受径向压差，又要承受裂缝闭合应力。理想的封堵层是从架桥位置延伸至井壁，封堵层的厚度不宜过小。因此，堵漏材料粒度分布不宜过宽，以保证地层裂缝对堵漏材料有一定的"吃入量"，防止"包饺子"现象的发生，避免诱导裂缝反复开启而重复漏失。

2）堵漏材料强度

在足够高的裂缝闭合应力作用下，缝内堵漏材料可能会被压碎破坏，从而导致裂缝封堵层被破坏，如图 4-32 所示。因此，必须选择具有高强度的堵漏材料，保证缝内堵漏材料能够承受高裂缝闭合压力而不被压碎破坏。

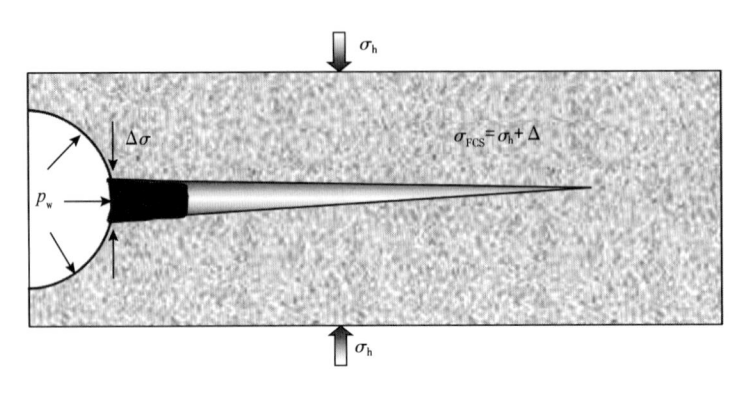

图 4-32 封堵层支撑裂缝闭合应力示意图

当井口泄压后，裂缝壁面作用在堵漏材料的净压力，近似等于裂缝闭合应力与静液柱压力之差：

$$\Delta\sigma_{plug} = \sigma_{FCS} - p_m \quad (4-50)$$

式中 σ_{FCS}——裂缝闭合应力，MPa；

p_m——裂缝诱导应力，MPa。

为保证堵漏材料不被压碎破坏，其单轴抗压强度应大于裂缝面对堵漏材料的净压力，即：

$$\sigma_s \geqslant \Delta\sigma_{plug} \quad (4-51)$$

式中 σ_s——桥接堵漏材料单轴抗压强度，MPa。

当采用井口憋压挤注承压堵漏工艺，立管压力为 p_d，期望承压能力当量密度 ρ_{aim}，井内钻井液密度为 ρ_m 时，井筒压力与裂缝闭合应力平衡，即：

$$\sigma_{FCS} = 10^{-3}\rho_{aim}gH \quad (4-52)$$

裂缝面对堵漏材料的净压力：

$$\Delta\sigma_{plug} = 10^{-3}(\rho_{aim} - \rho_m)gH \quad (4-53)$$

则堵漏材料抗压强度：

$$\sigma_s \geqslant 10^{-3}(\rho_{\text{aim}} - \rho_m)gH \quad (4\text{-}54)$$

式中 ρ_{aim}——期望承压能力当量密度，g/cm³；

ρ_m——钻井液密度，g/cm³。

为保证井底有效钻井液压力达到承压目标压力值，井口憋压时的立管压力为 p_d，则：

$$p_d = 10^{-3}(\rho_{\text{aim}} - \rho_m)gH \quad (4\text{-}55)$$

$$\sigma_s \geqslant p_d \quad (4\text{-}56)$$

因此，承压堵漏作业的堵漏材料的单轴抗压强度不能低于憋挤时的最大立管压力值。

参考文献

[1] Miles A, Topping A. Stresses around a deep well[J]. Transactions of the AIME, 1949, 179（1）: 186-191.
[2] 黄荣樽. 水力压裂裂缝的起裂和扩展[J]. 石油勘探与开发, 1981,（5）: 65-77.
[3] 陈勉, 金衍, 张广清. 石油工程岩石力学[M]. 北京: 科学出版社, 2008.
[4] 鄢捷年. 钻井液工艺学[M]. 北京: 中国石油大学出版社, 2001.
[5] 王贵. 提高地层承压能力的钻井液封堵理论与技术研究[D]. 成都: 西南石油大学, 2012.
[6] Feng Y, Gray K. Lost circulation and wellbore strengthening[M]. Springer, 2018.
[7] 鲁铁梅, 王战卫, 徐生江, 等. 提高裂缝性地层承压能力的实验研究及现场应用[J]. 钻采工艺, 2022, 45（3）: 119-124.
[8] 黄宁生. 提高裂缝性地层承压能力机理研究进展[J]. 钻采工艺, 2023, 46（2）: 133-138.
[9] Aadnoy B S, Belayneh M, Arriado M, et al. Design of well barriers to combat circulation losses[J]. SPE Drilling & Completion, 2008, 23（03）: 295-300.
[10] Liu Y, Ma T, Chen P, et al. Effects of permeable plugs on wellbore strengthening[J]. International Journal of Rock Mechanics and Mining Sciences, 2020, 132: 104416.
[11] Feng Y, Jones J F, Gray K. A review on fracture-initiation and-propagation pressures for lost circulation and wellbore strengthening[J]. SPE Drilling & Completion, 2016, 31（2）: 134-144.
[12] 赵正国. 强化井筒的钻井液防漏堵漏理论与实验研究[D]. 成都: 西南石油大学, 2016.
[13] Jaffal H A, El Mohtar C S, Gray K E. A predictive filtration model considering mudcake compressibility and non-uniform properties' profiles[J]. Journal of Natural Gas Science and Engineering, 2018, 55: 174-181.
[14] Van Oort E, Vargo R. Improving Formation-Strength Tests and Their Interpretation[J]. SPE Drilling & Completion, 2008, 23（3）: 284-294.
[15] Feng Y, Gray K E. Review of fundamental studies on lost circulation and wellbore strengthening[J]. Journal of Petroleum Science and Engineering, 2017, 152: 511-522.
[16] Lavrov A. Lost circulation: mechanisms and solutions[M]. Gulf professional publishing, 2016.
[17] 王贵, 蒲晓林. 提高地层承压能力的钻井液堵漏作用机理[J]. 石油学报, 2010, 31（6）: 1009-1012.
[18] Wang H, Soliman M Y, Shan Z, et al. Understanding the Effects of Leakoff Tests on Wellbore Strength[J]. SPE Drilling & Completion, 2011, 26（04）: 531-539.
[19] Aston M, Alberty M W, Mclean M, et al. Drilling fluids for wellbore strengthening[C]. SPE-87130-MS, 2004.
[20] Fuh G-F, Morita N, Boyd P, et al. A new approach to preventing lost circulation while drilling[C]. SPE-

24599-MS, 1992.

[21] Wang H M, Sweatman R, Engelman B, et al. Best practice in understanding and managing lost circulation challenges[J]. SPE Drilling & Completion, 2008, 23（02）: 168-175.

[22] Whitfill D L, Wang M, Jamison D, et al. Preventing lost circulation requires planning ahead[C]. SPE-108647-MS, 2007.

[23] Alberty M, Mclean M. Fracture gradients in depleted reservoirs-drilling wells in late reservoir life[C]. SPE-67740-MS, 2001.

[24] Dupriest F E. Fracture closure stress（FCS）and lost returns practices[C]. SPE-92192-MS, 2005.

[25] Dupriest F E, Smith M V, Zeilinger C S, et al. Method to eliminate lost returns and build integrity continuously with high-filtration-rate fluid[C]. SPE-112656-MS, 2008.

[26] 曾义金, 陈勉, 林永学. 油气井井筒强化关键技术及工业化应用[M]. 北京: 石油工业出版社, 2015.

[27] 贾利春, 陈勉, 张伟, 等. 诱导裂缝性井漏止裂封堵机理分析[J]. 钻井液与完井液, 2013, 30（5）: 4.

[28] 王贵, 蒲晓林, 文志明, 等. 基于断裂力学的诱导裂缝性井漏控制机理分析[J]. 西南石油大学学报（自然科学版）, 2011, 33（1）: 131-134+119.

[29] 王业众, 康毅力, 游利军, 等. 裂缝性储层漏失机理及控制技术进展[J]. 钻井液与完井液, 2007,（04）: 74-77, 99.

[30] 吕开河. 钻井工程中井漏预防与堵漏技术研究与应用[D]. 东营: 中国石油大学（华东）, 2007.

[31] Howard G C, Scott Jr P. An analysis and the control of lost circulation[J]. Journal of Petroleum Technology, 1951, 3（6）: 171-182.

[32] 王鸿勋, 张士诚. 水力压裂设计数值计算方法[M]. 北京: 石油工业出版社, 1998.

[33] Sneddon I N. The distribution of stress in the neighbourhood of a crack in an elastic solid[J]. Proceedings of the Royal Society of London Series A Mathematical and Physical Sciences, 1946, 187（1009）: 229-260.

[34] 罗天雨. 水力压裂多裂缝基础理论研究[D]. 成都: 西南石油大学, 2006.

[35] 邓燕. 重复压裂压新缝力学机理研究[D]. 成都: 西南石油学院, 2005.

[36] 陈守雨. CDM-PKN 压裂模型研究[J]. 中外能源, 2016, 21（1）: 39-44.

[37] 冯建伟, 戴俊生, 马占荣, 等. 低渗透砂岩裂缝参数与应力场关系理论模型[J]. 石油学报, 2011, 32（4）: 664-671.

[38] 练章华, 康毅力, 唐波, 等. 井壁附近垂直裂缝宽度预测[J]. 天然气工业, 2003,（3）: 44-46, 48.

[39] 练章华, 康毅力, 徐进, 等. 裂缝宽度预测的有限元数值模拟[J]. 天然气工业, 2001,（3）: 47-50, 47-46.

[40] 王鸿勋. 水力压裂原理[M]. 北京: 石油工业出版社, 1987.

[41] Perkins T, Kern L R. Widths of hydraulic fractures[J]. Journal of petroleum technology, 1961, 13（9）: 937-949.

[42] Settari A, Cleary M P. Development and Testing of a Pseudo-Three-Dimensional Model of Hydraulic Fracture Geometry[J]. SPE Production Engineering, 1986, 1（6）: 449-466.

[43] Zhang J, Yin S. A three-dimensional solution of hydraulic fracture width for wellbore strengthening applications[J]. Petroleum Science, 2019, 16（4）: 808-815.

[44] 徐峰阳. KGD、PKN 和修改的 P3D 水力压裂设计模型的计算与对比[J]. 能源与环保, 2017, 39（9）: 220-225.

第五章 天然裂缝性漏失钻井液堵漏机制与方法

天然裂缝性漏失控制的关键在于掌握井下裂缝宽度,然后根据裂缝宽度匹配相应的堵漏配方。因此,本章主要介绍井漏裂缝宽度的估算、裂缝性漏失桥接堵漏规律物理模拟、堵漏机理的数值模拟及桥接堵漏配方设计方法等。

第一节 井漏裂缝宽度的估算方法

估算井下天然裂缝宽度的方法较多,主要包括地震法、地质力学法、测井法和数学模型法等。因其准确性和可行性较强,测井法和录井法是目前钻井工程领域估算天然裂缝宽度的主要方法。

一、测井法

通过下入专用测井工具到井下,检测和追踪岩石基质电导率或者其他参数的自然变化,从而利用获得的测井数据来反算井壁裂缝宽度的方法。成像测井和双侧向测井等方法是估测井下裂缝宽度的主要测井方法[1-3]。

1. 成像测井法

成像测井是在井下采用传感器阵列扫描或者旋转扫描井壁地层径向、纵向电性特性,通过图像处理技术得到井壁处的二维图像或井眼周围的三维图像,如图 5-1 所示。在确定钻井液滤液电导率的前提下,可通过成像测井技术对裂缝宽度进行定量表征。根据裂缝渗透率和孔隙度的经验关系,可以得到裂缝宽度、孔隙度与渗透率的关系[4-5]。

通过成像测井资料获取不同井、不同层位渗透率和孔隙度等井下数据,结合专业解释方法,可估计井壁天然裂缝宽度。但该方法十分依赖测井数据质量,地层均质性较差将会导致测井数据质量不优,从而使得估测的天然裂缝宽度不准确。

2. 双侧向测井法

双侧向测井是利用测井仪器向井壁两侧同时发射电磁波或射线,然后接收两侧反射信号,根据信号的强度和时间差等参数计算出电阻率等地层物性参数[6-10]。基于双侧向测井技术的井下裂缝宽度估测模型,主要有 Sibbit 模型、罗贞耀模型及基于前两者的双孔隙高、低角度裂缝宽度估测模型等[6]。研究认为,电阻率正差异为近似垂直的高角度裂缝,电阻率负差异则为近似水平的低角度裂缝[5],如图 5-2 所示。

高角度裂缝宽度估测模型是将高角度裂缝视作垂直裂缝,进而建立了裂缝宽度与基岩电阻率、基岩孔隙度、双侧钻井液电导率、井眼半径以及深浅侧向探测深度的经验关系式；而低角度裂缝宽度估测模型，是将低角度裂缝视作水平裂缝，建立了裂缝宽度与深侧向岩石电阻率、基岩孔隙度、双侧向测井仪器主电流层厚度以及孔隙中混合液电导率的经验关系式。

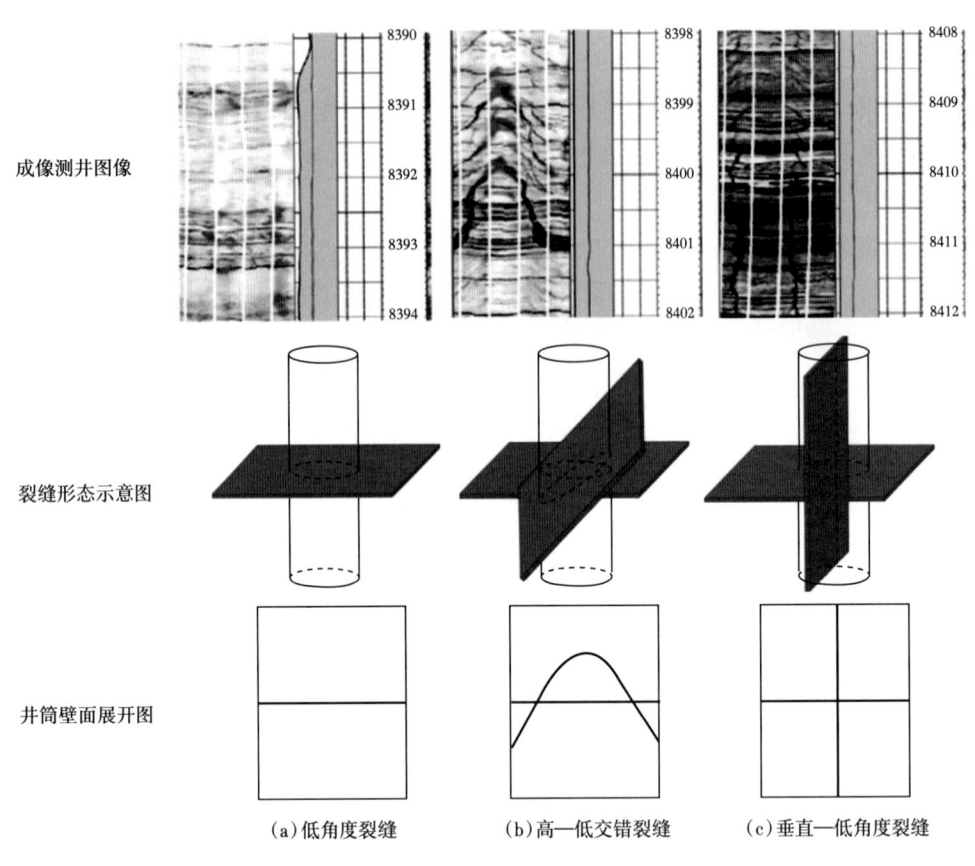

图 5-1　成像测井识别裂缝示意图

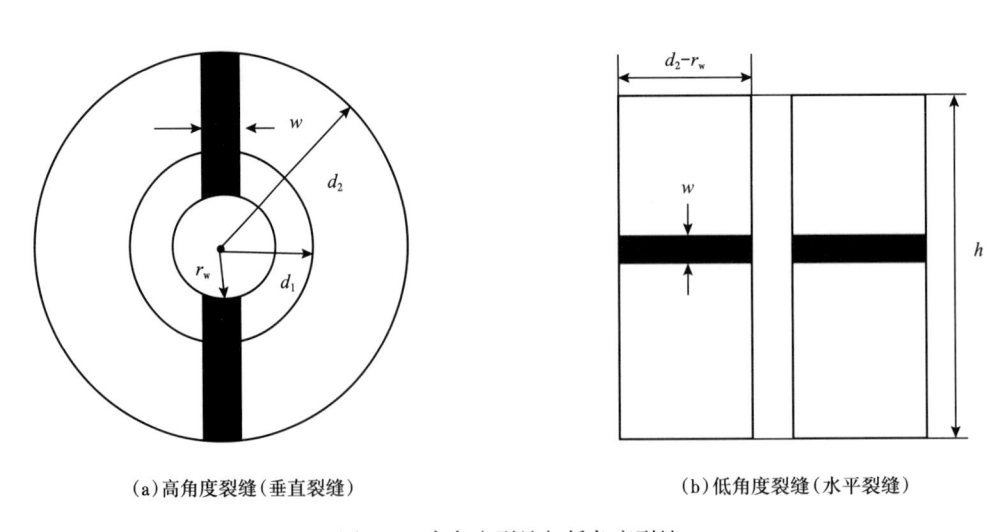

图 5-2　高角度裂缝与低角度裂缝

双侧向测井不仅能够识别裂缝宽度,还能识别裂缝分布情况。但是由于在井下测量,需要下入专用测井工具,成本较高,且无法观测裂缝的形态和走向,不具有成像测井的直观性。

目前,成像测井和双侧向测井都是获取裂缝宽度的最可靠手段。成像测井资料具有直观的特点,具有半定量和定量评价裂缝宽度的功能;双侧向测井具有准确性高的特点,能够快速、高效地识别天然裂缝。然而,无论是成像测井,还是双侧向测井,均是在堵漏成功后才能下入专用测井工具,一方面成像测井成本高、周期长且对本次堵漏无指导意义,另一方面,由于堵漏作业后井壁裂缝的状态极有可能已经与最初裂缝状态大不相同,此时测井得到的裂缝宽度数据很可能偏差较大。

二、录井法

针对测井法存在的不足,国内外学者根据流体力学理论建立了钻井液理论漏失模型[11-17]。通过简化钻井液在裂缝中的漏失过程,得到了钻井液累计漏失量与裂缝宽度的定量关系,在井漏发生时可以根据记录的井漏数据反向推算估算天然裂缝宽度。

1. 直接计算法

1) Sanfillippo 模型法

Sanfillippo 等人假设钻头钻揭的裂缝剖面[18],如图 5-3 所示。假设裂缝中钻井液为径向层流,流体为牛顿流体,将扩散方程和 Poiseuille 定律应用到处理钻井液径向漏失问题中,可得到漏失量与裂缝宽度、漏失量、时间及压差等参数的关联方程[18]:

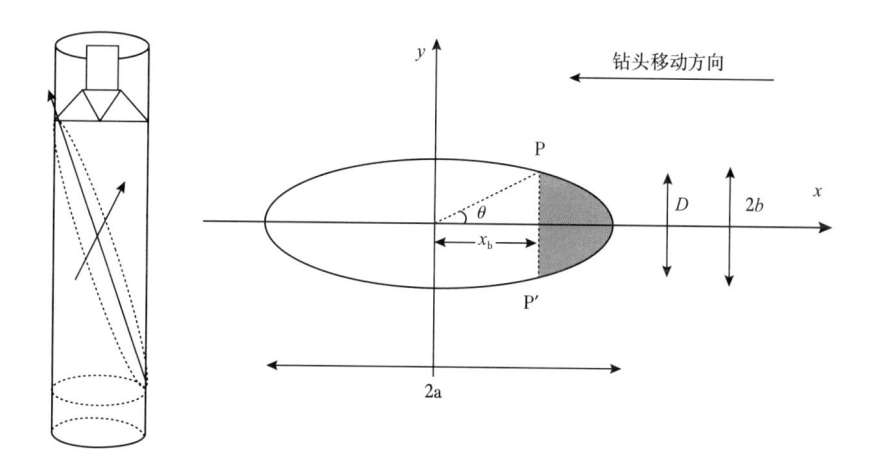

图 5-3 钻头钻揭裂缝剖面几何示意图

$$c\alpha \frac{w_f^2}{\ln(\alpha w_f^2)} - \frac{\beta}{w_f} = 0$$

$$\alpha = \frac{t}{12\phi\mu c_t r_{eq}^2}$$

$$\beta = \frac{V_m}{2\pi\phi c_t r_{eq}^2 \Delta p}$$

(5-1)

式中　　c——经验常数，可由实验求得；

w_f——待求裂缝宽度，m；

V_m——某时刻的累计漏失钻井液体积，m³；

t——漏失时间，s；

ϕ——孔隙度；

μ——钻井液黏度，Pa·s；

c_t——总压缩系数；

r_{eq}——等效半径，$r_{eq}=(1+D)/2\pi$；

D——椭圆轮廓极值点之间的距离，m；

Δp——井底压差，Pa。

采用数值迭代方法求解关联方程，从而可得到裂缝宽度。Sanfillippo 模型考虑了倾斜裂缝，更符合井下钻遇裂缝的分布规律。但是，Sanfillippo 模型存在两方面的局限性，一是钻井液为牛顿流体的假设与钻井液的非牛顿流体特性不符，二是层流流动假设也不能完全描述钻井液在裂缝中的流动状态。

2）Huang&Griffiths 模型

Huang、Griffiths 等人在前人研究基础上，设钻井液在裂缝中的流动为层流状态，则钻井液自动止漏时的漏失量为最大漏失量，建立了最大漏失量与裂缝宽度的关系方程[19]。

$$\left(\frac{\Delta p}{\tau_y}\right)^2 w_f^3 + 6r_w\left(\frac{\Delta p}{\tau_y}\right)w_f^2 - \frac{9}{\pi}(V_m)_{max} = 0 \tag{5-2}$$

式中　　τ_y——钻井液动切力，由实验可测得，Pa；

V_m——钻井液累计漏失量，可由录井数据得到，m³。

通过求解关于裂缝宽度的一元三次方程，得到裂缝宽度：

$$w_f = \left[\frac{9V_m/\pi}{(\Delta p/\tau_y)^2}\right]^{1/3} \tag{5-3}$$

该方法只需要井筒半径 r_w、压差与切力之比 $\Delta p/\tau_y$ 和最大漏失量 V_m 三个输入参数，即可计算求解裂缝宽度。所需的输入参数较少，具有计算简便的优点，在一定条件下适用。然而，该方法建立在裂缝漏失会自动停止的假设基础之上，需要获得最大漏失量。钻井实践过程中，发生井漏后，除非在较短时间内自动停止漏失，一般不会为了获得最大漏失量而刻意等待漏失持续到自然停止。因此，该方法主要适用于漏速较小、压差较小等条件下，而对恶性漏失并不适用。

2. 曲线匹配法

曲线匹配法是通过对比实测漏失数据与理论漏失特征曲线图版得到天然裂缝宽度的方法。首先建立天然裂缝漏失的数学模型，然后得到理论漏失特征曲线图版，最后对比实测漏失特征数据与理论图版曲线，从而得到天然裂缝宽度。

1）数学模型

（1）Lietard 模型。

Lietard等人采用宾汉流体模型，假设钻井液在裂缝中的流动为径向层流流动。把钻井液在天然裂缝内的流动简化为槽流，描述了累计漏失量与时间的关系[20]。Lietard建立的模型为：

$$t_{D_{n+1}} = t_{D_n} + \frac{4r_{D_{n+1}} \ln r_{D_{n+1}} \Delta r_D}{1-\alpha(r_{D_{n+1}}-1)} \quad (5-4)$$

$$t_D = \beta t$$

$$r_D = \frac{r}{r_w} \quad (5-5)$$

其中，侵入系数 α 为：

$$\alpha = \frac{3r_w \tau_y}{w_f \Delta p} \quad (5-6)$$

式中 β——时间系数；
μ_p——钻井液塑性黏度，Pa·s；
τ_y——动切力，Pa；
r——侵入前缘半径，m；
t——侵入时间，s；
r_w——井筒半径，m；
Δp——压差，Pa。

该模型既考虑了钻井液的非牛顿特性，也便于计算。然而，该模型仍然具有一定的局限性，应用时需要加以鉴别。该模型仅适用于水平裂缝，且压差较小、漏速较小的层流流动条件，在天然裂缝恶性漏失的情况下会产生较大偏差。

（2）Salimi模型和Civan模型。

Salimi和Civan分别对Lietard模型的计算公式进行了数学处理。Salimi模型为[17]：

$$t_D = 4\left\{-\frac{r_D(-1+\ln r_D)}{\alpha} - \frac{(1+\alpha)\left[\ln r_D \ln\left(1+\frac{\alpha r_D}{-1-\alpha}\right)\right]}{\alpha^2}\right\} \quad (5-7)$$

Civan模型为[14]：

$$\begin{cases} t_D = 4r_{D_{max}}(r_{D_{max}}-1)\left\{\begin{array}{l} -(\ln r_D)\left[\dfrac{r_D}{r_{D_{max}}} + \ln\left(1-\dfrac{r_D}{r_{D_{max}}}\right)\right] + \\ \sum_{i=2}^{\infty} \dfrac{1}{i^2}\left[\left(\dfrac{1}{r_{D_{max}}}\right)^i - \left(\dfrac{r_D}{r_{D_{max}}}\right)^i\right] \end{array}\right\} \\ r_D = \sqrt{\dfrac{V_m}{\pi w_f r_w^2}+1}, \quad r_{D_{max}} = \dfrac{\Delta p w_f}{3r_w \tau_y}+1 \end{cases} \quad (5-8)$$

由于 Salimi 模型和 Civan 模型都是在 Lietard 模型的基础上衍生出来的，虽然解决了求解速度和求解精度的问题，但是仍然存在与 Lietard 模型相同的根源上的局限性。

（3）Majidi 模型。

借鉴 Lietard 模型的思路，Majidi 等人将赫—巴流体应用于钻井液漏失解析[12]，如图 5-4 所示。

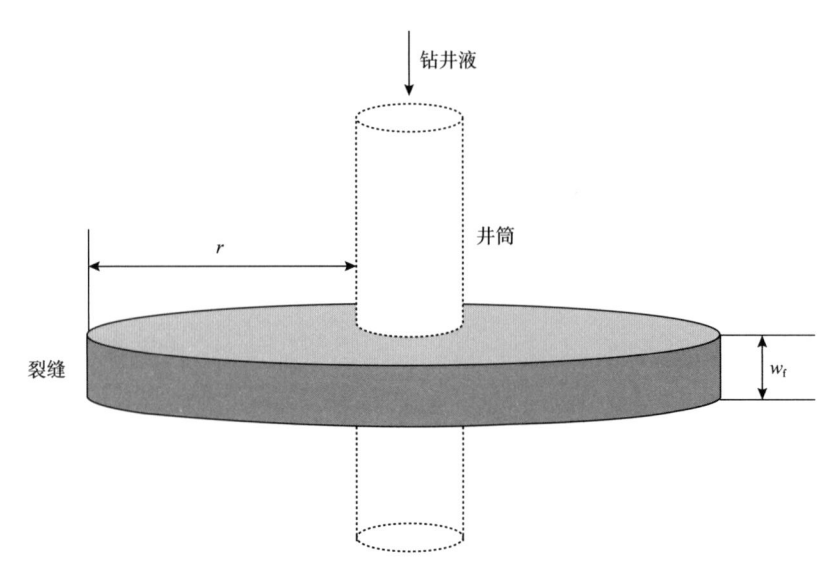

图 5-4　平行板裂缝宽度估测模型

对于均质不可压缩流应用连续性方程和状态方程，忽略重力和流动方向角的变化，假设 r 方向的速度变化比 z 方向的速度变化小，则可求解断面平均流速，进而求得断面平均流量为：

$$w_f \bar{v} = \left(\frac{n}{2n+1}\right) \frac{w^{2+\frac{1}{n}}}{2^{1+\frac{1}{n}} K^{\frac{1}{n}}} \left(-\frac{dp}{dr} - \frac{2m+1}{m+1} \frac{2\tau_y}{w_f}\right)^{\frac{1}{n}} \quad (5-9)$$

2）计算方法

通过将理论模型进行离散化处理，将无量纲时间和无量纲侵入深度作对数化处理，绘制成理论漏失特征曲线的图版，如图 5-5 所示。漏失时将实测漏失量数据与理论漏失特征曲线匹配后，可得到无量纲 α 值，再通过反演可得到裂缝宽度。

利用井漏数据求得天然裂缝的宽度，而目前没有直接求取裂缝宽度的解析解，只能通过数值解得到图版曲线，然后将无量纲化的实测井漏数据曲线与图版曲线对比，从而得到裂缝宽度[21]。

为了克服 Lietard 模型求解裂缝宽度过程中人为误差过大的问题，实际应用时，可采用自适应搜索法来匹配无量纲 α 值。分析天然裂缝漏失理论图版，不难发现，不同 α 对应的特征曲线上都存在一段近似直线段，通过最小二乘法计算其斜率，取其无因次有限侵入值 α，结合现场井漏参数（Δp_D, r_w, μ_p, τ_y），即可逐步反向推算出天然裂缝宽度。

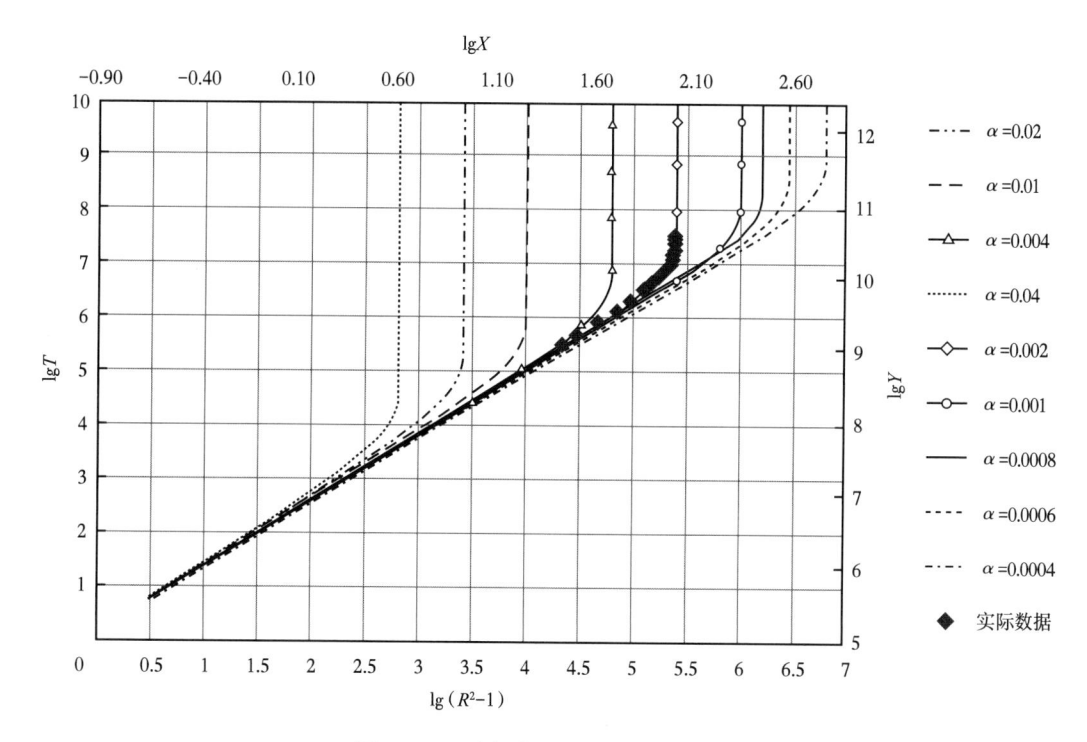

图 5-5 理论与实测漏失特征曲线对比

以 Majidi 模型为例，图版曲线匹配算法具体步骤如下：

（1）第一步：取一个裂缝宽度初值 $w_{f,j}$，例如取初值 w_0 为 1×10^{-4}m。

（2）第二步：根据各时间点 t_i 的累计漏失量 $V_m(t_i)$，计算无量纲侵入半径。

$$r_D(t_i) = \left[\frac{V_m(t_i)}{\pi r_{we}^2 w_f} + 1\right]^{\frac{1}{2}} \quad (5-10)$$

（3）第三步：利用无量纲侵入半径（深度），计算理论无量纲时间。

$$t_{D(i+1),T} = t_{D(i),T} + \frac{2^{\left(\frac{n+1}{n}\right)} r_{D(i+1)} \left[\frac{r_{D(i+1)}^{1-n}-1}{1\quad n}\right]^{\frac{1}{n}}}{\left\{1-\alpha\left[r_{D(i+1)}-1\right]\right\}^{\frac{1}{n}}} \Delta r_D \quad (5-11)$$

（4）第四步：计算实测的无量纲时间。

$$t_{D(i),m} = \beta t = \left(\frac{n}{2n+1}\right)\left(\frac{w_f}{r_{we}}\right)^{\frac{n+1}{n}}\left(\frac{\Delta p}{K}\right)^{\frac{1}{n}} t_{(i),m} \quad (5-12)$$

（5）第五步：计算理论与实测无量纲时间的方差和。

$$S_j = \sum_{i=1}^{N} \left[t_{D(i),T} - t_{D(i),m} \right]^2 \qquad (5\text{-}13)$$

（6）第六步：以 $\Delta w = 1 \times 10^{-4}$m 为步长，增加裂缝宽度为 $w_{f,j+1}$，重复第一步至第五步，计算出理论与实测无量纲时间的方差和。

$$S_{j+1} = \sum_{i=1}^{N} \left[t_{D(i),T} - t_{D(i),m} \right]^2 \qquad (5\text{-}14)$$

（7）第七步：判断误差条件。若 $S_{j+1} \geq S_j$，则取 w_j 为最接近的裂缝宽度值；否则，以 $\Delta w = 1 \times 10^{-4}$m 为步长，继续增大裂缝宽度值，重复第一步至第六步直到满足条件。

图版曲线匹配算法流程，如图5-6所示。

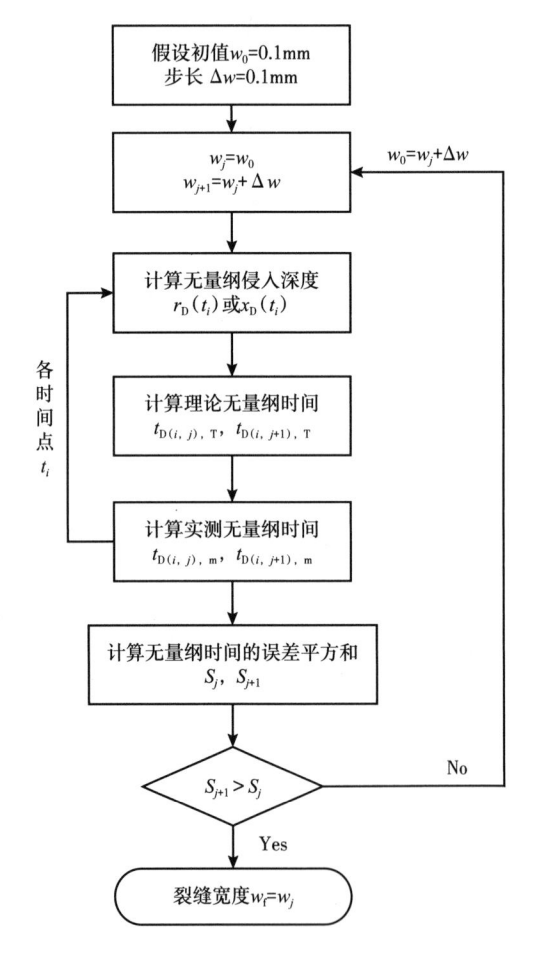

图5-6　图版曲线匹配算法流程图

三、方法对比

对比天然致漏裂缝宽度各估测方法的优势和局限性，见表5-1。

表 5-1 天然致漏裂缝宽度估测方法对比

估测方法		优势	局限
测井法		（1）直接测量井下裂缝参数； （2）可同时解释多条裂缝宽度； （3）可作为岩心解释的补充手段	（1）成本高、周期长，下工具增加风险； （2）堵漏后解释，无法漏失前预测； （3）受井下条件，易产生较大偏差； （4）常需结合岩心分析验证
录井法	直接计算法	（1）计算方法简单； （2）可根据录井数据快速得到结果	（1）基本假设明显缺陷； （2）部分输入参数难以获取
	曲线匹配法	（1）考虑了钻井液的非牛顿特性； （2）可根据实测井漏数据实时预测井下裂缝宽度	（1）仅适用于层流漏失； （2）曲线匹配算法繁琐，需要数值求解； （3）可能存在无解的情况

第二节　裂缝性漏失桥接堵漏规律物理模拟

掌握裂缝性漏失的堵漏规律，对匹配合理的堵漏配方具有重要意义。本节首先简介堵漏模拟实验方法，然后基于堵漏物理模拟实验数据分析裂缝性漏失堵漏效果影响规律。

一、堵漏室内模拟实验方法

1. API 短裂缝型堵漏评价方法

国内最为常见的室内堵漏实验所用的堵漏仪，是仿 API 堵漏仪（包括从美国进口的 API 堵漏仪），属于静态堵漏实验仪器，如图 5-7 所示。

图 5-7　API 堵漏仪实物图

该装置主要由液筒，人造缝板或人造孔隙床（或钢珠），阀门和压力源组成。工作时关上阀门，装上人造缝板或人造孔隙床或钢珠（可互换），向液筒中注入堵漏液后拧紧压盖，加压。压力的大小可以通过压力表的读数读出来，最后打开阀门，用容器盛漏失的钻

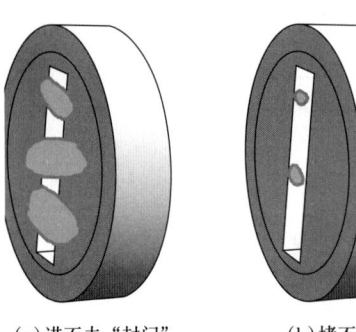

井液，测量钻井液的体积来确定堵漏材料的堵漏效果。它可以在堵漏液处于静止的条件下，测量其对裂缝的封堵情况，以研究堵漏机理与堵漏剂等[22-26]。然而，由于该装置采用的模拟裂缝块较短，颗粒堵漏材料对其堵塞效果常表现为"封门"，如图 5-8 所示。采用该装置评价堵漏材料和配方的堵漏效果，优选出的堵漏配方的粒度往往偏大，不利于实现对裂缝漏失通道的稳定封堵。

(a)进不去"封门"　　(b)堵不住

图 5-8　颗粒堵漏材料对短裂缝模块的堵塞

2. 加长裂缝型堵漏评价方法

如何能够在室内科学地模拟评价堵漏钻井液的堵漏效果，为油气工程领域防漏堵漏技术提供科学依据和必要实验数据，一直是困扰提高堵漏技术水平的一大难题[27-34]。目前，国内普遍使用的是 API 室内静态堵漏评价试验装置，该装置由于漏床和缝板的位置及结构不合理，不能模拟漏失地层的裂缝具有一定深度的状况，实验得到的堵漏配方粒度偏大，易造成堵漏材料不能有效进入裂缝漏失通道，造成堵漏材料对裂缝的"封门"效应，如图 5-9 所示。

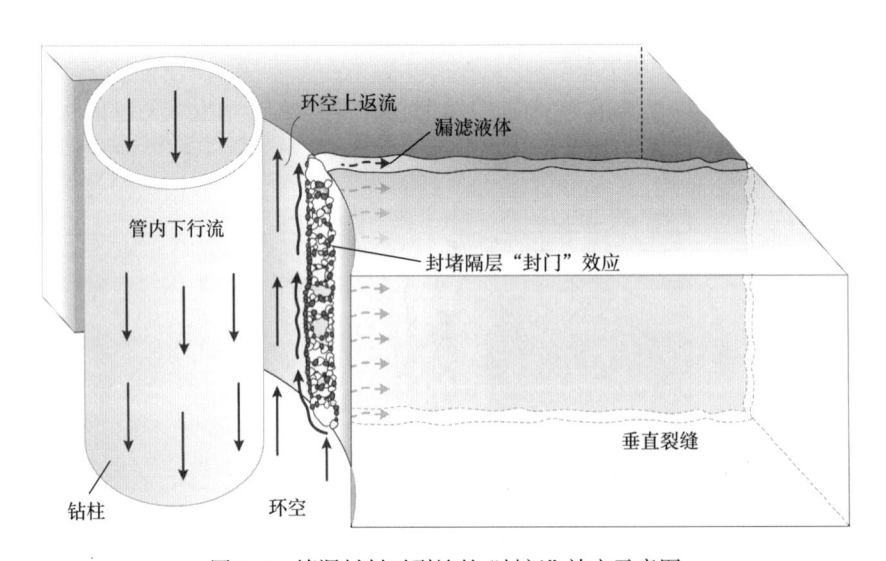

图 5-9　堵漏材料对裂缝的"封门"效应示意图

实际上，"封门"效应是由于堵漏材料的尺寸超过了裂缝开口尺寸而被阻挡在裂缝开口外，但被压差作用紧紧压迫在开口处，形成了外隔墙。因堵漏材料具有一定的机械强度，静止时能够承受井筒与地层间的压差而停止漏失，在实际的井筒裂缝堵漏中具有堵塞成功表象。然而，"封门"效应经不起钻井液的循环冲刷和钻具的碰撞作用，当循环冲刷力和碰撞力大于压差作用时，封堵隔墙极易被破坏，导致漏失重复发生，显然，"封门"并不是防漏堵漏理想的稳定堵塞状态[35-38]。因此，钻井工程堵漏作业应尽量避免堵漏材料的"封门效应"。为了实现对裂缝等漏失通道的稳定封堵，要求堵漏材料尽可能在裂缝内部堵塞，形成内封堵隔层，如图 5-10 所示。

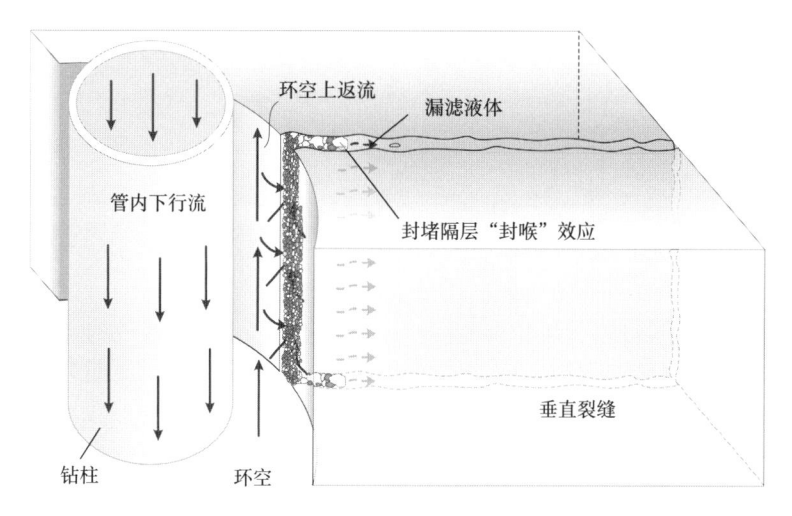

图 5-10　堵漏材料对裂缝的"封喉"效应示意图

裂缝性漏失堵漏技术对堵漏模拟实验方法提出了新的迫切要求。需要研制出一种全新的裂缝堵漏模拟实验装置，模拟裂缝具有较长的深度或长度，试验完成后可以拆开裂缝模块，观察到堵漏材料在裂缝内不同位置滞留情况，分析出不同堵漏效果和作用机理。由此分析评价出堵漏材料的封堵裂缝效果，为堵漏材料及配方优化设计、堵漏钻井液封堵裂缝效能的评价以及堵漏方案和工艺的确定，提供一种科学有效的试验评价手段。

西南石油大学钻井液重点研究室率先研制了一套加长裂缝高温高压动静态裂缝堵漏模拟实验装置，如图 5-11 和图 5-12 所示。

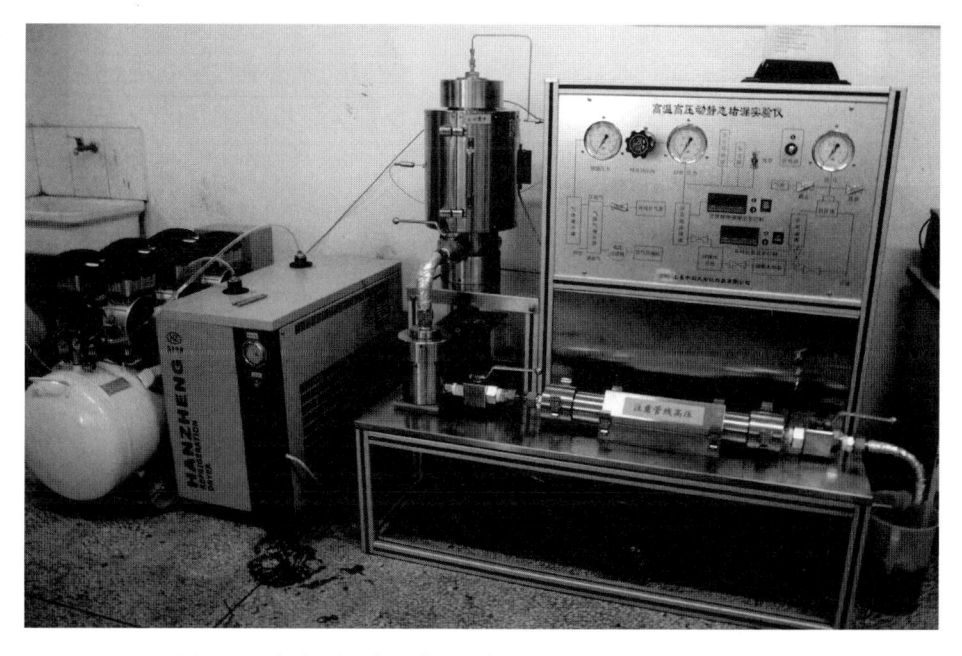

图 5-11　加长裂缝高温高压动静态堵漏模拟实验装置实物图

99

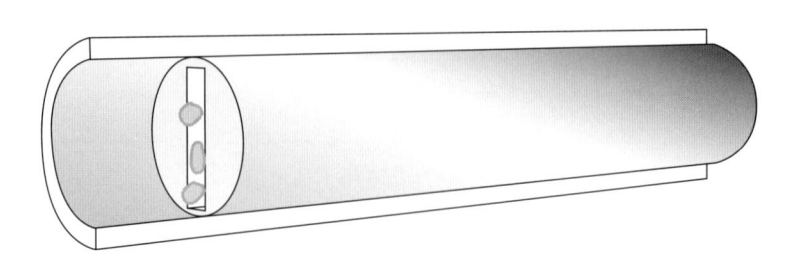

图 5-12　加长裂缝示意图

研究表明,对堵漏钻井液堵漏能力的评价主要有四个指标:承压能力、稳压时间、堵漏材料进入深度和漏失量。承压能力是反映堵漏有效性的一个主要参数。稳压时间是封堵成功后,关闭进液阀,保持憋压状态,模拟井筒内憋压堵漏的过程,主要是考察形成的封堵层的渗透性和稳定性,其时间越长越好;堵漏材料进入深度直观反映了堵漏情况,不同地层对堵漏液进入深度的要求不同;漏失量则是越少越好。

二、堵漏效果影响规律分析

不同的裂缝堵漏实验装置对堵漏效果的评价结果不尽相同。对比 API 短裂缝型堵漏实验仪与加长裂缝型堵漏模拟实验装置对堵漏材料的评价结果,研究裂缝板长度、壁面粗糙度与堵漏效果之间的关系。

裂缝地层堵漏效果可以漏失量和堵塞深度两个参数体现,与堵漏材料的类型、粒度级配及浓度等因素密切相关。利用研制的新型承压堵漏模拟实验装置,选用各种常用堵漏材料,深入开展堵漏材料的类型、粒度级配及浓度与堵漏效果之间关系的实验研究。

1. 裂缝形态的影响

地层裂缝通常都具有一定的长度(深度),同时裂缝壁面粗糙程度也随地层岩性各异。利用新型承压堵漏模拟实验装置,对比常用的 API 模拟裂缝堵漏实验仪——DL 型堵漏实验仪,研究裂缝板长度和壁面粗糙程度对堵漏效果的影响。

(1)裂缝长度(深度)与堵漏效果的关系。

常用 DL 型模拟裂缝堵漏实验仪的裂缝模块深度较小,裂缝可呈短楔形,但堵漏实验后不易直接观察到堵漏材料在裂缝内部的桥塞情况。

为便于实验研究与表述,采用筛分法对颗粒材料的粒度进行了区间划分。对小于 0.45mm 的颗粒不再细分,但对 0.9~2.0mm 区间继续细分,以保证区间划分的均匀性与合理性,具体的划分方法见表 5-2。

表 5-2　颗粒材料粒度级别划分

粒级代号	A	B	C				D	E	F
			C_1	C_2	C_3	C_4			
目数	<40	20~40	16~20	14~16	12~14	10~12	8~10	7~8	6~7
尺寸(mm)	<0.45	0.45~0.9	0.9~1.2	1.2~1.4	1.4~1.7	1.7~2.0	2.0~2.4	2.4~2.8	2.8~3.2

其中，细颗粒（A级）刚性颗粒的筛分粒度分布数据见表5-3。

表5-3 A级刚性颗粒粒度分布数据

尺寸（mm）	＜0.2	0.2~0.3	0.3~0.45
含量（%）	33.4	26.6	40.0

选用几组典型的堵漏配方，在不同裂缝长度（深度）的堵漏实验仪上开展实验研究，对比两种类型的裂缝模板对堵漏效果的评价差异。实验选用的堵漏材料包括碳酸钙颗粒、核桃壳颗粒及两种颗粒材料复配。入口宽度为2mm裂缝的堵漏实验数据，见表5-4。

表5-4 不同长度裂缝模块的堵漏模拟实验数据（入口宽为2mm）

序号	配方	短裂缝堵漏实验	加长裂缝堵漏实验
1	基浆＋刚性颗粒（5%A+1%B+1%C）	失败	裂缝尾部（26~30cm）
2	基浆＋刚性颗粒（5%A+1%B+2%C）	成功	裂缝口外（封门）
3	基浆＋核桃壳（2%A+1%B+1%C）	成功	裂缝口外（封门）
4	基浆＋核桃壳（2%A+1%B+1.5%C）	成功	裂缝口外（封门）
5	基浆＋核桃壳（2%A+1%B）＋刚性颗粒（1%C）	失败	裂缝尾部（27~30cm）
6	基浆＋刚性颗粒（2%A+1%B）＋核桃壳（1%C）	失败	裂缝尾部（28~30cm）
7	基浆＋刚性颗粒（2%A+0.5%B+1.0%C）＋核桃壳（1%A+0.5%B+1.0%C）	成功	裂缝口外（封门）

图5-13至图5-18为堵漏材料对不同裂缝的堵漏效果实验照片。其中，图5-13和图5-14分别为短楔形裂缝堵漏失败与堵漏成功的典型代表照片；图5-15和图5-16分别为碳酸钙颗粒、核桃壳颗粒在长楔形裂缝入口外封堵（封门）情况的代表照片；图5-17和图5-18分别为碳酸钙颗粒和核桃壳颗粒在长楔形裂缝内部尾端封堵情况的代表照片。

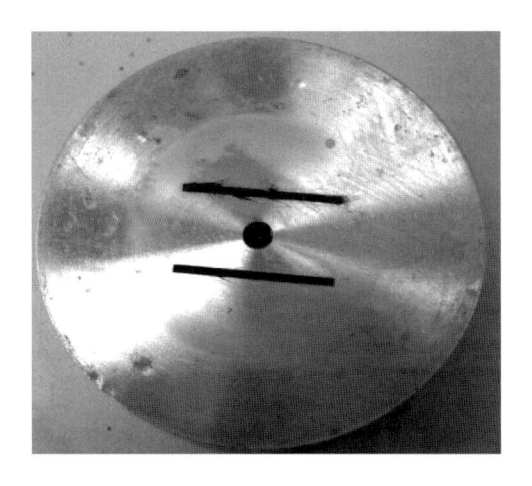

图5-13 短楔形裂缝堵漏失败情况 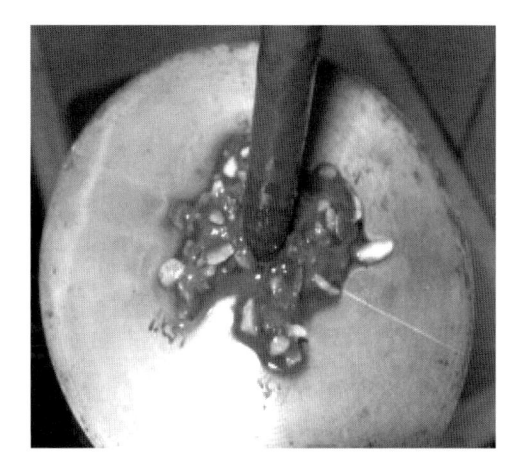　　图5-14 短楔形裂缝堵漏成功情况

图 5-15　碳酸钙颗粒封门

图 5-16　核桃壳颗粒封门

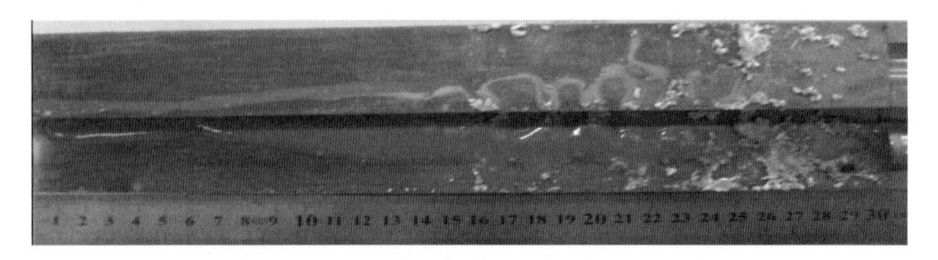

图 5-17　碳酸钙颗粒在裂缝尾部封堵情况

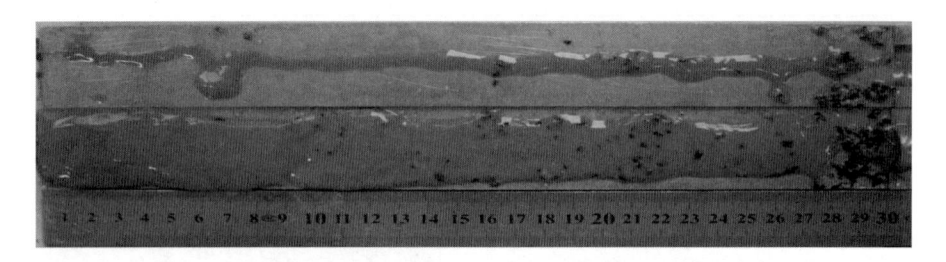

图 5-18　核桃壳颗粒在裂缝尾部封堵情况

由表 5-4 及图 5-13 至图 5-18 可知，在具有不同长度裂缝板的堵漏实验仪上，同一堵漏配方的堵漏效果评价结论截然不同，裂缝长度（深度）对堵漏效果的影响主要表现在堵塞深度方面。

采用短楔形裂缝模拟堵漏成功时，同一配方在加长楔形裂缝堵漏实验仪上表现为"封门"。说明采用常规 API 裂缝堵漏实验仪对堵漏材料粒度的要求偏大，堵漏材料粒度的选择不合理，将会导致堵漏材料在裂缝入口外堵塞，造成堵漏成功的假象，当循环钻井液或钻柱与井壁碰撞时，堆积在井壁裂缝入口外的封堵层就会被破坏，可能诱发重复井漏。

采用短楔形裂缝模拟堵漏失败时，同一配方在长楔形裂缝中能形成缝内堵塞隔层。表明常规 API 裂缝堵漏实验仪的裂缝长度不够，堵漏材料还来不及完成在裂缝中架桥、堆积和填充等作用就已流出裂缝模板，故有必要对裂缝板作适当加长，以模拟地层裂缝的深度。

因此，将裂缝堵漏实验装置的裂缝模块作适当加长，能够更客观地模拟地层裂缝，能更客观真实地反映堵漏材料对裂缝的封堵效果，便于区分堵塞位置形式，有助于堵漏材料及堵漏配方堵漏效果的科学评价和优选。

（2）裂缝壁面粗糙度与堵漏效果的关系。

不同岩性的地层裂缝壁面粗糙度是不一样的，通常情况下，砂岩、泥页岩地层中裂缝壁面粗糙，而碳酸盐岩地层中的裂缝壁面相对比较光滑[27, 29, 39-41]。图 5-19 和图 5-20 所示分别为砂岩和碳酸盐岩岩石的断裂面情况。

图 5-19　砂岩岩石断裂面　　　　　图 5-20　碳酸盐岩岩石断裂面

为了更加真实地模拟地层裂缝壁面粗糙程度，实验时采取在裂缝板上粘贴不同目数的砂纸模拟不同粗糙度的砂岩地层粗糙裂缝壁面，用未贴砂纸的钢质裂缝板模拟碳酸盐岩地层光滑裂缝，如图 5-21 和图 5-22 所示。

图 5-21　模拟碳酸盐岩光滑裂缝壁面

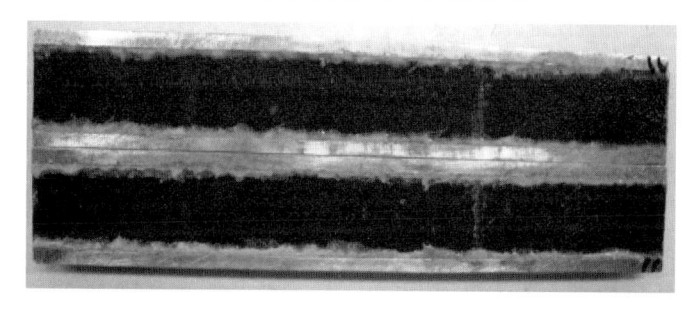

图 5-22　模拟砂岩粗糙裂缝壁面

基于前期实验研究成果，本研究继续开展了针对壁面粗糙度的实验研究，考察堵漏材料在不同粗糙程度的裂缝内部的堵塞深度规律，全面揭示壁面粗糙度对堵塞深度的影响规律。实验针对入口宽度为 2.3 mm，出口宽为 1.2mm 的光滑裂缝板和粗糙裂缝板，选取刚性碳酸钙颗粒作为堵漏材料，对比几组典型配方在两种粗糙度裂缝内的堵塞深度。

表 5-5 和表 5-6 分别为堵漏材料对光滑裂缝和粗糙裂缝的堵塞实验数据，表中堵塞深度是以桥塞距裂缝入口的长度表示，漏失量以裂缝出口处的计量为准，不包含裂缝内的钻井液体积。

表 5-5　光滑裂缝壁面部分堵漏实验数据表

序号	材料配方	堵塞深度（cm）	漏失量（mL）
1	2% A+5% B	23~27	100
2	1.5% A+1.5% B+3% C_1+1% C_2	6~15	150
3	1.5% A+1.5% B+1.5% C_1+2% C_2+0.5% C_3	3~9	100
4	1% A+1% B+1% C_1+1% C_2+2% C_3+1% C_4	0	50

表 5-6　粗糙裂缝壁面部分堵漏实验数据表

序号	材料配方	堵塞深度（cm）	漏失量（mL）
1	2% A+5% B	18~24	150
2	1.5% A+1.5% B+3% C_1+1% C_2	10~15	100
3	1.5% A+1.5% B+1.5% C_1+2% C_2+0.5% C_3	2~4	80
4	1% A+1% B+1% C_1+1% C_2+2% C_3+1% C_4	0	50

图 5-23 和图 5-24 分别为表 5-5 中 1-3 号配方堵漏材料在光滑和粗糙裂缝内的堵塞情况实际照片，图中白色矩形框表示的是堵漏材料在裂缝内的堵塞深度。由于第 4 号配方在光滑和粗糙壁面裂缝的实验结果均为在入口外封堵，拆卸时封堵层脱落。

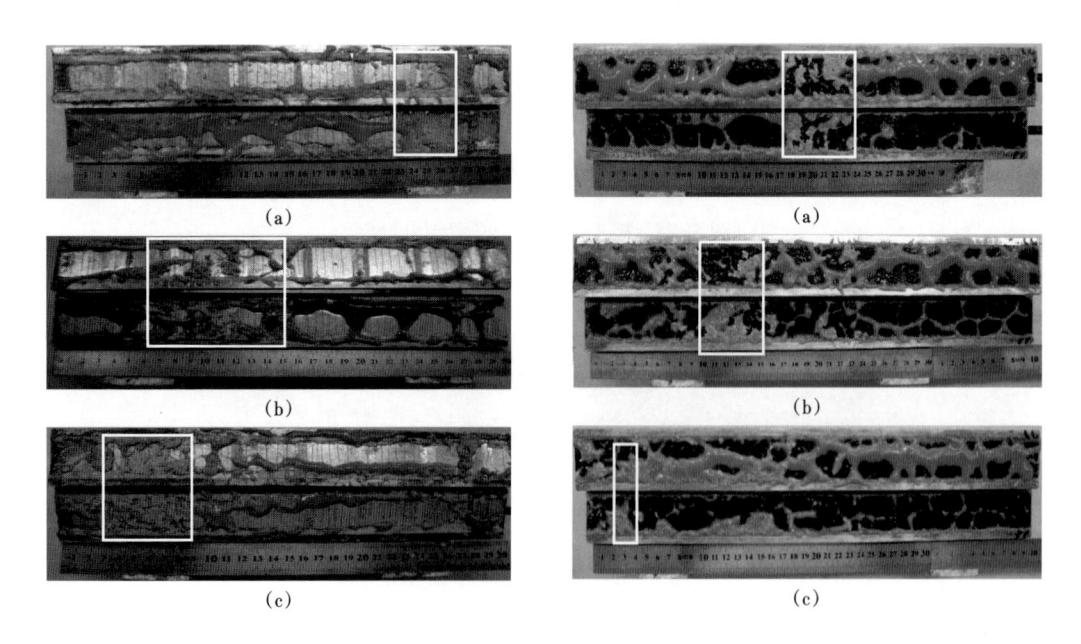

图 5-23　光滑裂缝内堵塞情况

图 5-24　粗糙裂缝内堵塞情况

由表5-5、表5-6及图5-23、图5-24可知，裂缝壁面粗糙程度对堵塞深度的影响规律明显，而对堵漏实验漏失量的影响不大。同一堵漏材料配方，在粗糙裂缝内的堵塞深度都比光滑裂缝内的堵塞深度有所提前，堵漏材料在粗糙壁面裂缝内的侵入深度比在光滑裂缝内的侵入深度小。这说明裂缝壁面的粗糙度有助于增大堵漏材料在裂缝内的流动阻力，增加堵漏材料在裂缝内滞留、堵塞的概率。换言之，采用相同的堵漏材料配方，粗糙壁面裂缝更容易被堵住。

由于裂缝壁面粗糙程度对堵漏效果的上述特性，在承压堵漏作业时应当考虑到地层裂缝壁面的粗糙程度，可通过考察地层岩性特征估计地层裂缝壁面粗糙程度。若地层岩性为砂岩或裂缝为天然裂缝，其裂缝壁面大多较为粗糙，承压堵漏难度相对较小；若地层为碳酸盐岩地层，且裂缝为钻井诱导裂缝，其裂缝壁面大多较为光滑，对承压堵漏材料的要求会更高。

同一粗糙度裂缝，裂缝内的堵塞深度仍然主要取决于堵漏材料及配方的性质。在光滑裂缝内堵塞深度相对靠近裂缝入口的配方，在粗糙裂缝内部的堵塞深度依然相对靠近裂缝入口，这说明堵漏材料粒度与堵漏效果间的关系，并不受裂缝壁面粗糙程度的变化而发生根本性的改变。

2. 堵漏材料类型的影响

堵漏理论与实践经验表明，堵漏材料的形状、强度、密度及酸溶性等物理化学性质对堵漏效果的影响显著，而堵漏材料这些物理化学性质又与堵漏材料的类型有关。因此，对堵漏材料的形状、强度、密度及酸溶性等物理化学性质与堵漏效果的关系的研究，可归结为对堵漏材料类型与堵漏效果关系的研究。

为了加深对堵漏材料类型与堵漏效果关系的认识，并为选择合理的堵漏材料类型提供参考数据，选取了刚性颗粒、弹性颗粒、片状材料、纤维材料及其他形式堵漏材料，分别考察它们单独和复配使用时，在入口宽度为2.3mm，出口宽度为1.2mm的光滑裂缝内的堵漏效果及特点。

表5-7为单一堵漏材料堵漏效果的典型实验数据，其中刚性颗粒材料为碳酸钙颗粒，弹性颗粒材料为橡胶颗粒，片状材料为雷特堵漏材料，表中材料配方的体积浓度近似相等。

表5-7 单一堵漏材料的承压堵漏实验数据（裂缝开度2.3mm）

序号	材料配方	堵塞深度（cm）	漏失量（mL）
1	刚性颗粒（1.5% A+1.5% B+3% C_1+1% C_2）	10~15	100
2	弹性颗粒（0.5% A+0.5% B+1% C_1+0.3% C_2）	23~29	280
3	片状材料（0.5% A+0.5% B+1% C_1+0.3% C_2）	4~27.5	300

图5-25至图5-27分别为全碳酸钙颗粒、橡胶颗粒及片状材料在光滑裂缝内的堵漏情况实物照片，图中白色框指示位置为堵塞深度。

图 5-25　全碳酸钙颗粒的堵漏情况

图 5-26　橡胶颗粒的堵漏情况

图 5-27　片状材料的堵漏情况

由表 5-7、图 5-25 至图 5-27 可知，其他相同条件下，刚性颗粒（碳酸钙）比弹性颗粒（橡胶）的堵塞深度小，漏失量更小；片状材料比颗粒材料在裂缝内形成的桥塞段更长、更疏松，漏失量更大。

分析单一堵漏材料的堵漏实验数据可知，刚性颗粒材料是比较理想的架桥材料，研究刚性颗粒材料分别与不同堵漏材料复配使用时的堵漏效果，以考察这些堵漏材料的填充能力。

表 5-8 为刚性颗粒（碳酸钙）分别与弹性颗粒材料、片状材料、纤维材料、高失水材料 DTR 及单向压力封闭剂 DF 复配的承压堵漏实验数据，表中堵漏材料配方的体积浓度近似相等。

表 5-8　复配堵漏材料的承压堵漏实验数据（裂缝开度 2.3mm）

序号	材料配方	堵塞深度（cm）	漏失量（mL）
1	刚性粉末（1.5% A+1.5% B）+ 刚性颗粒（3% C_1+1% C_2）	10~15	150
2	弹性颗粒（0.5% A+0.5% B）+ 刚性颗粒（3% C_1+1% C_2）	0~16	200
3	片状颗粒（0.5% A+0.5% B）+ 刚性颗粒（3% C_1+1% C_2）	1~16	200
4	纤维材料（0.2%）+ 刚性颗粒（3% C_1+1% C_2）	0~16	700
5	高失水 DTR（0.5% A+0.5% B）+ 刚性颗粒（3% C_1+1% C_2）	0~16	1700
6	单封 DF（0.5% A+0.5% B）+ 刚性颗粒（3% C_1+1% C_2）	6~16	100

由表 5-8 不难发现，相同粒度级配的刚性颗粒（碳酸钙）与不同类型堵漏材料复配后，其在相同裂缝内的侵入深度近似相同，但各堵漏材料配方的累计漏失量相差悬殊，其中高失水堵漏材料 DTR 的漏失量最大，纤维材料的漏失量次之，弹性颗粒、片状颗粒的漏失量较小，刚性粉末、单封的漏失量最小。

图 5-28 至图 5-30 分别为刚性颗粒材料与弹性颗粒材料、片状材料、纤维材料复配时的堵漏情况实物照片，图中白色框指示位置为堵塞深度。

图 5-28　橡胶颗粒与刚性颗粒复配的堵漏情况

图 5-29　片状材料与刚性颗粒复配的堵漏情况

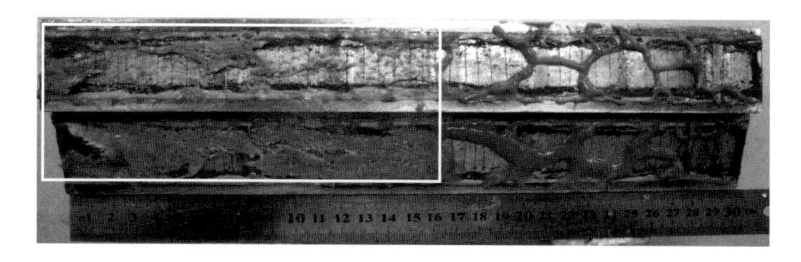

图 5-30　纤维材料与刚性颗粒复配的堵漏情况

由图 5-28 至图 5-30 可知，在相同的刚性颗粒材料粒度级配与浓度条件下，弹性颗粒、片状材料及纤维材料与刚性颗粒复配后在裂缝内的堵漏深度相同，这说明刚性颗粒材料在裂缝中主要起架桥作用，决定裂缝内的堵塞深度。

堵漏材料由侵入深度位置一直延伸至裂缝入口，且在裂缝入口外大量的堵漏材料堆积。堵漏材料在裂缝入口外大量堆积，虚滤饼厚度增大，一方面将会增大黏附卡钻的可能性，另一方面，虚滤饼容易因钻井液的冲刷作用或钻具的碰撞作用而被破坏，这将导致再次出现漏失。其中以纤维材料表现最为明显，图 5-31 所示为纤维材料在裂缝入口外的堆积情况实物照片。图 5-32 为纤维材料与刚性颗粒间的排布形式情况实物照片。

图 5-31　纤维材料在裂缝入口外的堆积情况

图 5-32　纤维与颗粒材料复配的堵漏情况

由图 5-32 可见，纤维材料与刚性颗粒复配后在裂缝入口外形成厚实的堆积层，这主要是由于纤维材料的填充能力比颗粒材料弱，然而，纤维材料与颗粒材料相互夹杂排布，对颗粒材料起"拉筋"的作用，有利于增强桥塞段的整体性。

高失水材料 DTR 及单向压力封闭剂 DF 与刚性颗粒复配的承压堵漏情况实物照片如图 5-33 和图 5-34 所示，图中白色框指示位置为堵塞深度。

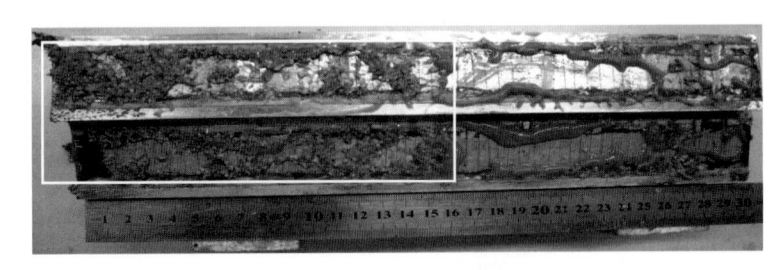

图 5-33　高失水材料 DTR 与刚性颗粒复配的堵漏情况

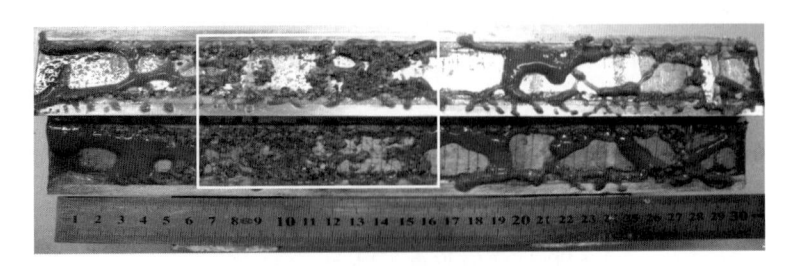

图 5-34　单封 DF 与刚性颗粒复配的堵漏情况

由图 5-33 和图 5-34 可见，高失水材料 DTR 及单封 DF 与刚性颗粒复配后的堵塞深度相似，但单封 DF 作为填充材料的桥塞段长度较短，漏失量较少，与刚性粉末的堵漏效果相似。

综上，不同类型的堵漏材料对裂缝堵漏的作用不同，刚性颗粒材料是决定堵塞深度的较为理想的架桥材料，粉末材料比片状及纤维材料更适合作为决定漏失量的充填材料，纤维材料可增强桥塞段的整体性和稳定性。

3. 堵漏材料粒度级配的影响

堵漏材料粒度组成是指构成堵漏材料的各种大小不同的颗粒的百分含量，是颗粒大小和分布特征的定量表征。堵漏材料的大小关系着堵漏材料能否有效地在裂缝内堵塞，粒度过大将不利于材料有效进入裂缝内部而只是在裂缝入口外封堵（封门），而粒度过小将导致堵漏材料侵入地层深度过大甚至不能堵住裂缝；各级粒径的材料的分布特征直接关系着不同大小颗粒之间的过滤填塞能力，直观表现为堵漏漏失量的多少。因此，堵漏材料的粒度组成是裂缝堵漏作业成功与否的关键所在。

基于常规裂缝堵漏实验的堵漏材料粒度设计不尽合理，常导致堵漏材料粒度选择偏大，实际作业时常表现为暂时性的井筒承压能力的提高，但随着封堵在裂缝入口外的堵塞隔离带的破坏，井筒承压能力将降低，甚至降至初始承压能力以下。因此，研究提高地层承压能力而非井筒承压能力的合理堵漏材料粒度及分布势在必行。

利用加长裂缝型堵漏模拟实验装置，选用入口宽为 2.3mm，出口宽为 1.2mm 的光滑裂缝，在相同的堵漏材料体积浓度条件下，研究颗粒材料粒度组成与堵漏效果之间的关系。表 5-9 为不同粒度级配的刚性颗粒材料的堵漏效果实验数据，表中各配方加量均为质量体积百分比表示。

表 5-9 不同粒度级配的刚性颗粒材料的堵漏效果实验数据

序号	配方	堵塞深度（cm）	漏失量（mL）
1	基浆 +6% A+1% B	—	2100
2	基浆 +1% A+6% B	0~23	300
3	基浆 +2% A+5% B	23~27	100
4	基浆 +0.5% A+0.5% B+4% C_1+2% C_2	0~15	500
5	基浆 +1.5% A+1.5% B+3% C_1+1% C_2	6~15	150
6	基浆 +0.75% A+0.75% B+2% C_1+2.5% C_2+1% C_3	0~4	250
7	基浆 +1.5% A+1.5% B+1.5% C_1+2% C_2+0.5% C_3	3~9	100
8	基浆 +1% A+1% B+1% C_1+1% C_2+2% C_3+1% C_4	0	50

根据颗粒材料的粒度组成与累计分布曲线，可得出堵漏材料的粒度参数。常用 D_{10}、D_{50} 及 D_{90} 作为颗粒粒度分布的特征粒径，表 5-10 为各堵漏材料配方的特征粒度参数与堵漏效果数据表。

表 5-10 不同级配颗粒材料特征粒度与堵漏效果数据表

序号	D_{10}（mm）	D_{50}（mm）	D_{90}（mm）	堵塞深度（cm）	漏失量（mL）
1	0.15	0.45	0.8	—	2100
2	0.3	0.65	0.85	0~23	300
3	0.2	0.6	0.85	23~27	100
4	0.8	1.1	1.30	0~15	500
5	0.25	1.0	1.25	6~15	100
6	0.45	1.2	1.45	0~4	250
7	0.25	1.05	1.4	3~9	100
8	0.25	1.3	1.75	0	50

表 5-10 中，1 号配方中 D_{90}、D_{50} 及 D_{10} 最小，堵漏效果表现为全部漏失，裂缝内部不能形成桥塞；2 号配方与 1 号配方相比，其 D_{90} 接近，但 D_{50} 与 D_{10} 增大，堵漏效果表现为堵漏材料能在裂缝内部形成桥塞且一直延伸至裂缝入口；3 号配方与 2 号配方相比，D_{90} 与 D_{50} 接近，但 D_{10} 减小，堵漏效果表现为堵漏材料在裂缝尾端形成桥塞，堵漏材料未延伸至裂缝入口且漏失减小；4 号配方中的特征粒度 D_{10} 明显大于 5 号配方，表现为 4 号配方的漏失量 500mL，桥塞段长度为 15cm，而 5 号配方的漏失量与桥塞段长度均大幅减小，分别为 100mL 和 9cm；6 号与 7 号配方的规律与 4 号、5 号配方的变化规律类似；8 号配方的特征粒度 D_{10} 与 7 号配方相等，但其特征粒度 D_{50} 及 D_{90} 明显增大，最终表现为堵漏材料在裂缝入口外堆积，形成对裂缝的封闭情况。

堵漏钻井液基浆中常含有固相加重材料如重晶石或铁矿粉等，固相加重材料势必会对堵漏钻井液体系中的颗粒粒度分布产生影响。固相加重材料的含量可通过基浆密度反映，基浆密度越高，固相加重材料含量越大。为了考察堵漏钻井液基浆中固相加重材料对堵漏效果的影响，采用重晶石对基浆加重，考察不同基浆密度时各堵漏材料配方对应的堵漏效果。高失水堵漏材料 DTR 与刚性颗粒复配后，堵漏效果与基浆密度关系的实验数据，见表 5-11。

表 5-11 堵漏效果与基浆密度关系实验数据

序号	密度（g/cm³）	堵塞深度（cm）	漏失量（mL）
1	1.05	0~16	1700
2	1.25	0~16	400
3	1.45	0~16	300
4	1.75	0~16	280

从表 5-11 中不难发现，基浆密度的变化，对堵塞深度几乎没有影响，而对堵漏漏失量的影响明显，堵漏钻井液基浆密度的增加，有助于降低堵漏漏失量。图 5-35 为高失水材料 DTR 与刚性颗粒复配堵漏实验漏失量与基浆密度的变化关系曲线。

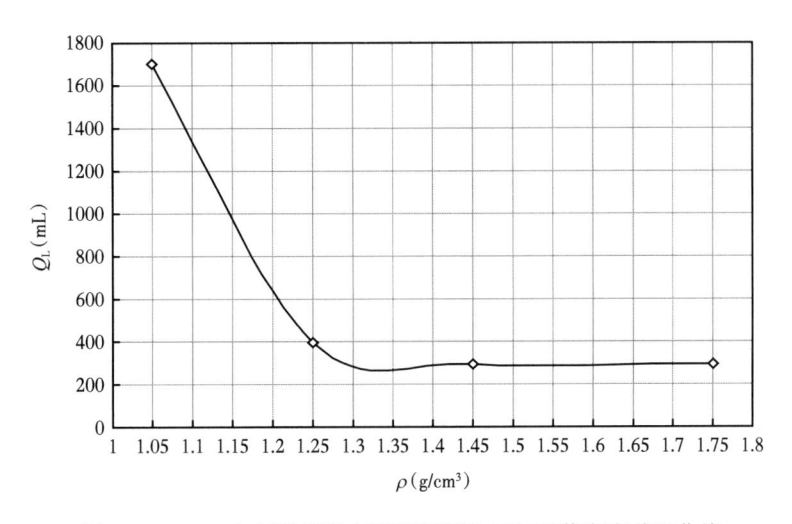

图 5-35 DTR 与刚性颗粒复配堵漏漏失量与基浆密度关系曲线

由图 5-35 可见，未加重的轻质钻井液的漏失量很大，储液罐中的钻井液几乎漏完，添加有固相加重材料（重晶石）的堵漏钻井液的漏失量急剧降低。但是，在加重钻井液中，堵漏实验漏失量随密度的变化不大，说明固相加重材料会降低堵漏漏失量，但当其加量大于一定程度后，对堵漏漏失量的影响不明显。

可见，堵漏材料能否在裂缝内架桥及架桥位置由架桥颗粒粒度大小决定，堵漏漏失量的多少由各粒级的比例及粒度范围决定，细小颗粒材料有利于减少漏失量以提高地层的承压能力。

4. 堵漏材料加量的影响

在堵漏材料粒度级配一定的情况下，堵漏材料加量与堵漏效果关系也是重要的研究内容之一。堵漏材料浓度过低将导致堵漏钻井液漏失过多甚至无法有效堵住漏层，因而现场堵漏作业时往往选用较高的堵漏材料浓度。然而，过高的堵漏材料浓度一方面要求堵漏钻井液具有更高的携带与悬浮能力，另一方面将可能造成堵漏材料的大量浪费。因此，过低或过高的堵漏材料加量均不可取。

为了揭示堵漏材料浓度对堵漏效果的影响规律，利用新型裂缝堵漏模拟实验装置，分别选用裂缝规格为入口宽度为 2.3mm，出口宽为 1.2mm 的粗糙裂缝，以刚性（碳酸钙）颗粒为堵漏材料，选用几组典型的颗粒粒度级配，开展堵漏材料浓度与堵漏效果之间的关系实验研究。表 5-12 列出了四组拟采用的刚性颗粒材料级配及其特征粒度值。

表 5-12 几组典型级配及其特征粒度

级配序号	粒度级配	D_{10}（mm）	D_{50}（mm）	D_{90}（mm）
1	A : B : C_1 : C_2 : C_3 = 3 : 3 : 3 : 4 : 1	0.25	1.05	1.40
2	A : B : C_1 : C_2 = 3 : 3 : 6 : 2	0.25	0.95	1.25
3	A : B : C_1 : C_2 : C_3 = 3 : 3 : 8 : 10 : 4	0.45	1.20	1.45
4	A : B : C_1 : C_2 = 1 : 1 : 8 : 4	0.80	1.10	1.30

不同加量的上述四组粒度级配对裂缝的堵漏模拟实验数据，见表5-13至表5-16，表中加量均以质量体积比表示。

表5-13 级配1#的堵漏模拟实验数据

序号	材料配方	浓度（%）	堵塞深度（cm）	漏失量（mL）
1	0.23%A+0.23%B+0.23%C$_1$+0.3%C$_2$+0.08%C$_3$	1.05	3~9	1200
2	0.75%A+0.75%B+0.75%C$_1$+1%C$_2$+0.25%C$_3$	3.5	2~9	200
3	1.5%A+1.5%B+1.5%C$_1$+2%C$_2$+0.5%C$_3$	7	3~9	100
4	3%A+3%B+3%C$_1$+4%C$_2$+1%C$_3$	14	7~8	20

表5-14 级配2#的堵漏模拟实验数据

序号	材料配方	浓度（%）	堵塞深度（cm）	漏失量（mL）
1	0.23%A+0.23%B+0.45%C$_1$+0.15%C$_2$	1.05	16~19	1400
2	0.75%A+0.75%B+1.5%C$_1$+0.5%C$_2$	3.5	9~15	400
3	1.5%A+1.5%B+3%C$_1$+1%C$_2$	7	6~15	150
4	3%A+3%B+6%C$_1$+2%C$_2$	14	6~16	50

表5-15 级配3#的堵漏模拟实验数据

序号	材料配方	浓度（%）	堵塞深度（cm）	漏失量（mL）
1	0.11%A+0.11%B+0.3%C$_1$+0.38%C$_2$+0.15%C$_3$	1.05	0~8	1600
2	0.375%A+0.375%B+1%C$_1$+1.25%C$_2$+0.5%C$_3$	3.5	0~4	650
3	0.75%A+0.75%B+2%C$_1$+2.5%C$_2$+1%C$_3$	7	0~4	250
4	1.5%A+1.5%B+4%C$_1$+5%C$_2$+2%C$_3$	14	0~3	50

表5-16 级配4#的堵漏模拟实验数据

序号	材料配方	浓度（%）	堵塞深度（cm）	漏失量（mL）
1	0.08%A+0.08%B+0.6%C$_1$+0.3%C$_2$	1.05	0~15	1800
2	0.25%A+0.25%B+2%C$_1$+1%C$_2$	3.5	0~15	1100
3	0.5%A+0.5%B+4%C$_1$+2%C$_2$	7	0~15	500
4	1%A+1%B+8%C$_1$+4%C$_2$	14	0~15	100

可见，相同级配条件下，堵塞深度不会随着堵漏材料浓度的变化而明显变化，但堵漏漏失量会随着浓度的增大而减小。图5-36为裂缝中上述四组级配堵漏材料的堵漏漏失量与浓度的关系曲线。

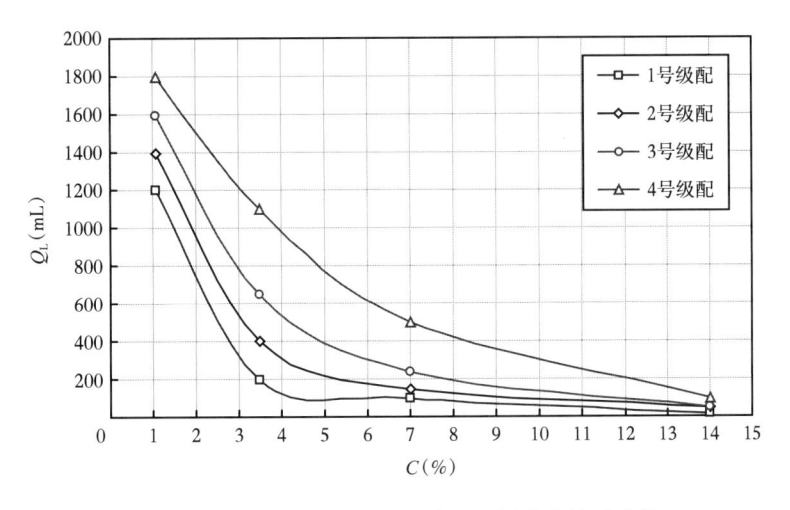

图 5-36　光滑裂缝漏失量与堵漏材料浓度关系曲线

由图 5-36 可知，不同级配的堵漏材料配方，其漏失量随浓度的变化趋势大致相似。堵漏漏失量随着堵漏材料加量的增大而明显减小，增大到一定程度后，漏失量变化甚微。如图 5-36 所示，本例所述情况下，刚性颗粒材料的加量增大到 7% 左右后，漏失量趋于稳定。堵漏材料加量增大，漏失量将减小，但增大到一定程度后，漏失量的变化甚微。可为设计合理的堵漏材料加量提供参考依据。

第三节　裂缝性漏失桥接堵漏机制数值模拟

由于裂缝性堵漏的物理实验模拟是在高压、密闭环境下完成的，难以获取堵漏过程中的流体和颗粒的动力学信息。利用计算流体动力学（CFD）与离散元法（DEM）耦合的方法，数值重现裂缝封堵层结构的形成和演化过程，揭示了裂缝性漏失桥接堵漏细观机理，回答了天然裂缝性漏失桥接堵漏规律"为什么"的问题。

一、桥接堵漏颗粒的三维几何模型建立

常见的堵漏材料可分为颗粒状、片状和纤维状，包括碳酸钙、核桃壳、云母片、玻璃纸、纤维、和橡胶等。颗粒的形状会直接影响颗粒与颗粒之间，以及颗粒与裂缝壁面之间的相互作用。然而，针对堵漏材料堵漏机理的现有研究，通常假设堵漏材料形状为球形，并没有考虑堵漏材料形状不规则性的影响[36, 39, 42-45]。

1. 颗粒外形数据采集

为了准确刻画非球形堵漏颗粒材料的形貌，利用三维激光扫描系统分别对云母片、碳酸钙进行了扫描，以点云数据存储堵漏颗粒材料的外形信息。由于三维激光扫描过程中存在数据点重复或遗漏的现象，需要对点云数据进行降噪等必要处理。再采用非均匀有理 b 样条将非球形堵漏材料颗粒外形点云数据转换为连续曲面，即点云数据的封装[46]。

利用 3D 扫描仪，对不规则外形堵漏颗粒进行扫描，采集颗粒外形坐标的点云数据。采集过程如图 5-37 所示。

(a)三维模型数据采集

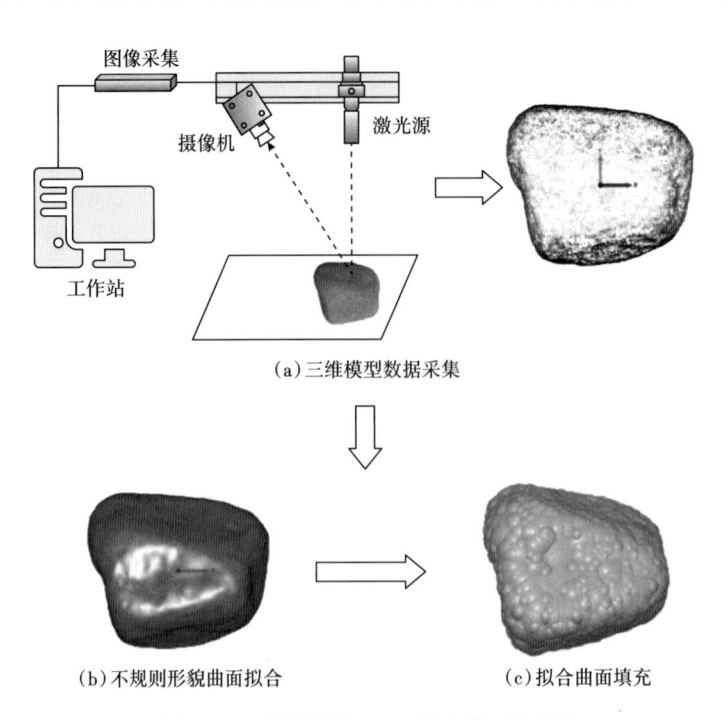

(b)不规则形貌曲面拟合   (c)拟合曲面填充

图 5-37　堵漏颗粒 DEM 模型构建流程

2. 颗粒几何三维重构

非球形颗粒外形特征表示方法包括多球面法、连续函数表示法和离散点表示法等。多球面法是一种非常灵活的非球形颗粒建模方法，利用多个球形颗粒组合来表示具有任意不规则形状的颗粒。多球面法通过将非球形颗粒碰撞力的计算转移到球面上，降低对计算机算力和内存需求的同时，保证了计算效率和精度。因此，基于利用逆向工程方法重构的堵漏材料颗粒外形模型，采用多球面法表征其外形特征[47-52]。

在堵漏材料颗粒三维模型重构过程中，首先利用网格划分软件对颗粒内部和边界进行网格划分，围绕几何形态生成控制网格。其次，利用生成的网格，可以得到颗粒内部和边界处离散点的矢量坐标。最后，计算每个内部点到边界点的距离，确定最短路径；根据最短路径，在该点和最近的边界点之间生成一个球面[50,53-55]。多球面重构非球形颗粒外形优化原理，如图 5-38 所示。

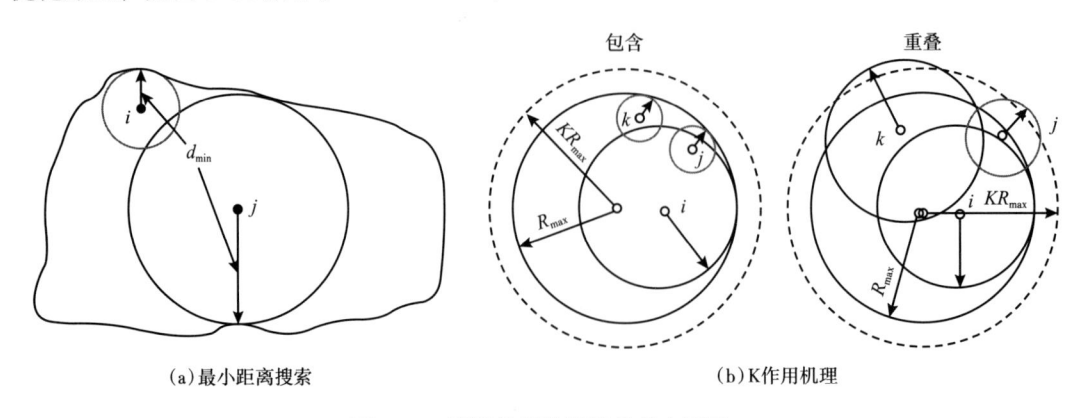

(a)最小距离搜索   (b)K作用机理

图 5-38　颗粒外形数据优化基本原理

第五章 天然裂缝性漏失钻井液堵漏机制与方法

根据建立的颗粒模型，计算颗粒模型三轴径，即颗粒长轴长度 L、中轴长度 I 和短轴长度 S[49, 51, 56-60]，如图 5-39 所示。

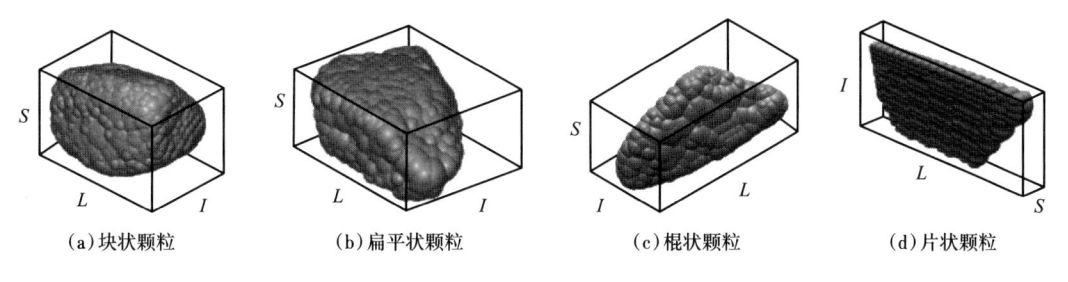

(a) 块状颗粒　　(b) 扁平状颗粒　　(c) 棍状颗粒　　(d) 片状颗粒

图 5-39　堵漏颗粒模型特征尺寸示意图

在对颗粒形状特征进行描述时，可以采用整体形态、球度和粗糙度 3 个尺度对形状进行描述。在量化颗粒的形状特征时，通常采用伸长率、扁平率、球度、形状因子及分形维数等参数。采用三轴径描述三维颗粒尺寸和形状差异：

（1）等效粒径：$d_p = \sqrt[3]{LIS}$；
（2）延伸率：$e = I/L$；
（3）扁平度：$f = S/I$；
（4）形状因子：$SF = S/\sqrt{LI}$。

图 5-40 为模拟中使用到的堵漏颗粒模型的 Zingg 形状分类图。可以看到，颗粒模型形状包括了块状、扁平状、棍状和薄片状。在此基础上，对基础颗粒模型进行缩放，可以得到不同粒径的堵漏颗粒。对于薄片状颗粒而言，进行尺寸缩放时也需要确保其厚度为固定值，因而 Zingg 形状分类图中存在多个片状颗粒形状分布。

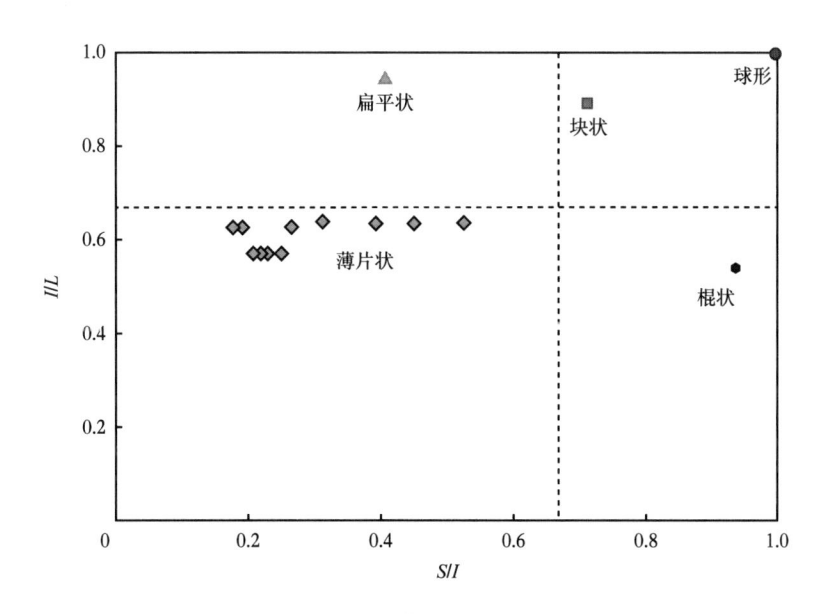

图 5-40　堵漏颗粒模型 Zingg 形状分类图

3. 堵漏颗粒物性参数标定

材料的物性参数包括本征参数和接触参数，前者包括密度、泊松比及剪切模量等参数，后者包括碰撞恢复系数、静摩擦系数及动摩擦系数等参数[61]。相较于本征参数，接触参数很难通过测量直接计算得到，一般通过虚拟实验进行标定[62]。由于颗粒物参数标定过程中需要进行大量模拟试验，标定过程非常繁琐。可采用物理实验结合数值模拟实验的方法来测试休止角。

首先，对于干颗粒和湿颗粒，分别进行休止角测量实验，结果如图 5-41 所示。可以看出，三种湿颗粒的休止角均大于干颗粒的休止角。因此，在进行数值模拟时，碳酸钙颗粒、核桃壳颗粒和云母片的休止角分别可认为在 35°~41°、40°~43° 和 38°~40° 之间。

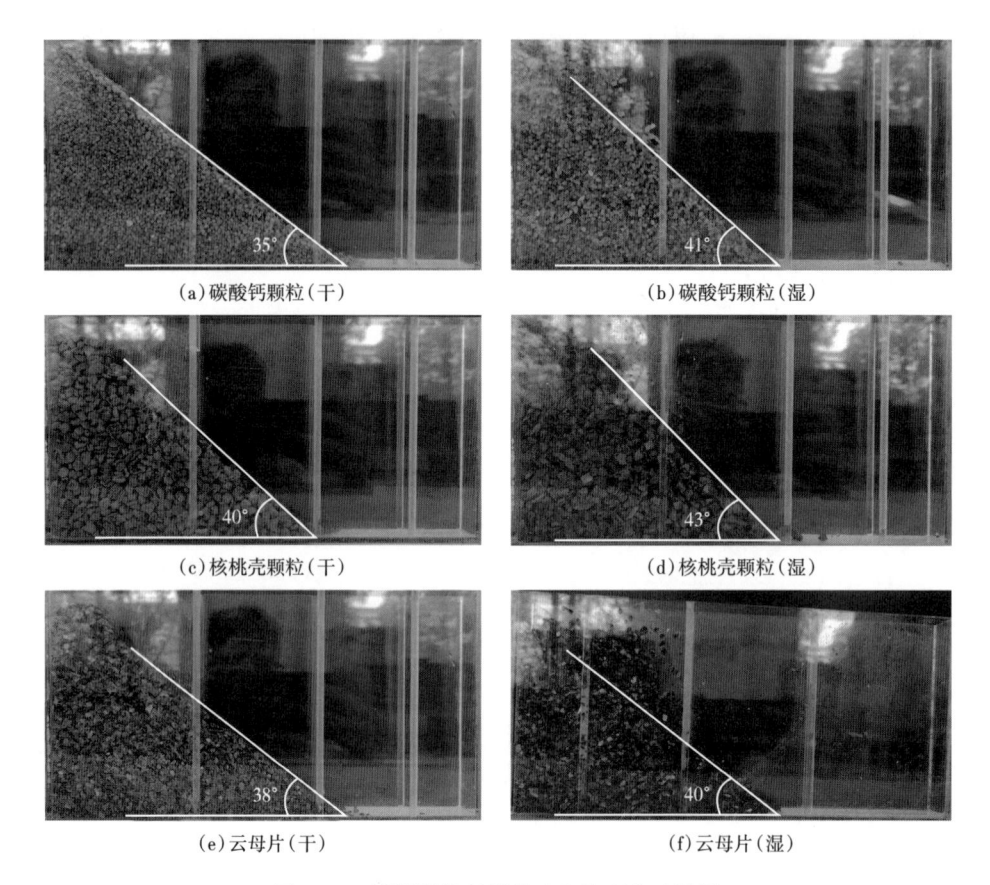

(a) 碳酸钙颗粒(干)　　(b) 碳酸钙颗粒(湿)

(c) 核桃壳颗粒(干)　　(d) 核桃壳颗粒(湿)

(e) 云母片(干)　　(f) 云母片(湿)

图 5-41　堵漏颗粒材料休止角物理实验结果

然后，利用 EDEM 软件对颗粒休止角进行虚拟标定试验。在 EDEM 软件中生成虚拟碳酸钙颗粒、虚拟核桃壳颗粒以及虚拟云母片，与实验中的堵漏颗粒质量相一致。以 0.5m/s 的速度提升挡板，待堵漏材料颗粒休止角稳定后，使用数字量角器工具进行测量。不断调整碰撞恢复系数、静摩擦系数和动摩擦系数，使其休止角位于该范围内，数值模拟实验结果，如图 5-42 所示。

根据数值模拟结果，筛选出了适用于三种堵漏颗粒的物理力学参数。堵漏颗粒基本物理力学参数，见表 5-17。

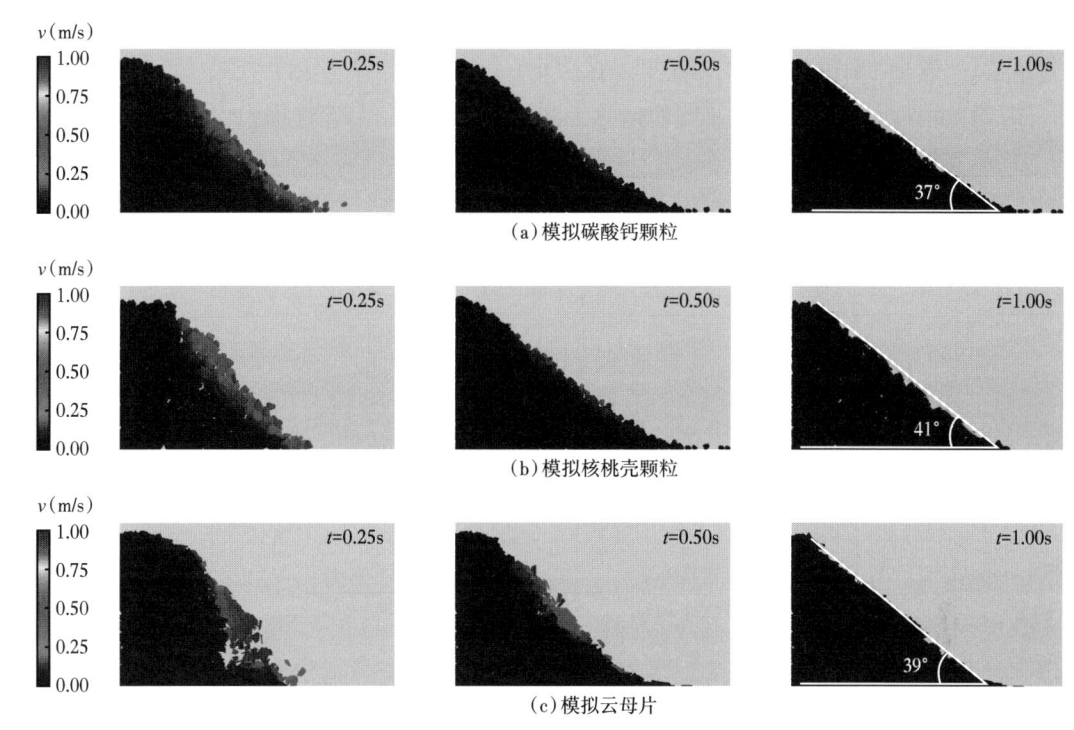

图 5-42　数值模拟实验结果

表 5-17　堵漏颗粒基本物理力学参数

参数类型	参数	数值
本征参数	密度（kg/m³）	2700（碳酸钙、云母片），1300（核桃壳）
	杨氏模量（GPa）	1.0
	泊松比	0.3
接触参数	碰撞恢复系数	0.5
	颗粒—颗粒摩擦系数	0.5
	颗粒—壁面摩擦系数	0.4
	动摩擦系数	0.01

研究表明，在 CFD-DEM 耦合仿真中，颗粒运动主要受到流体曳力、颗粒重力的影响，颗粒杨氏模量等力学参数并不会显著影响其运动和堆积形式。此外，计算颗粒运动时，较小的杨氏模量可以使用较大的时间步长，这将极大地节约计算资源，提高计算效率。为此，可采用一组经验值来简化计算过程，以尽可能减少计算成本。

二、桥接堵漏 CFD-DEM 双向耦合模型

基于计算流体力学（CFD）和离散单元法（DEM），建立了桥接堵漏颗粒流动的三维耦合仿真模型。在该模型中，颗粒的形状为非球形。基于欧拉方法，将流体视为不可压缩流

体。分散相（堵漏颗粒相）被视为单个颗粒的集合，其运动由牛顿第二定律控制。在建立的 CFD-DEM 模型中，考虑了曳力、升力、重力和压力梯度力等相互作用，使连续流体相和分散颗粒相双向耦合，模拟了颗粒运移、接触、碰撞等动力学过程。

1. 基本控制方程

（1）液相控制方程。

在计算单元尺度上，用局部平均 Navier–Stokes 方程描述了不稳定、黏性和不可压缩液相的三维运动控制方程[44, 63]。质量守恒方程表示为：

$$\frac{\partial(\alpha\rho_f)}{\partial t}+\nabla\cdot(\alpha\rho_f\boldsymbol{u}_f)=0 \tag{5-15}$$

式中　$\boldsymbol{u}_f$——流体速度，m/s；

ρ_f——流体密度，kg/m³；

α——液相体积分数。

动量守恒方程如下：

$$\frac{\partial(\partial\rho_f u_f)}{\partial t}+\nabla\cdot(\alpha\rho_f\boldsymbol{u}_f\boldsymbol{u}_f)=-\alpha\nabla p+\alpha\nabla\tau-S_f+\alpha\rho_f g \tag{5-16}$$

式中　p——流体压力，Pa；

τ——黏性应力张量，Pa；

S_f——单位体积相互作用力，Pa。

计算特定计算单元的源项 S_f 时，将该单元内所有颗粒上的流体相互作用力相加，再除以流体计算单元的体积：

$$S_f=\sum_{i=1}^{N}F_{f,i}/V_{\text{cell}} \tag{5-17}$$

式中　N——计算单元中的颗粒数量；

V_{cell}——流体计算单元的体积，m³。

用适当的流变模型描述了液相剪切应力与剪切速率的关系。在为流体通过圆形截面或环形空间而提出的各种流变模型中，使用了 Herschel-Bulkley 模型。在这个模型中，考虑了动黏度：

$$\begin{cases} \mu=\mu_{\text{yield}}, & \text{when } \dot{\gamma}<\dfrac{\tau_0}{\mu_{\text{yield}}} \\[2mm] \mu=\dfrac{\tau_0+K\left[\dot{\gamma}-\left(\tau_0/\mu_{\text{yield}}\right)^n\right]}{\dot{\gamma}}, & \text{when } \dot{\gamma}\geqslant\dfrac{\tau_0}{\mu_{\text{yield}}} \end{cases} \tag{5-18}$$

式中　K——稠度系数，Pa·s^n；

n——流型指数；

τ_0——屈服应力，Pa；

μ_{yield}——屈服黏度，Pa·s；

$\dot{\gamma}$——剪切速率，s^{-1}。

（2）离散相控制方程。

流体流动中颗粒的平移运动由重力、浮力、接触力（如颗粒—颗粒、颗粒—井壁）和相互作用力（如阻力、剪切升力和旋转升力）控制，可以表示为[64-65]：

$$m_p \frac{\partial u_p}{\partial t} = m_p g \left(1 - \frac{\rho_f}{\rho_p}\right) + \left(\sum_q F_{c,q}^p\right) + F_D + F_S + F_M + F_p \quad (5-19)$$

式中 m_p——颗粒 p 的质量，kg；

ρ_p——颗粒密度，kg/m^3；

$F_{c,q}^p$——颗粒间的接触力，N；

F_D——流体阻力，N；

F_S——剪切升力，N；

F_M——旋转升力或 Magnus 力，N；

F_p——流体压力梯度力，N。

颗粒相的旋转运动，可以表示为：

$$\frac{d}{dt} I_p \omega_p = \sum_q \left(T_{t,q}^p + T_{DT'}^p\right) \quad (5-20)$$

式中 $T_{t,q}^p$，$T_{r,q}^p$——由颗粒间的切向和法向接触力产生的转矩矢量；

I_p，ω_p——颗粒的转动速度和转动惯量张量，旋转运动也受滑动旋转产生的阻力矩 T_{DT}^p 的影响。

①接触力和扭矩。

颗粒间的接触力表示为：

$$F_{c,q}^p = F_{n,pq} + F_{n,pq}^d + F_{t,pq} + F_{t,pq'}^d \quad (5-21)$$

式中 $F_{n,pq}$ 为法向接触力，可表示为：

$$F_{n,pq} = \frac{4}{3} E^* \sqrt{R^*} \delta_{n,pq}^{3/2} \quad (5-22)$$

其中，$\delta_{n,pq}$ 为法向重叠，E^* 为等效杨氏模量（$E^* = [(1-v_p^2)/E_p + (1-v_q^2)/E_q]^{-1}$）；$R^*$ 为等效半径 $[(2/d_p + 2/d_q)^{-1}]$；E_p、v_p、d_p、E_q、v_q、d_q 为各接触单元的杨氏模量、泊松比和直径。

$F_{n,pq}^d$ 是指正常阻尼力[66]：

$$F_{n,pq}^d = -2\sqrt{\frac{5}{6}} \frac{\ln e}{\sqrt{\ln^2 e + \pi^2}} \sqrt{S_{n,pq} m^* v_{n,pq}} \quad (5-23)$$

其中，m^* 为等效颗粒质量（$[1/m_p + 1/m_q]^{-1}$），m_p 和 m_q 是每个接触元素的质量，$S_{n,pq} = 2E^* \sqrt{R^* \delta_{n,pq}}$

是法向刚度，$v_{n,pq}$ 为接触点相对速度的法向分量，e 为恢复系数。

接触力的切向分量，$F_{t,pq}$ 表示为：

$$F_{t,pq} = \begin{cases} -\delta_{t,pq} S_{t,pq}, \text{for} |F_{t,pq}| < \mu_s |F_{n,pq}| \\ \mu_s |F_{n,pq}| \dfrac{v_{t,pq}}{|v_{t,pq}|}, \text{for} |F_{t,pq}| \geqslant \mu_s |F_{n,pq}| \end{cases} \quad (5-24)$$

其中，$S_{t,pq} = 8G^* \sqrt{R^* \delta_{n,pq}}$ 为切向刚度，G^* 为等效剪切模量，$\delta_{t,pq}$ 为切向重叠，μ_s 为滑动摩擦系数，$v_{t,pq}$ 为接触点的相对切向速度。

切向阻尼力 $F_{t,ij}^d$ 表示为：

$$F_{t,pq}^d = -2\sqrt{\dfrac{5}{6}} \dfrac{\ln e}{\sqrt{\ln^2 e + \pi^2}} \sqrt{S_{t,pq} m^* v_{t,pq}} \quad (5-25)$$

因此，由于颗粒碰撞，作用在颗粒上的切向扭矩表示为：

$$T_{t,q}^p = r_{pq} \times (F_{t,pq} + F_{t,pq}^d) \quad (5-26)$$

抗滚压力矩作用于颗粒时，由于颗粒碰撞表示为：

$$T_{r,q}^p = -\mu_r |r_{pq}| |F_{n,pq}| \dfrac{\omega_{pq}}{|\omega_{pq}|} \quad (5-27)$$

式中 r_{pq}——从颗粒的质心到接触点的矢量；

μ_r——滚动摩擦系数；

ω_{pq}——颗粒 p 到颗粒 q 的相对角速度。

转矩 $T_{t,q}^p$ 和 $T_{r,q}^p$ 分别由切向接触力和滚动摩擦产生（图 5-43）。

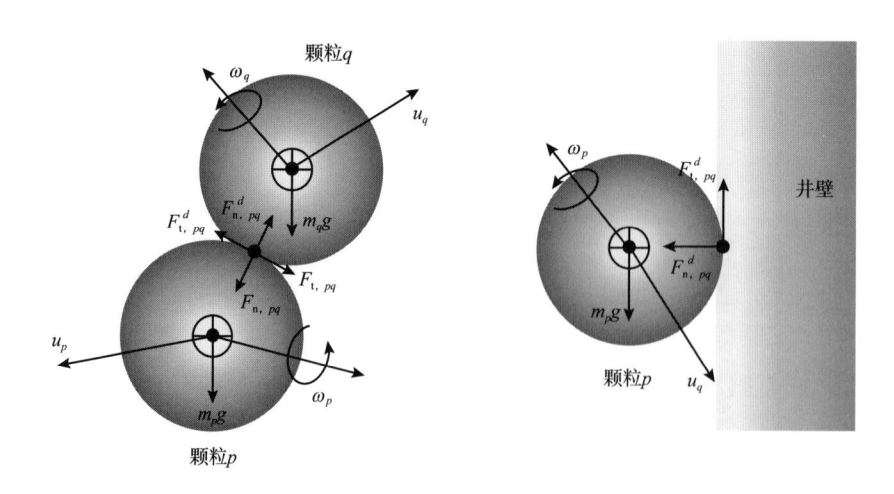

图 5-43 颗粒 q 和颗粒 p 碰撞时受力情况

②阻力和阻力矩。

颗粒的阻力可以表示为：

$$F_D = A_p (u_f - u_p) \quad (5-28)$$

式中 u_p——颗粒平移速度，m/s；

$u_f - u_p$——滑动速度，m/s。

A_p——流体切割交换系数，表示为：

$$A_p = \frac{3}{4} C_D \frac{(1-\alpha)\rho_t |u_f - u_p|}{d_p} \alpha^{-1.65} \quad (5-29)$$

式中 d_p——颗粒的平均直径，m。

假设颗粒是非球形和刚性的，阻力系数 C_D 采用 Ganser 曳力系数公式[67-68]：

$$\frac{C_D}{K_2} = \frac{24}{Re_{HB} K_1 K_2}\left[1 + 0.1118 (Re_{HB} K_1 K_2)^{0.6567}\right] + \frac{0.4305}{1 + \dfrac{3305}{Re_{HB} K_1 K_2}} \quad (5-30)$$

式中 Re_{HB}——H-B 流体颗粒雷诺数；

K_1，K_2——与颗粒形状有关的修正系数。

$$\begin{aligned}
K_1 &= \left(\frac{1}{3}\frac{2}{3}\phi^{-1/2}\right)^{-1} - 2.25\frac{d_e}{D} \qquad \text{等轴颗粒} \\
K_1 &= \left(\frac{1}{3}\frac{d_n}{d_e} + \frac{2}{3}\phi^{-1/2}\right)^{-1} - 2.25\frac{d_e}{D} \qquad \text{非等轴颗粒} \\
K_2 &= 10^{1.8148(-\lg\phi)^{0.5743}}, \phi = \left(\frac{d_s}{d_e}\right)^{-2}
\end{aligned} \quad (5-31)$$

其中，颗粒雷诺数定义为：

$$Re_{HB}^{0.687} = \frac{Re_{PL}}{1 + (7\pi/24) Bi_{HB}} \quad (5-32)$$

其中，$Bi_{HB} = (\tau_0/K)(d_p/|u_f - u_p|)$，$Re_{PL} = \rho_f |u_f - u_p|^{2-n} d_p^n / K$。

τ_0——屈服应力，Pa；

K——稠度系数，Pa·s^n；

n——幂律模型的流性指数。

因此，由流体速度作用于颗粒 p 的阻力矩表示为：

$$T_{DT}^p = \frac{\rho_p}{2}\left(\frac{d_p}{2}\right)^5 C_{DR} |\Omega|\Omega \quad (5-33)$$

其中，C_{DR} 是旋转阻力系数，Ω 是颗粒对于流体的相对角速度（$\Omega=\nabla\times u_f/2-\omega_p$）。旋转阻力系数 C_{DR} 定义为：

$$C_{DR}=\begin{cases}\dfrac{12.9}{Re_r^{0.5}}+\dfrac{128.4}{Re_r},32\leqslant Re_r<1000\\ \dfrac{64\pi}{Re_r},Re_r<32\end{cases} \quad (5-34)$$

其中，颗粒旋转的雷诺数表示为 $Re_r=\rho d_p^2|\Omega|/\mu$。

③升力。

包括剪切升力（Saffman）和旋转升力（Magnus）在内，升力垂直于颗粒和流体之间相对速度的方向。剪切升力（Saffman）表示为[69]：

$$F_S=C_{LS}\dfrac{\rho_f\pi}{8}d_p^3\left[(\boldsymbol{u}_f-\boldsymbol{u}_p)\omega_f\right] \quad (5-35)$$

$$\omega_f=\nabla\times u_f$$

式中　C_{LS}——升力系数；
　　　ρ_f——流体密度，kg/m³；
　　　ω_f——流体速度的旋度。

$$C_{LS}=\dfrac{4.1126}{Re_s^{0.5}}f(Re_{HB},Re_s) \quad (5-36)$$

$$f(Re_{HB},Re_s)=\begin{cases}(1-0.3314\beta^{0.5})\mathrm{e}^{-Re_{HB}/10}+0.3314\beta^{0.5},Re_{HB}\leqslant 40\\ 0.0524(\beta Re_{HB})^{0.5},Re_{HB}>40\end{cases} \quad (5-37)$$

其中，$\beta=0.5Re_s/Re_{HB}$（$0.005<0.4$），剪切流的雷诺数是 $Re_s=\rho_f d_p^2|\omega_f|/\mu$。

施加在颗粒上的旋转升力（Magnus）计算如下：

$$F_M=\dfrac{\pi}{8}d_p^3\rho_f C_{LM}|\boldsymbol{u}_f-\boldsymbol{u}_p|\dfrac{[\Omega\times(\boldsymbol{u}_f-\boldsymbol{u}_p)]}{|\Omega|} \quad (5-38)$$

其中，旋转升力系数 C_{LM} 表示为：

$$C_{LM}=0.45+\left(\dfrac{Re_r}{Re_{HB}}-0.45\right)\mathrm{e}^{-0.5684Re_r^{0.4}Re_{HB}^{0.3}} \quad (5-39)$$

④压力梯度。

压力梯度表示为：

$$F_p=-V_p\nabla p \quad (5-40)$$

式中　V_p——颗粒的体积；
　　　∇p——颗粒位置处液相静压的梯度。

2. 耦合计算机制

考虑颗粒与颗粒、颗粒与流体、颗粒与裂缝面的作用力，采用 CFD-DEM 数值模拟方法进行仿真，构建颗粒—流体—裂缝耦合仿真模型，如图 5-44 所示。

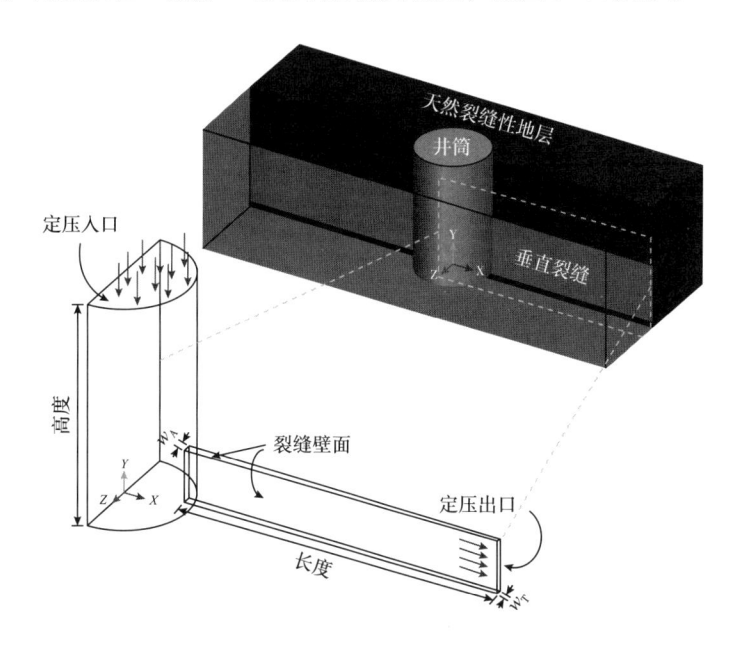

图 5-44　颗粒—流体—裂缝耦合仿真模型

裂缝封堵模型使用 CFD 软件 ANSYS Fluent 与 DEM 软件 EDEM 进行双向耦合求解。图 5-45 为耦合 CFD-DEM 模型的求解过程，该耦合过程是一个瞬态双向数据传递的过程。

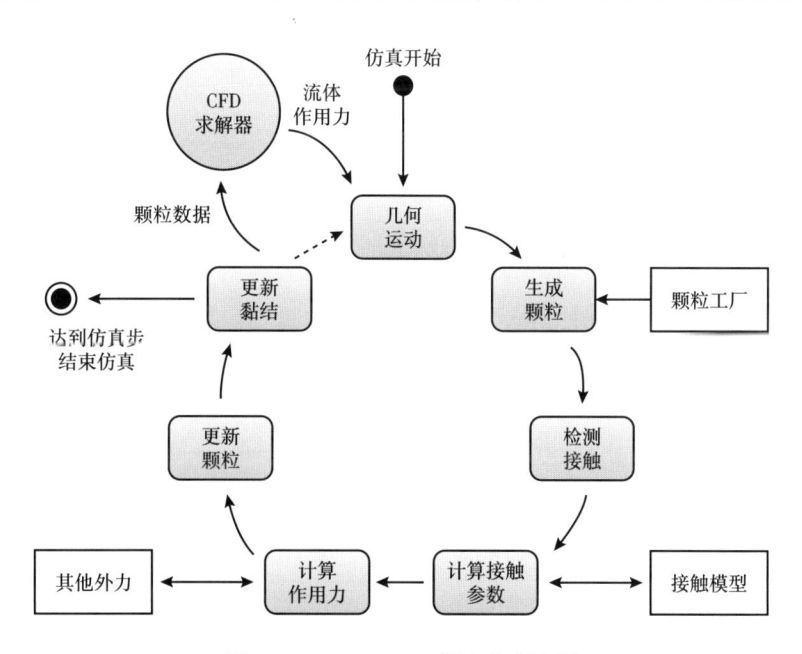

图 5-45　CFD-DEM 耦合仿真流程

首先，利用 Fluent 计算一个时间步的流场信息。然后启动 EDEM 进行相同时间迭代，利用耦合接口将颗粒的位置、运动和体积等信息传递至 Fluent 中，计算颗粒与流体的相互作用。流体对颗粒的作用将通过耦合接口传递至 EDEM 作为颗粒体积力影响颗粒的运动，而对流体的作用通过动量源相的方式作用于流体中。逐步循环迭代，实现全过程的瞬态模拟。

需要注意的是，根据非解析 CFD-DEM 算法原理，CFD 单元尺寸应至少是颗粒尺寸的 2~4 倍。同时，为了确保模型具有良好的收敛性，将 DEM 时间步长设置为瑞利时间步长的 20%，CFD 时间步长设置为 DEM 时间步长的 20~50 倍[70-71]。

模型中流体被视为不可压缩非牛顿流体。鉴于 Herschel-Bulkley 模型能在较宽的剪切速率范围内准确地描述钻井液的流变特性，采用该模型来描述流体的流变性质。流体参数依据现场钻井液的实验室测试结果。考虑到堵漏材料颗粒运移、桥接和封堵过程对流体流动带来的影响，采用标准 k-ε 湍流模型来表征流体的湍流行为。

3. 耦合模型验证

为验证耦合 CFD-DEM 模型的有效性，利用图 5-46 中可视化裂缝堵漏模拟实验装置，开展裂缝性漏失桥接堵漏模拟实验。模拟实验装置主要由压力泵、模拟井筒、模拟裂缝和回收容器组成。采用高速摄像机对实验过程进行摄像，以捕捉堵漏颗粒在井筒—裂缝中的运移和架桥动态过程。

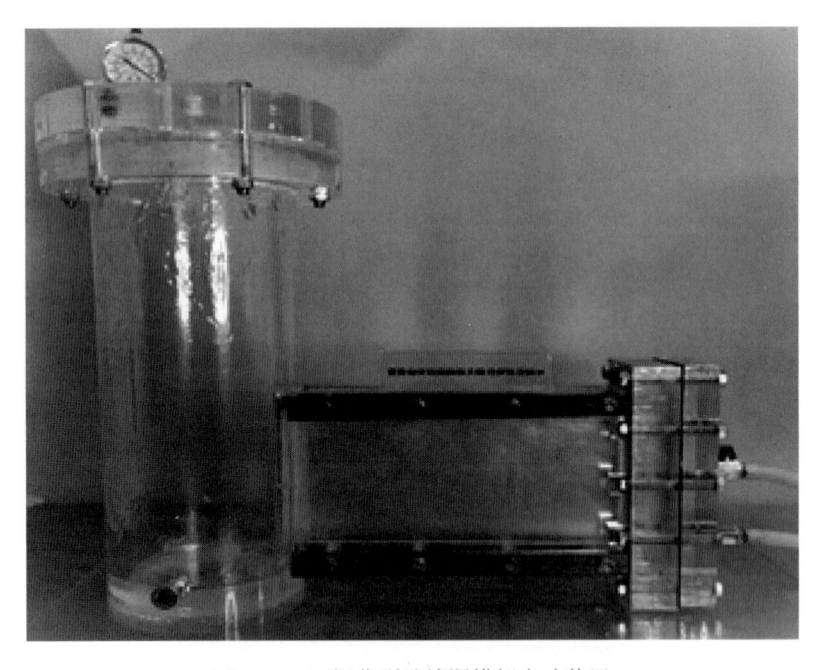

图 5-46 可视化裂缝堵漏模拟实验装置

将物理模拟实验条件与数值模拟参数设置一致。裂缝入口宽度和出口宽度分别为 8mm 和 4mm，裂缝高为 150mm，裂缝长为 300mm，实验压力设置为 0.4MPa。以粒度为 5~7mm 的核桃壳作为堵漏材料开展物理模拟实验，其体积分数为 10%。数值模拟与物理模拟结果，如图 5-47 所示。

（a）数值模拟　　　　　　　　　　　　　（b）物理模拟

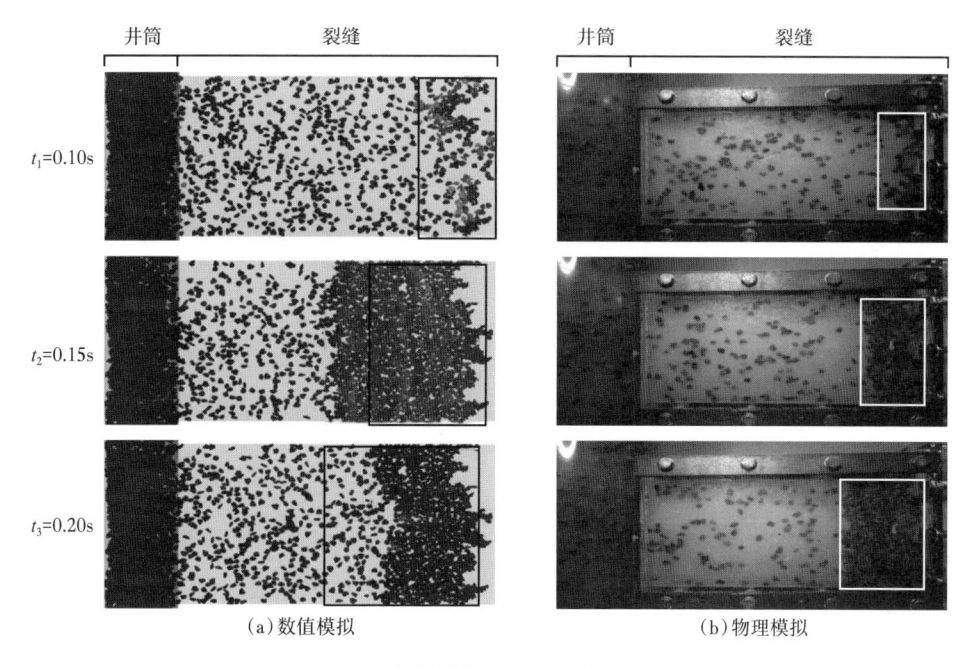

图 5-47　数值模拟与物理模拟结果对比

图 5-47 中数值模拟和物理模拟结果均表明，随着时间的推移，堵漏颗粒在压差作用下进入裂缝，并在裂缝内架桥。对比发现，相同条件下，数值模拟与物理模拟中堵漏颗粒在裂缝内的架桥进程和架桥位置基本一致，验证了建立的耦合 CFD-DEM 模型对裂缝性漏失桥接堵漏颗粒动力学行为微观模拟的有效性。

三、桥接堵漏动力学特性分析

堵漏材料颗粒封堵裂缝的过程是一个典型的固—液两相流动问题。堵漏材料颗粒随钻井液流经井筒进入裂缝，在裂缝中特定的位置架桥、堆积、填充形成局部封堵。裂缝内流动空间的变化，会改变钻井液和堵漏材料颗粒的运动趋势。随着局部封堵区域的不断扩大、连结，最终在裂缝中形成稳定的封堵层。

长期以来，桥接堵漏颗粒动力学行为都是基于室内实验而推测得到的"唯象理论"，未见能够从微观尺度上揭示颗粒形状、加量粒度级配及裂缝宽度对桥接堵漏效果影响的微观机理研究。对"为什么会出现前章所述实验结果"的研究仍然不够深入。因此，为了回答"为什么"的问题，通过调整颗粒形状、粒度、加量及裂缝宽度，分析裂缝性桥接堵漏颗粒运移、架桥、堵塞机理及规律。

颗粒架桥是堵漏材料控制裂缝性漏失的关键，深入理解堵漏颗粒桥接行为是设计正确堵漏材料的前提。考虑到堵漏材料组成的复杂性，利用建立的堵漏颗粒运移封堵 CFD-DEM 模型，对不同形状单一粒径的颗粒体系进行模拟，分析不同形状堵漏颗粒运移架桥行为特征，探讨堵漏颗粒粒度、加量及裂缝开度对颗粒架桥行为的影响，总结不同形状堵漏颗粒的架桥模式。

1. 颗粒形状对运移架桥行为的影响

颗粒形状通常决定了颗粒材料微观尺度下的行为，是影响非球形颗粒系统宏观行为的重要因素。在许多自然或工业过程中，相较于球形颗粒，非球形颗粒的运动行为更为复杂。这是由于非球形颗粒之间或非球形颗粒与环境之间的接触模式更复杂，颗粒与周围流体之间的相互作用也更加多样化。例如，有凸起或凹陷的颗粒之间可能会互锁，表现出比光滑球体更强的抗剪切性。此外，非球形颗粒可能经历复杂的平移、旋转、变形、磨损、黏附、聚集及破碎等变化，甚至热化学反应，这些过程均难以预测[72-74]。

在大多数钻井液—堵漏颗粒裂缝中两相流数值模拟研究中，堵漏颗粒形状被简化为球形，或通过调整球形颗粒的滚动摩擦系数来达到类似于非球形颗粒滚动阻力的效果[27, 39, 43-44, 75-78]。显然，这样的简化处理并不能完全反映堵漏颗粒动力学行为。在桥接堵漏作业中，使用的堵漏材料通常是非球形的，如近球形颗粒、块状颗粒、片状颗粒和纤维状材料等[34, 40, 79-83]。因此，为了认识复杂形状堵漏颗粒运移架桥行为特征，对球形、块状、扁平状、棍状和片状颗粒裂缝内运移架桥行为分别进行模拟（表5-18）。

表5-18 堵漏颗粒DEM数字样本

球形	不规则块体	四面体	扁平状	薄片状

为了研究不同形状堵漏颗粒封堵裂缝的机理，将堵漏材料简化为具有相同尺寸的颗粒系统。整个模拟过程时长为0.2s，约为堵漏材料颗粒流过裂缝时间的10倍，这为堵漏材料颗粒在裂缝中桥接、封堵提供了足够的时间。本研究设定堵漏材料体积分数C_p为10%，裂缝入口宽度w_A = 8mm，堵漏颗粒长边与裂缝入口宽度的比值L/w_A = 0.63。分析了球形、不规则块体、规则四面体、扁平状及薄片状颗粒在井筒—裂缝系统中的运移、架桥规律。

1）球形颗粒

首先对粒径为5mm的球形颗粒进行模拟，颗粒体系浓度为10%。图5-48为球形颗粒在井筒—裂缝系统中运移和架桥过程的流压、颗粒耦合作用力云图，图5-49为该过程的特征指标变化曲线。

由图5-48可见，颗粒由钻井液携带运移，到达裂缝入口顶部区域时，靠近裂缝入口一侧的颗粒率先进入裂缝内部，其余颗粒则往裂缝入口处运移。由于流动通道的骤缩，颗粒不断发生碰撞。结合图5-49可知，0.027~0.06s期间，颗粒开始在裂缝内架桥。此时作用在架桥颗粒上的力较大，裂缝出口流速快速下降。后续颗粒不断向架桥处运移，在初始架桥位置后堆积。由于裂缝内的流动通道变窄，颗粒架桥位置转移，最终裂缝中整个流动截面被堵塞。0.06~0.2s期间，颗粒在裂缝中持续堆积，堵塞区域不断拓展。此时，封堵层内部受力均匀分散到架桥颗粒中，裂缝出口流速下降趋势减缓。由于颗粒尺寸大于裂缝出口宽度，整个过程中颗粒累计流出数量和颗粒流出速率都为0。

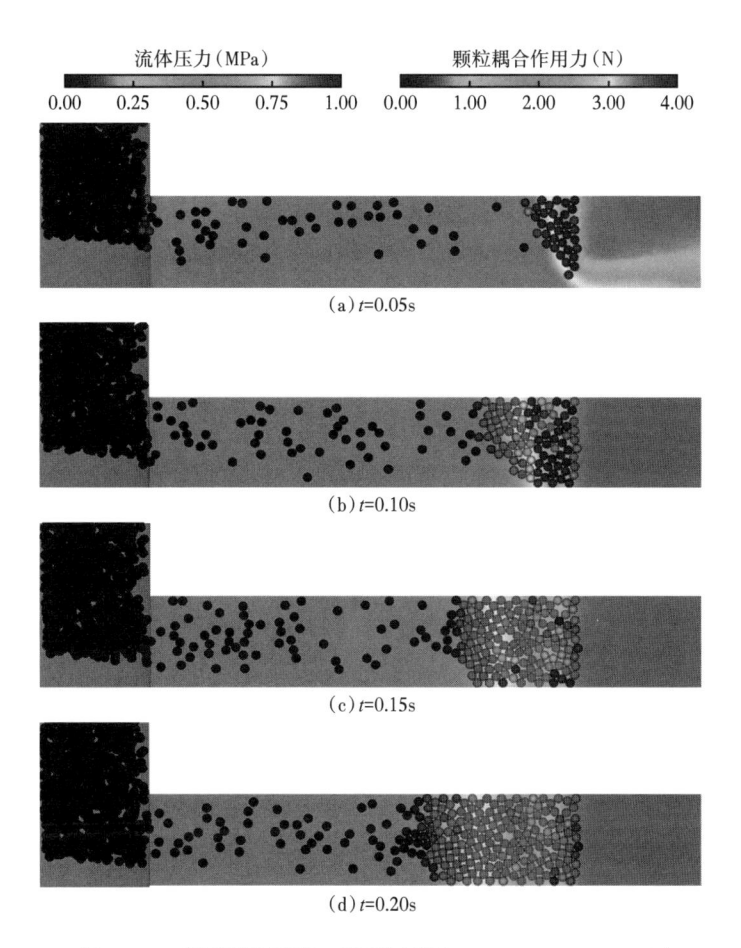

图 5-48　球形颗粒运移、架桥过程（$L/w_A=0.63$，$C_p=10\%$）

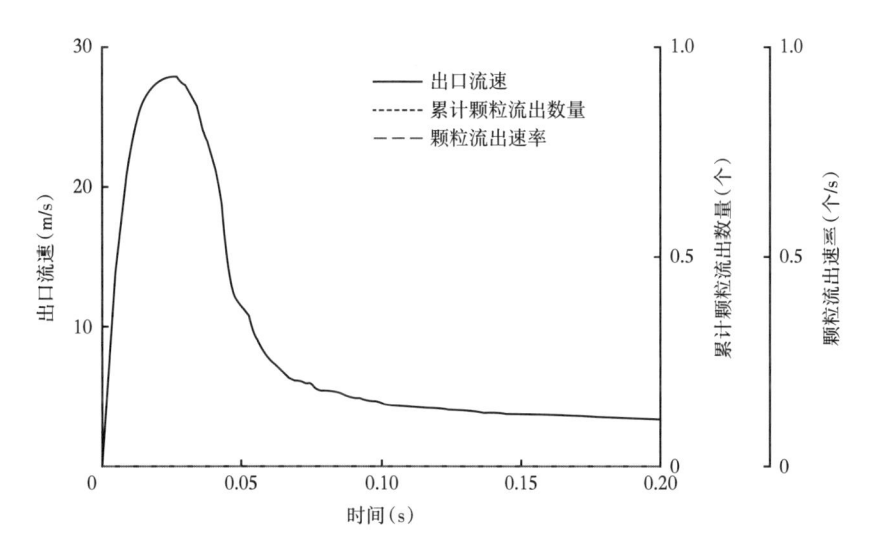

图 5-49　球形颗粒运移、架桥过程的特征曲线（$L/w_A=0.63$，$C_p=10\%$）

2）块状颗粒

（1）单颗粒运移过程。

利用建立的 CFD-DEM 耦合仿真模型，分析单个不规则块体颗粒的耦合受力和运移特点。块状颗粒长、宽、高三边尺寸与裂缝入口宽度比值分别为：$L/w_A = 0.63$、$I/w_A = 0.56$、$S/w_A = 0.40$，在不同时刻的运移状态如图 5-50 和图 5-51 所示。

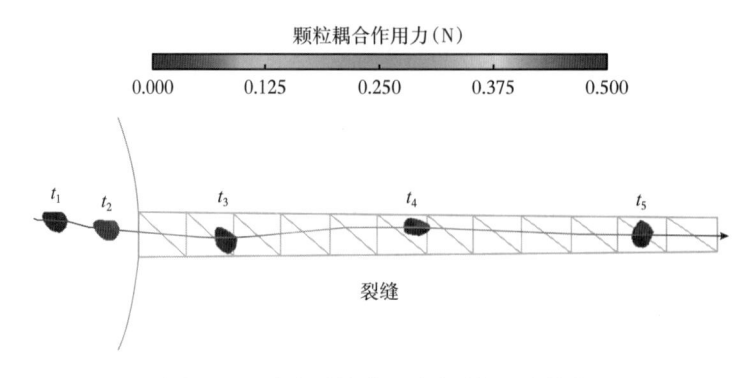

图 5-50 单个颗粒进入裂缝时的运移特点

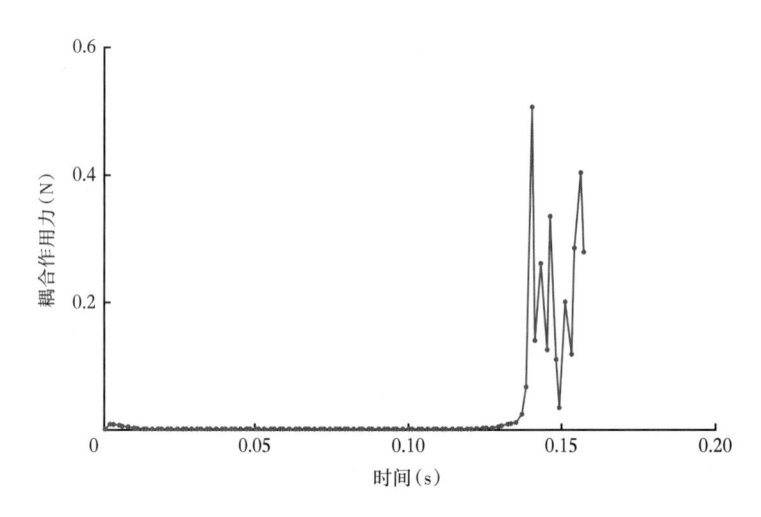

图 5-51 单个颗粒进入裂缝时耦合作用力的变化情况

由图 5-50 和图 5-51 可知，单个块状颗粒在压差及流体曳力作用下，向裂缝入口附近运移。到达裂缝入口后，颗粒与井壁、裂缝壁面碰撞，这一过程既有平移运动也有旋转运动。如果裂缝入口宽度大于颗粒最大边长，颗粒可以顺利进入裂缝；颗粒进入裂缝后，其运移受到裂缝壁面的限制，旋转的角度也会随着裂缝宽度的变化而变化。

（2）多颗粒运移—架桥过程。

设定块状颗粒长、宽、高三边尺寸与裂缝入口宽度的比值分别为：$L/w_A = 0.63$、$I/w_A = 0.56$、$S/w_A = 0.40$，颗粒体系体积分数为 10%。与球形颗粒相比，块状颗粒运移和架桥过程更为复杂。块状颗粒运移和架桥过程的流压、颗粒耦合作用力云图如图 5-52 所示，该过程的特征指标变化曲线如图 5-53 所示。

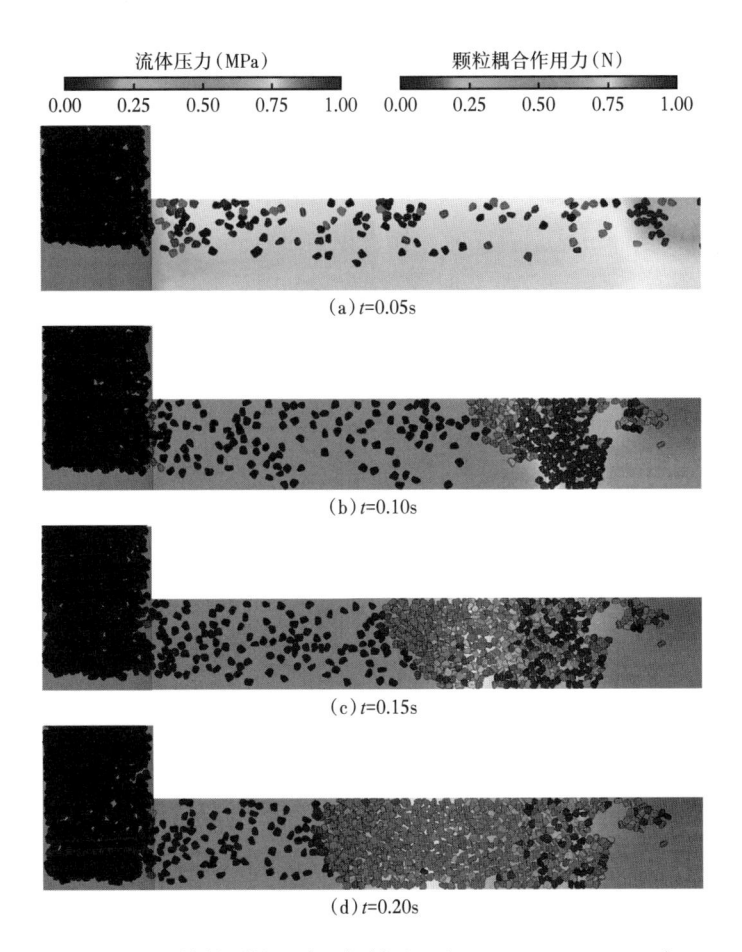

图 5-52 块状颗粒运移、架桥过程（L/w_A=0.63，C_p=10%）

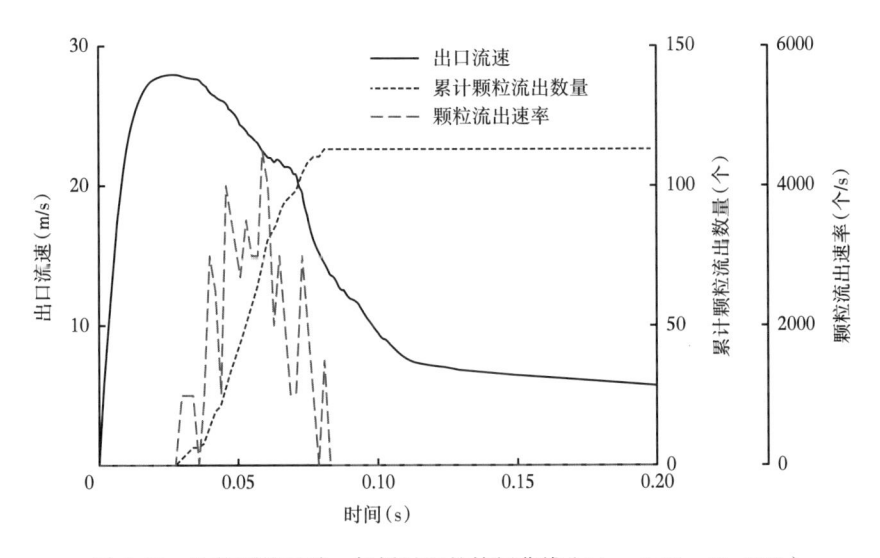

图 5-53 块状颗粒运移、架桥过程的特征曲线（L/w_A=0.63，C_p=10%）

由图 5-52 和图 5-53 可见，块状颗粒整体运动碰撞概率更大。0.028~0.06s 期间，部分颗粒在裂缝内形成多段架桥。但由于颗粒短边尺寸较小，部分颗粒无法在裂缝中停留，颗粒累计流出数量和颗粒流出速率逐渐增大。此时架桥颗粒受到的作用力很大，裂缝出口流速急剧下降。0.06~0.07s 期间，颗粒不断向架桥处运移，在初始架桥位置后堆积，颗粒流出速率逐渐减小，裂缝出口流速变化很小。0.07~0.08s 期间，裂缝内的流动通道进一步变窄，最终整个流动截面被堵塞。颗粒累计流出数量达到峰值，颗粒流出速率逐渐减小到 0，裂缝出口流速骤减。0.08~0.2s 期间，颗粒在裂缝内持续堆积，堵塞区域不断扩展。封堵层承受的压力分散到架桥颗粒中形成强力链，裂缝出口流速下降趋势减缓。

3）扁平状颗粒

（1）单颗粒运移过程。

利用建立的 CFD-DEM 耦合仿真模型，分析单个扁平状颗粒的耦合受力和运移特点。设定扁平状颗粒长、宽、高三边尺寸与裂缝入口宽度的比值分别为：$L/w_A = 0.63$、$I/w_A = 0.59$、$S/w_A = 0.24$，不同时刻的运移状态如图 5-54 和图 5-55 所示。

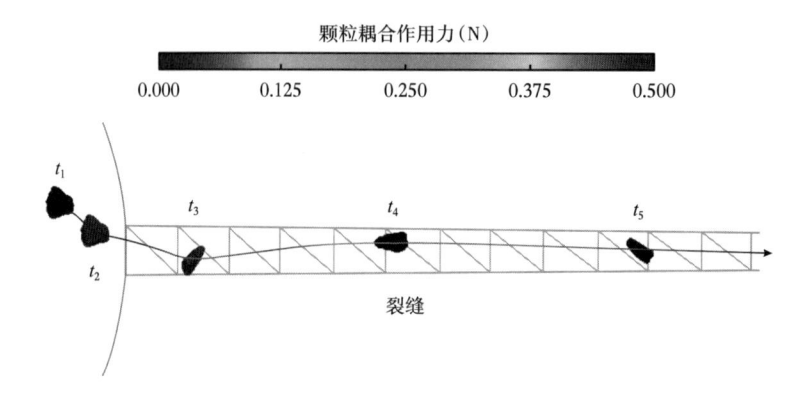

图 5-54　单个颗粒进入裂缝时的运移特点

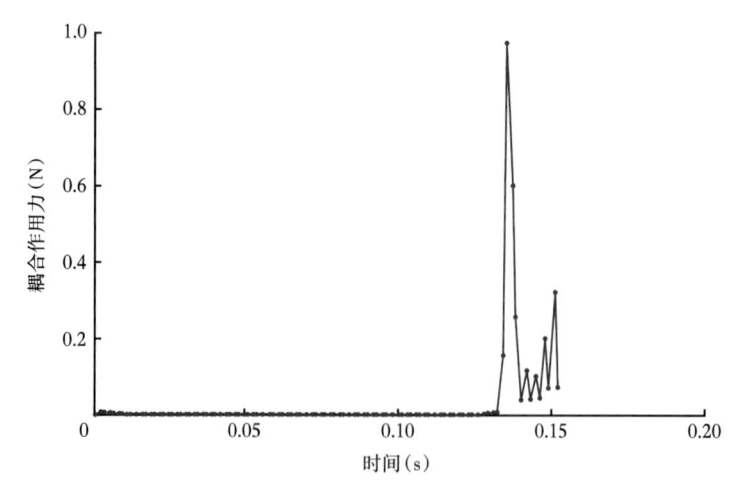

图 5-55　单个颗粒受耦合作用力的变化情况

第五章 天然裂缝性漏失钻井液堵漏机制与方法

由图 5-54 和图 5-55 可知，扁平状颗粒在流体耦合作用力作用下，在流体内部运移、旋转。到达裂缝入口后，由于流体域的突变，颗粒受到的耦合力增大，颗粒旋转趋势加剧。进入裂缝后，更倾向于以短边垂直于流线方向的形式运移。但颗粒运移受到裂缝壁面的限制，旋转角度也会随着裂缝宽度的变化而变化。

（2）多颗粒运移—架桥过程。

设定扁平状颗粒长、宽、高三边尺寸与裂缝入口宽度的比值分别为：$L/w_A = 0.63$、$I/w_A = 0.59$、$S/w_A = 0.24$，颗粒体系浓度为 10%。扁平状颗粒架桥速度明显慢于球形颗粒，运移和架桥过程的流压、颗粒耦合作用力云图如图 5-56 所示，该过程的特征指标变化曲线如图 5-57 所示。

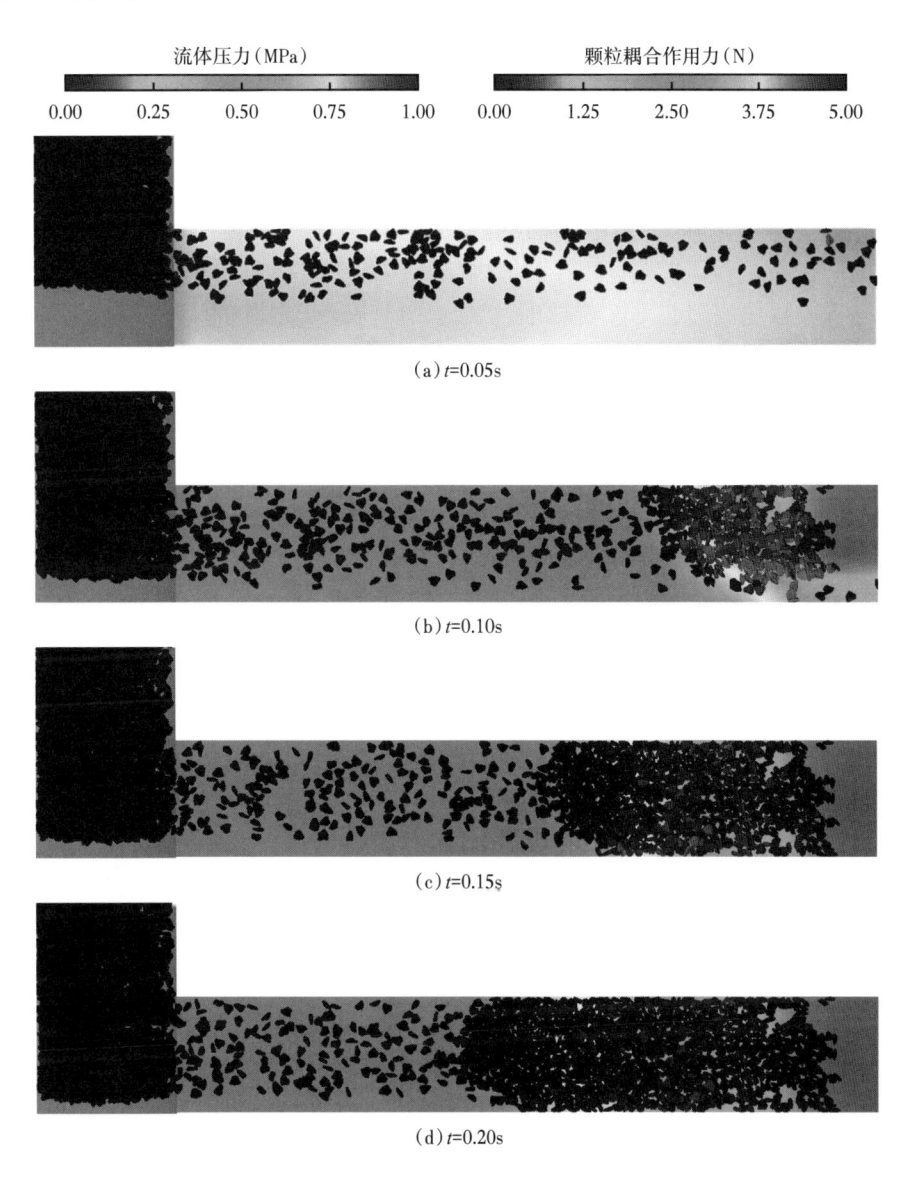

(a) $t=0.05$s

(b) $t=0.10$s

(c) $t=0.15$s

(d) $t=0.20$s

图 5-56 扁平状颗粒运移、架桥过程（$L/w_A=0.63$，$C_p=10\%$）

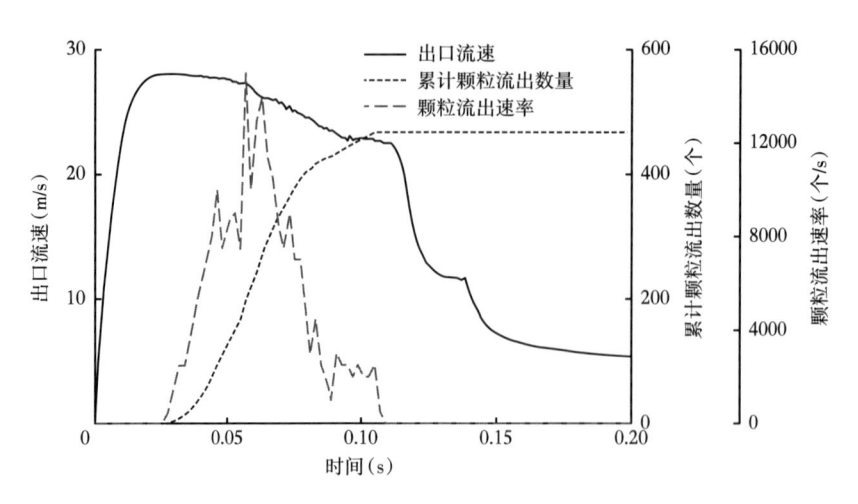

图 5-57　扁平状颗粒运移、架桥过程的特征曲线（$L/w_A=0.63$，$C_p=10\%$）

由图 5-56 和图 5-57 可知，扁平颗粒在裂缝入口处不断碰撞。由于扁平状颗粒短边尺寸更小，颗粒不断从裂缝出口流出，颗粒累计流出数量和颗粒流出速率持续增大。0.06~0.1s 期间，颗粒利用长或宽边在裂缝内架桥。后续颗粒不断向架桥处运移，在初始架桥位置后堆积，颗粒流出速率逐渐减小，裂缝出口流速变化很小。0.1~0.2s 期间，颗粒在裂缝中经历形成—破坏的动态变化。随着裂缝整个流动截面被堵塞，堵塞区域在后续颗粒的堆积下不断扩展。

4）棍状颗粒

（1）单颗粒运移过程。

利用建立的 CFD-DEM 耦合仿真模型，分析了单个棍状颗粒的耦合受力和运移特点。设定棍状颗粒长、宽、高尺寸与裂缝入口宽度的比值分别为：$L/w_A = 0.63$、$I/w_A = 0.34$、$S/w_A = 0.32$，不同时刻的颗粒运移状态如图 5-58 和图 5-59 所示。

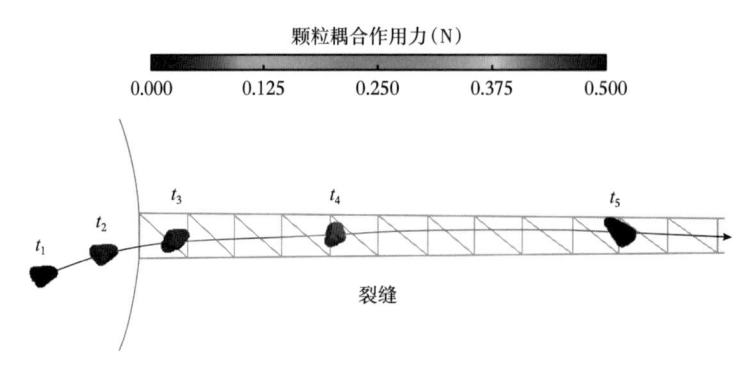

图 5-58　单个棍状颗粒的运移特点

由图 5-58 和图 5-59 可知，棍状颗粒在裂缝内运移时同样存在平移和旋转两个运动状态，并且伴随有与裂缝壁面的碰撞发生。在裂缝入口附近，颗粒受到的耦合作用力变化很大，对颗粒运移姿态存在较大影响。沿裂缝内部通道运移时，受流动通道形态变化，棍状颗粒与裂缝壁面不断碰撞。表现为颗粒受到的耦合作用力波动，颗粒运移姿态改变，颗粒长边顺着裂缝延伸方向。

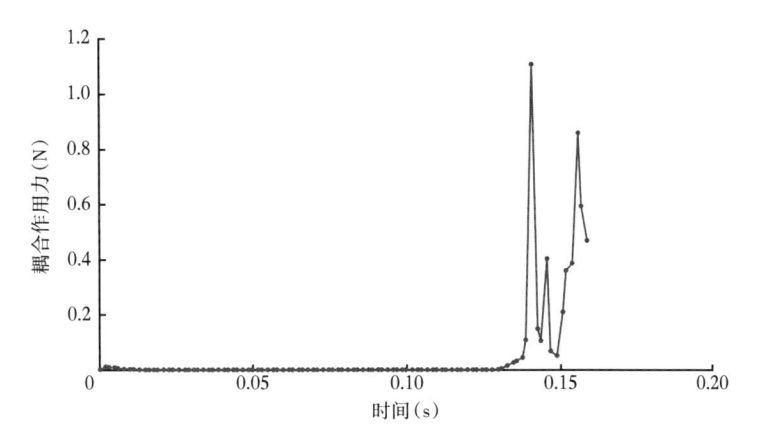

图 5-59 单个棍状颗粒耦合作用力的变化情况

（2）多颗粒运移—架桥过程。

棍状颗粒长、宽、高三边尺寸与裂缝入口宽度的比值分别为：$L/w_A = 0.63$、$I/w_A = 0.34$、$S/w_A = 0.32$，颗粒体系浓度为 10%。棍状颗粒在裂缝内很难形成大面积架桥，其运移和架桥过程的云图如图 5-60 所示，该过程的特征指标变化曲线如图 5-61 所示。

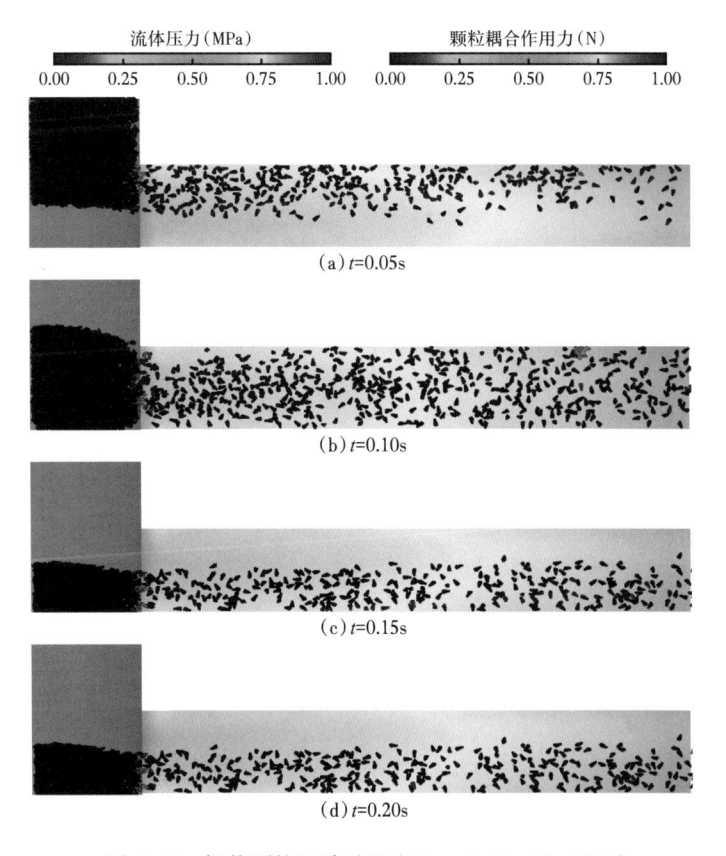

图 5-60 棍状颗粒运移过程（$L/w_A=0.63$，$C_p=10\%$）

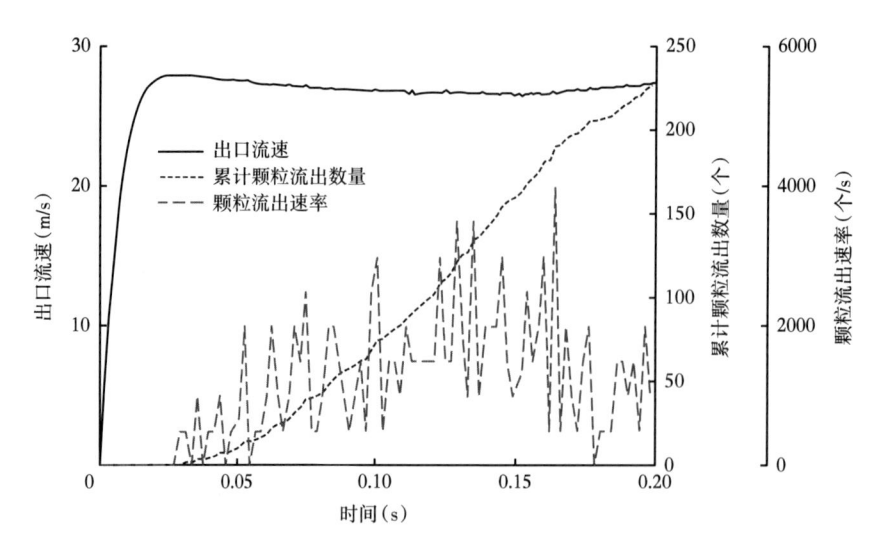

图 5-61　棍状颗粒运移过程的特征曲线（L/w_A=0.63，C_p=10%）

由图 5-60 和图 5-61 可知，颗粒在进入裂缝时受流动通道变化而发生碰撞，进入裂缝后碰撞减弱。此外，不同时刻该尺寸棍状颗粒在裂缝内难以形成架桥，只有极少数颗粒在裂缝尾部形成架桥。整个过程中，颗粒累计流出数量不断增大，颗粒流出速率持续增大直至井筒内颗粒无法补充，裂缝出口流速在流动稳定后基本保持不变，表明棍状颗粒不易在裂缝内架桥。

5）片状颗粒

（1）单颗粒运移过程。

利用建立的 CFD-DEM 耦合仿真模型，研究了单个薄片颗粒耦合受力和运移特点。设定薄片状颗粒长、宽、高三边尺寸与裂缝入口宽度的比值分别为：L/w_A = 0.63、I/w_A = 0.40、S/w_A = 0.14，不同时刻的运移状态如图 5-62 和图 5-63 所示。

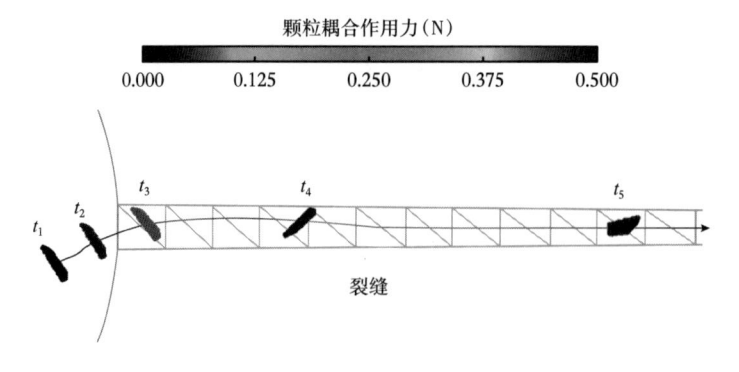

图 5-62　单个颗粒进入裂缝时的运移特点

由图 5-62 和图 5-63 可知，在裂缝入口外，薄片状颗粒长边接近垂直于裂缝入口的姿态。当裂缝开度大于颗粒最长边时，薄片状颗粒可顺利进入裂缝。进入裂缝后，颗粒以短轴垂直于流线的方式运动，即片状颗粒长边顺着裂缝延伸方向运移。

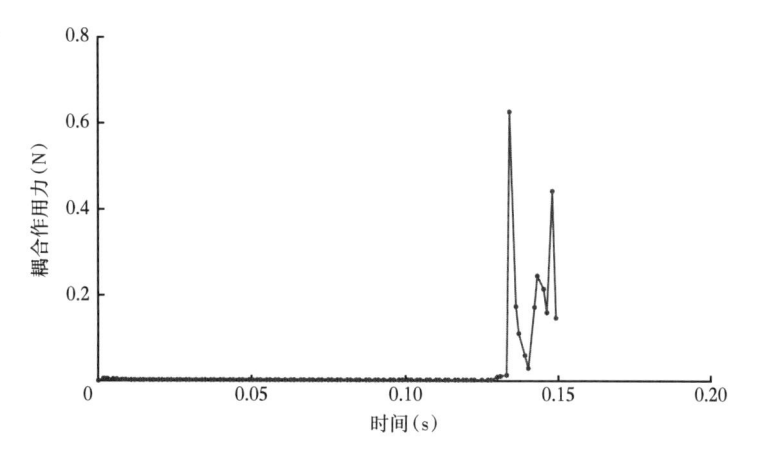

图 5-63　单个颗粒进入裂缝时耦合作用力的变化情况

（2）多颗粒运移—架桥过程。

片状颗粒长、宽、高三边尺寸与裂缝入口宽度的比值分别为：$L/w_A = 0.63$、$l/w_A = 0.40$、$S/w_A = 0.14$，颗粒体系浓度为 10%。薄片状颗粒的运移和架桥过程的流体压力、颗粒耦合作用力云图如图 5-64 所示，该过程的特征指标变化曲线如图 5-65 所示。

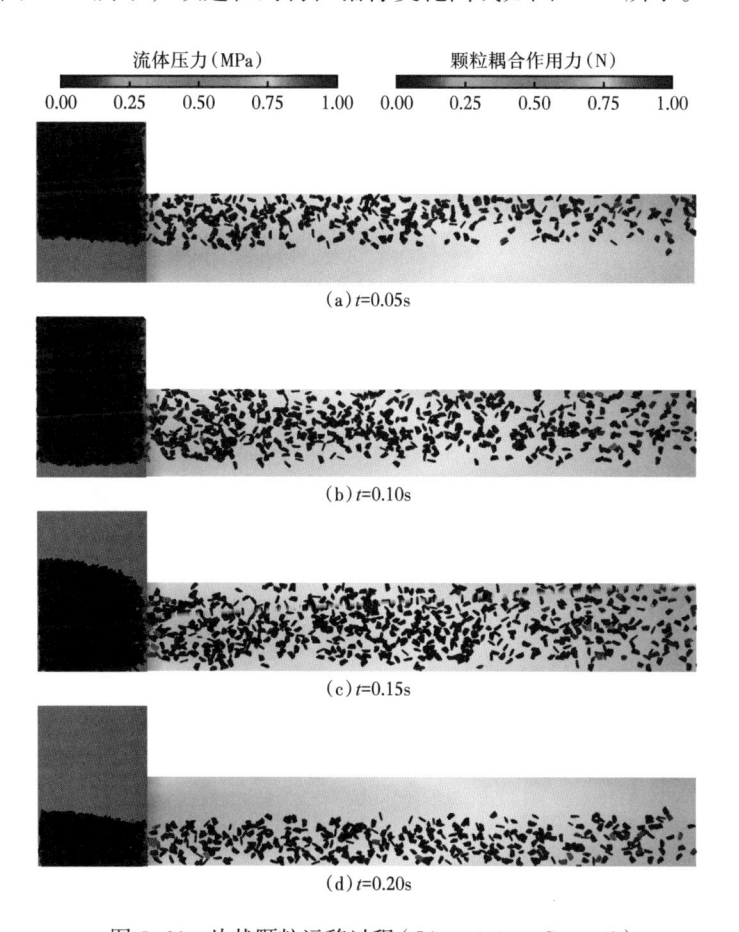

(a) $t=0.05$s

(b) $t=0.10$s

(c) $t=0.15$s

(d) $t=0.20$s

图 5-64　片状颗粒运移过程（$L/w_A=0.63$，$C_p=10\%$）

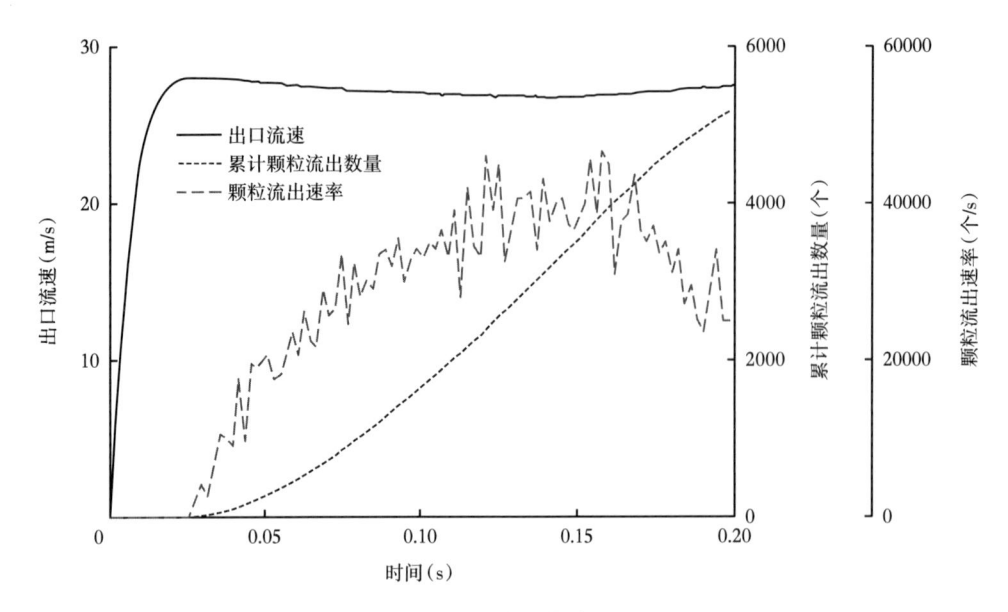

图 5-65　片状颗粒运移过程的特征曲线（L/w_A=0.63，C_p=10%）

由图 5-64 和图 5-65 可知，颗粒在裂缝入口处不断发生碰撞。颗粒进入裂缝后，颗粒主要以长轴平行于裂缝延伸方向运移。正是由于这种运移姿态，整个过程中，颗粒没有在裂缝内架桥，裂缝出口流速基本保持不变，颗粒累计流出数量逐渐增多，表明片状颗粒不易在裂缝内架桥。

综上所述，堵漏颗粒的形状决定了在特定宽度裂缝中架桥的难易程度。颗粒进入裂缝后会发生旋转，并与裂缝壁面发生碰撞，使得其运移姿态改变。由于受到裂缝壁面的限制，不同形状颗粒进入裂缝后，都具有趋向于长轴平行于流线的运移姿态，在片状、扁平状和棍状颗粒的运移过程中更为明显。因此，虽然非球形颗粒的旋转可以提高裂缝中的架桥能力，但颗粒三轴直径的差异将直接影响裂缝内架桥行为。

2. 颗粒粒度对架桥行为的影响

堵漏配方通常是由颗粒状、片状和纤维状材料按照一定比例组成的具有一定粒度分布的混合物。为了讨论堵漏材料颗粒形状和粒径对架桥行为的影响，通过缩放基础颗粒模型尺寸，模拟不同粒度的堵漏颗粒。

为便于表述，采用"粒缝比 R"表征颗粒粒度与裂缝开度的相对大小，即堵漏颗粒等效粒度与裂缝开度之比：

$$R = d_p / w_A \tag{5-41}$$

式中　w_A——裂缝开度，mm。

堵漏颗粒进入裂缝是在裂缝内形成架桥的首要条件。通过对体积浓度为 10% 的 1.6~8mm 粒径范围内的颗粒进行模拟，研究不同形状颗粒的粒度对架桥行为的影响。其中，颗粒粒径与裂缝开口宽度之比为 0.2~1.0，颗粒粒径与裂缝出口宽度之比为 0.4~2.0。图 5-66 显示了不同粒缝比下不同形状堵漏材料颗粒的架桥行为。

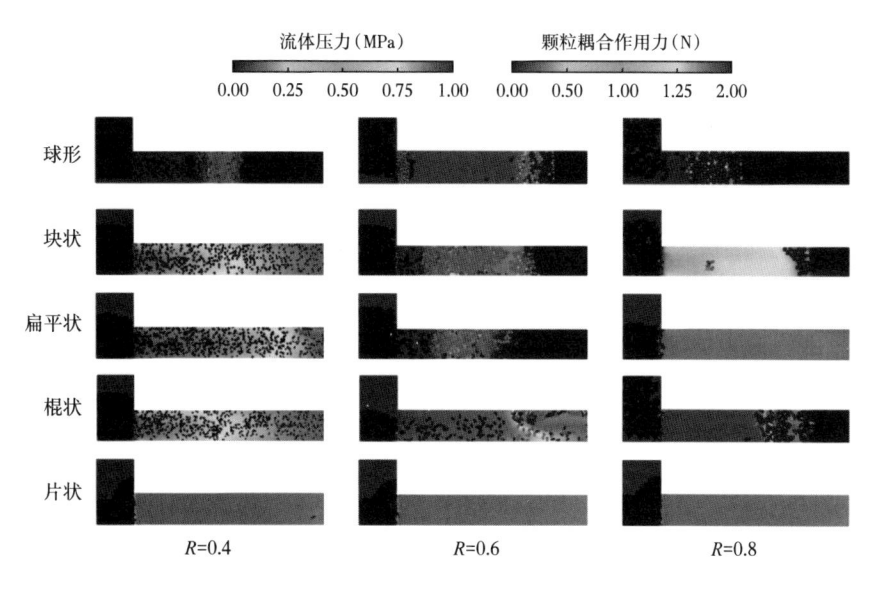

图 5-66 不同粒缝比下堵漏颗粒典型架桥行为

由图 5-66 可知，架桥类型按架桥位置可分为："缝内架桥""缝内架桥和缝外堵塞"及"缝外堵塞"。可以发现，随着粒缝比增大，球形颗粒架桥位置出现"浅—深—浅"的交替变化，当粒缝比为 0.6 时，裂缝尾部和裂缝开口处均存在颗粒架桥，球形颗粒存在"单粒架桥"和"双粒架桥"两种架桥模式；随着粒缝比从 0.4 增大到 0.8，因各向尺寸差异大，块状和扁平状颗粒在裂缝内出现"无法架桥—裂缝内多区域架桥—裂缝入口处堵塞"的变化；随着粒缝比增大，棍状颗粒在裂缝内出现"无法架桥—裂缝内部分架桥—裂缝内架桥"的变化；片状颗粒通常具有一致的厚度，粒度变化仅由二维尺度变化引起，片状颗粒在裂缝中难以形成有效架桥，易于在裂缝入口外形成堵塞。图 5-67 显示了裂缝中架桥颗粒体积占比与粒缝比的关系。

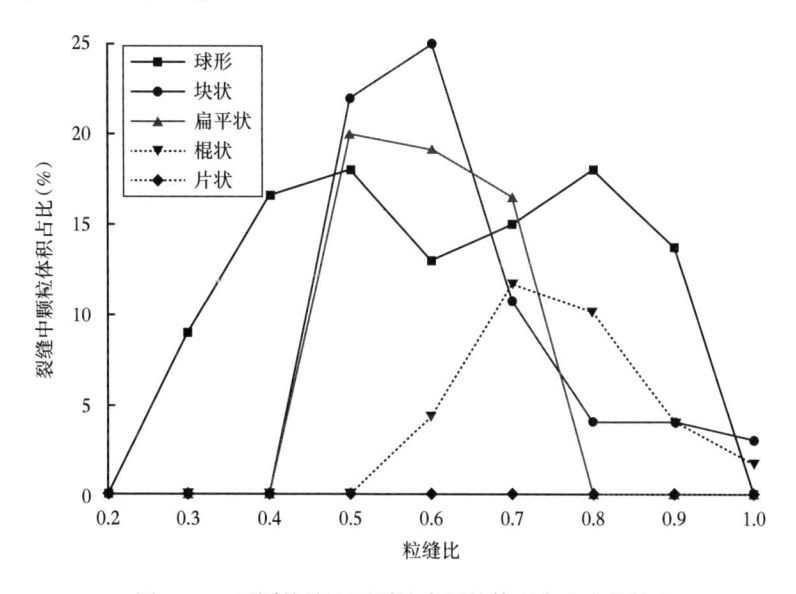

图 5-67 不同粒缝比下裂缝中颗粒体积占比变化情况

由图 5-67 可知，整体来看，当粒缝比满足 $0.5 \leq R \leq 0.7$ 时，不同形状堵漏颗粒可有效进入裂缝，并有利于在近井筒附近形成一段稳定的架桥区域。

为了进一步分析堵漏颗粒可有效进入裂缝的粒度条件，在各粒缝比区间内开展相同数量的 CFD-DEM 模拟，并综合统计不同形状颗粒各粒缝比区间堵漏颗粒进入裂缝的情况，结果如图 5-68 所示。

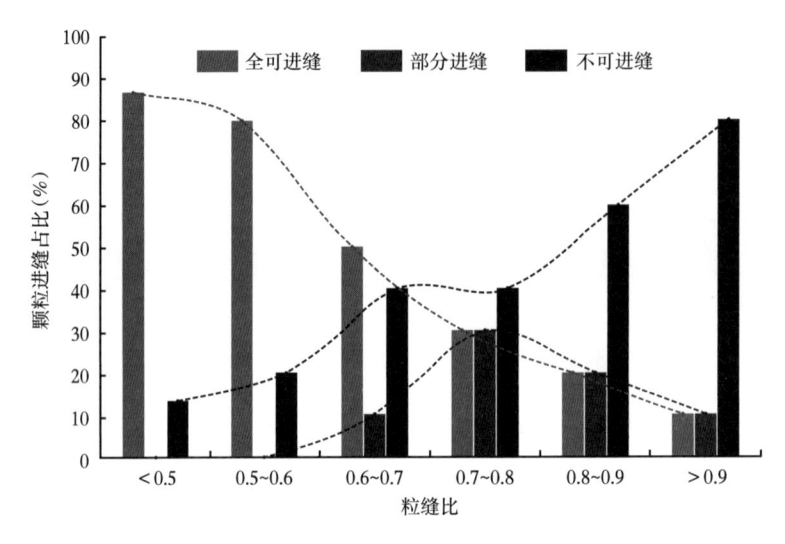

图 5-68　颗粒进缝占比与粒缝比的关系

由图 5-68 可见，不同粒缝比条件下，堵漏颗粒均存在不同程度"不可进缝"和"全可进缝"的情况。随 R 增大，堵漏颗粒"不可进缝"频率增大，而"全可进缝"的频率降低，"部分进缝"频率先增加后降低。当 R 小于 0.5 时，扁平颗粒仅有少量不可进入裂缝，球形颗粒可在井筒附近架桥，其余颗粒均运移出裂缝计算域，表明颗粒将会侵入较大深度；当 R 大于 0.8 时，颗粒"不可进缝"频率显著增大，而颗粒"全可进缝"的频率明显减小；当 R 在 0.5~0.8 之间时，堵漏颗粒"全可进缝"出现频率较高，但当 R 在 0.7~0.8 之间时，颗粒"不可进缝""部分进缝"与"全可进缝"频率基本相当。因此，为了减少堵漏颗粒对裂缝的"封门效应"，堵漏颗粒粒缝比 R 应在 0.5~0.7 之间。此时，堵漏颗粒可有效进入裂缝，且在井周裂缝内架桥的可能性最高。

由上述分析可知，堵漏颗粒"可进缝粒缝比"与颗粒形状密切相关。采用形状因子 SF 描述堵漏颗粒形状差异，得到裂缝漏失桥接堵漏颗粒"可进缝粒缝比"与堵漏颗粒形状因子的关系，如图 5-69 所示。

由图 5-69 可知，"可进缝粒缝比"随颗粒形状因子增大而增大。当颗粒形状因子在 0.4~0.7 之间时，"可进缝粒缝比"均为 0.7 左右，且增幅较小；中等形状因子条件下，堵漏颗粒存在"部分可进缝"的中间过渡区域。表明颗粒三轴径长度越接近，裂缝允许颗粒进入的等效粒度越大；反之，颗粒越扁平，裂缝允许颗粒进入的等效粒度越小。换言之，相同条件下，颗粒各向尺寸越均齐，越易进入裂缝；颗粒越扁平，越易对裂缝"封门"。因此，应考虑堵漏颗粒外形的不规则特性，合理设计架桥颗粒粒径，以避免"封门"现象。

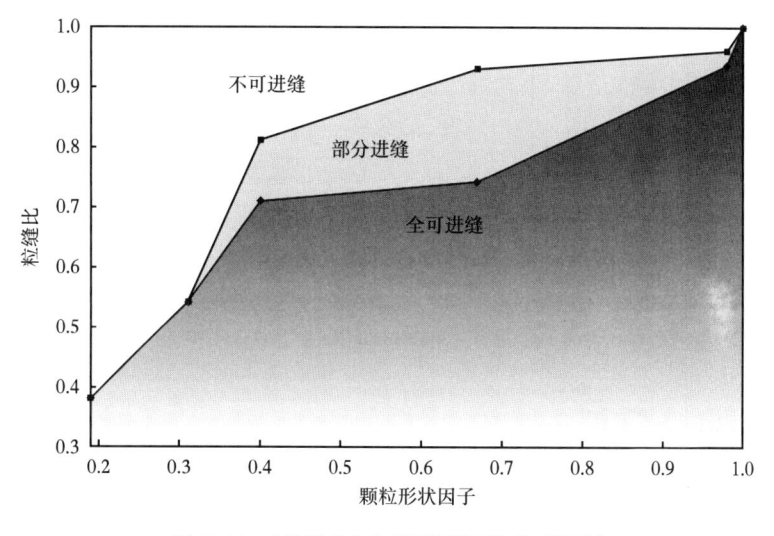

图 5-69 "粒缝比"与形状因子的关系图版

3. 颗粒含量对架桥行为的影响

在自然界和工业过程中,颗粒流体系统经常出现桥接堵漏现象。当密集的颗粒流体通过流动通道时,固体颗粒有时会在通道处架桥甚至形成封堵[63,84]。研究表明,从驱动力的角度来看,颗粒堵塞方式包括重力驱动桥接堵漏和流体驱动桥接堵漏。与重力驱动桥接堵漏相比,流压驱动桥接堵漏受更多因素的影响,如初始颗粒浓度和流体速度等。在流体驱动桥接堵漏中,初始颗粒浓度是非常重要的因素。因为流体驱动的初始颗粒浓度可以在很大的范围内变化,会对颗粒在流体中的运动、颗粒之间的相互作用和桥接堵漏行为产生明显影响[85-86]。

基于以上分析,对粒缝比约为 0.5 的颗粒系统进行数值模拟,研究颗粒含量对架桥行为的影响,颗粒含量范围为 4%~16%。图 5-70 显示了不同浓度下不同形状堵漏颗粒的典型架桥行为,图 5-71 显示了不同浓度下裂缝中颗粒体积占比变化情况。

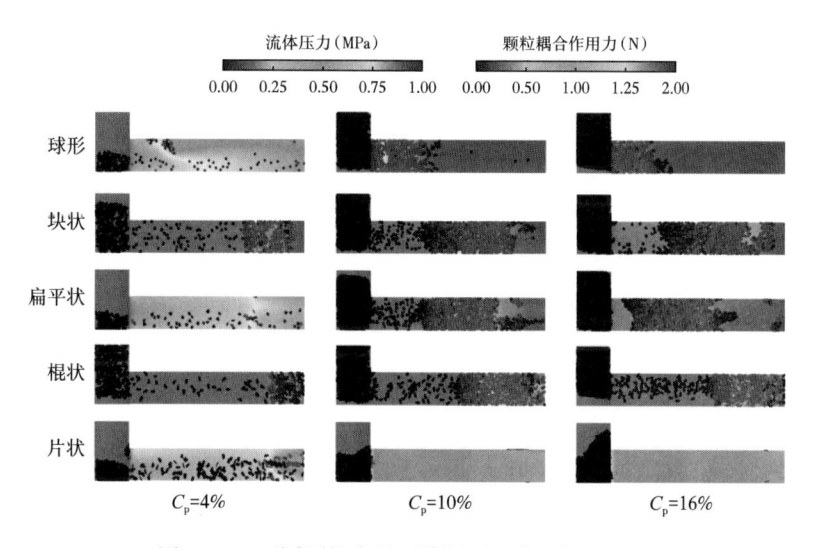

图 5-70 不同颗粒含量下堵漏颗粒典型架桥行为

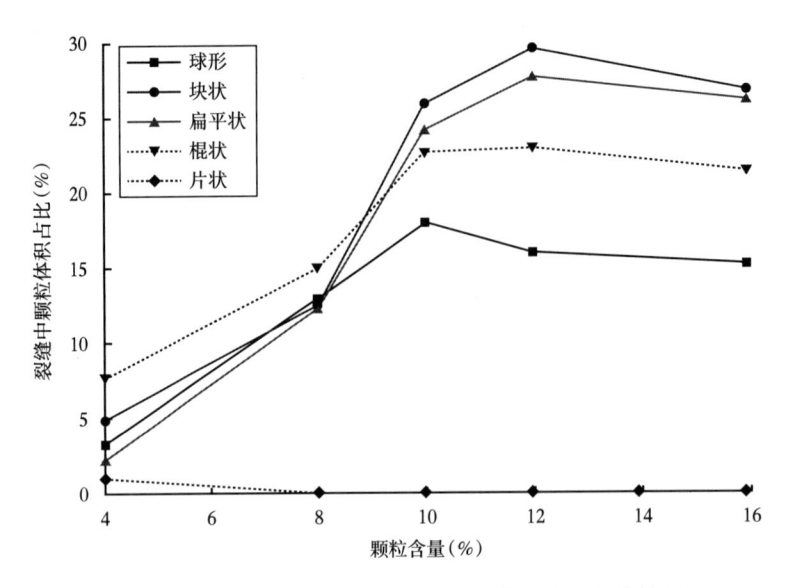

图 5-71　不同颗粒含量下裂缝中颗粒体积占比变化情况

  由图 5-70 可见，随着颗粒含量的增加，颗粒在裂缝内的架桥行为也会发生变化。需要注意的是，由于片状颗粒具有较大的扁平比，改变其浓度仍然无法在裂缝内形成有效的架桥区域。当颗粒浓度较低时，裂缝内颗粒主要是以较为分散的形式存在，颗粒可以有效进入裂缝，但是无法形成有效的架桥结构；随着颗粒含量逐渐增加，颗粒在裂缝外的碰撞加剧，并形成较为紧密的接触。颗粒之间以及颗粒与壁面之间存在复杂的相互作用，从而形成更加稳定的架桥结构，表明片状颗粒材料含量对架桥效果的影响最为明显。

  由图 5-71 可见，当颗粒含量达到 10% 时，颗粒之间的相互作用会达到一种平衡状态。此时，颗粒之间形成的架桥结构达到最佳状态，对裂缝内流体压力和介质的传递起到最佳的阻隔和封堵作用。但颗粒含量过高也可能导致颗粒间过度交错和堆积，使得颗粒在裂缝入口外堆积，影响后续堵漏材料有效进入。在实际应用中，需要根据堵漏具体需求和裂缝特性，综合考虑颗粒加量和其他因素，以选择最佳堵漏颗粒含加量，并非加量越大越好。

4. 裂缝开度对架桥行为的影响

  流动通道尺寸被认为是影响桥接堵漏的重要参数之一[63, 84-86]。已有研究分析了料斗、管道和微通道的入口尺寸对桥接堵漏的影响。在这种情况下，流动通道出口尺寸被看作是关键参数。这个概念可以通过交通流量来类比理解。与交通拥堵类似，堵漏颗粒的堵塞程度不仅取决于通道入口尺寸，还取决于通道出口尺寸。

  然而，在裂缝性地层漏失控制问题中，裂缝出口尺寸并不是一个便于获取的数值。通常为了减少钻井液漏失量，堵漏颗粒应该在井周裂缝内快速形成桥接堵漏[35, 87-88]。因此，保持裂缝入口宽度和出口宽度比值恒定，对粒缝比约为 0.5 的颗粒进行模拟，研究裂缝开度对颗粒架桥行为的影响，其中裂缝入口宽度范围为 4~8 mm。裂缝开度对颗粒架桥行为的影响，如图 5-72 所示。

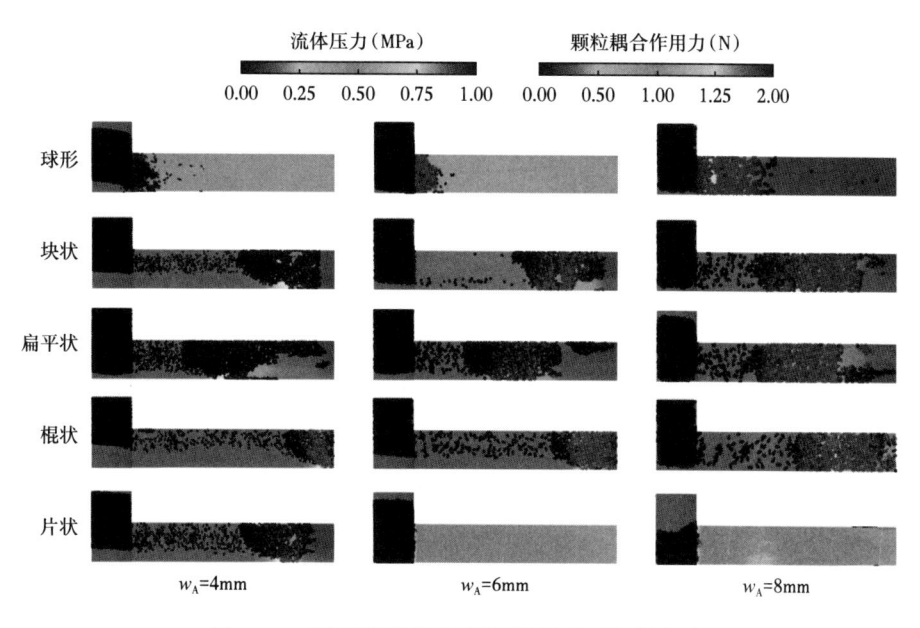

流体压力（MPa）　　颗粒耦合作用力（N）

图 5-72　不同裂缝开度下堵漏颗粒典型架桥行为

图 5-72 显示了不同裂缝开度下不同形状堵漏颗粒的典型架桥行为。可以看到，裂缝开度变化对球形、块状、扁平状和棍状颗粒架桥行为的影响较小，而对片状颗粒架桥行为影响尤为显著。当裂缝开度较小时，片状颗粒尚能在裂缝内形成一段稳定的架桥区域；但当裂缝开度大于 4mm 时，片状颗粒几乎无法架桥。这是由于片状颗粒几何形状的特殊性，小尺寸片状颗粒的三轴径差值越小，形状因子 SF 值越大，"可进缝粒缝比"越大，片状颗粒架桥概率随之增大（图 5-73）。由此推测，对于开度较大的裂缝，为提高颗粒状堵漏颗粒的架桥能力，同时降低"封门"风险，不宜采用大尺寸片状颗粒作为主要桥接颗粒。

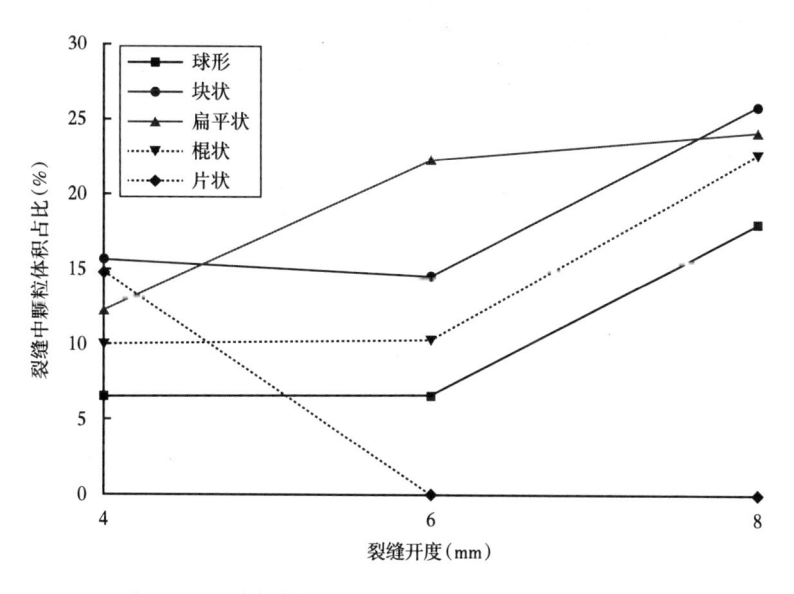

图 5-73　不同裂缝开度下裂缝中颗粒体积占比变化情况

从图 5-73 中可知，当裂缝开度增大到 8mm 时，球形、块状、扁平状和棍状颗粒裂缝中颗粒体积显著增大。需要注意的是，由于裂缝长度没有改变，裂缝开度增大时裂缝内流动通道尺寸变化梯度变大，颗粒与裂缝面的接触角会发生变化。表明裂缝内漏失通道尺寸变化梯度增大时，颗粒架桥能力可能会出现一定程度的增大。

5. 颗粒架桥模式

颗粒在裂缝内的架桥模式与颗粒形状及粒度有关。从细观尺度上，分析了球形、粒状及片状颗粒微观尺度架桥模式。球形颗粒在裂缝内的架桥模式与其粒径有关，球形颗粒典型架桥模式模拟结果，如图 5-74 所示。

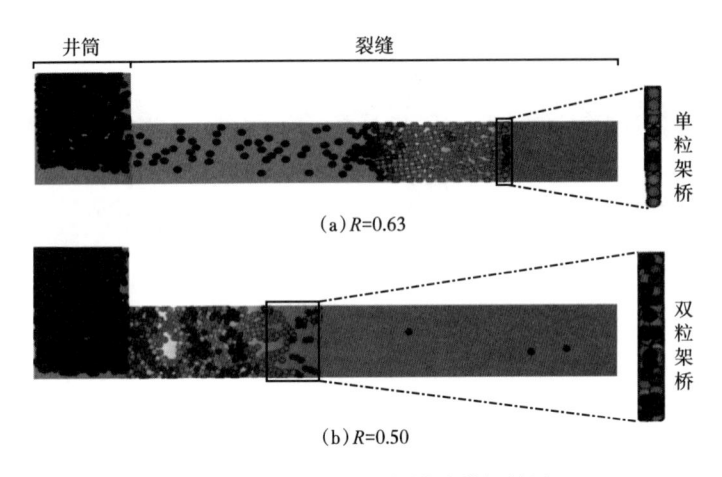

(a) $R=0.63$

(b) $R=0.50$

图 5-74 球形颗粒架桥模式模拟结果

由图 5-74 可见，当粒缝比 R 在 0.5~1 之间时，球形颗粒在裂缝内"单粒架桥"，形成单层颗粒铺置的桥架结构；当粒缝比 R 小于 0.5 时，球形颗粒可在裂缝内"双粒架桥"，形成双层颗粒铺置的桥架结构，架桥深度比单粒架桥深度更小。

球形颗粒的"单粒""双粒"架桥模式，如图 5-75 所示。双粒架桥的稳定特性与颗粒浓度、颗粒—壁面之间摩擦系数有关，在流体和颗粒冲击下会经历变形—破坏—形成的循环。

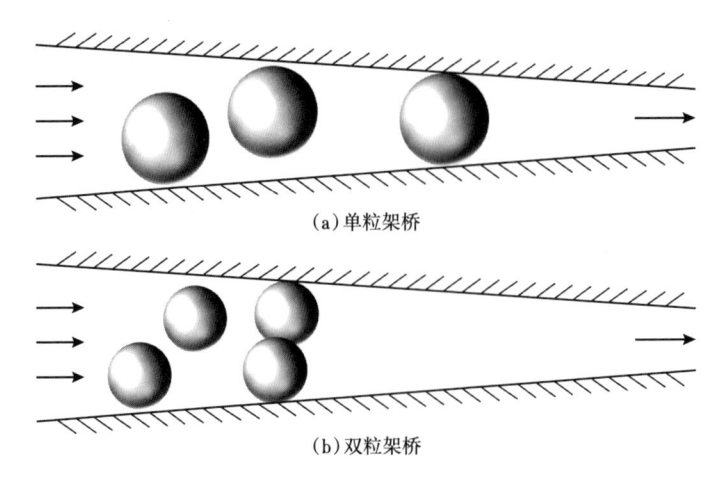

(a) 单粒架桥

(b) 双粒架桥

图 5-75 球形颗粒架桥模式示意图

由于块状、扁平状、棍状和片状颗粒的形状具有各向异性特性，在裂缝内运移时更倾向于以短轴垂直于流线方向的姿态运移，架桥位置和模式与其各向尺寸差异有关。粒状堵漏颗粒典型架桥模式的模拟结果如图 5-76 所示。

(a) 块状颗粒，$L/w_A=0.63$，$R=0.52$

(b) 扁平状颗粒，$L/w_A=0.63$，$R=0.45$

(c) 棍状颗粒，$L/w_A=1.00$，$R=0.65$

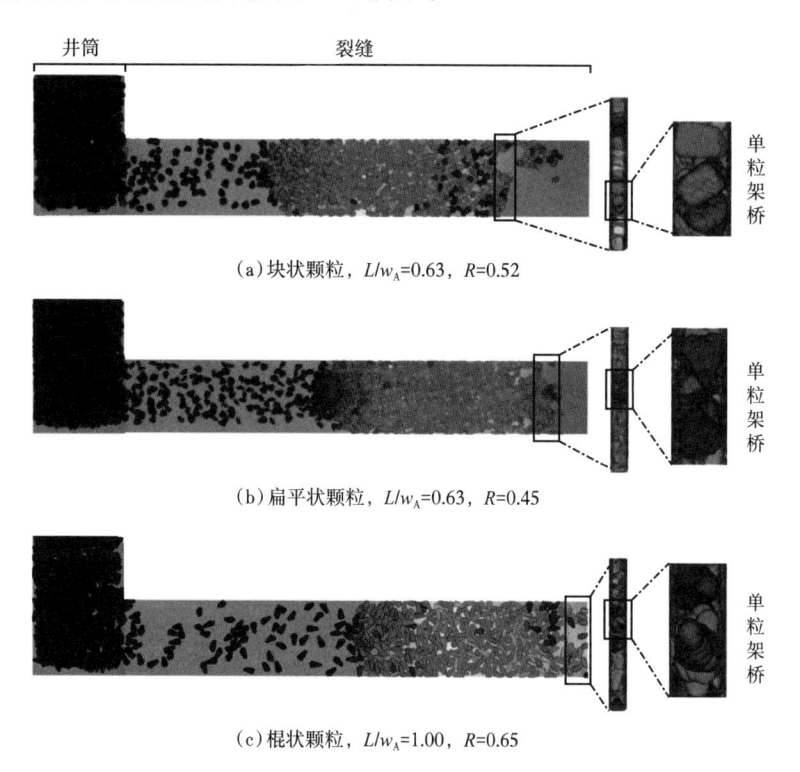

图 5-76　粒状颗粒架桥模式模拟结果

由图 5-76 可见，虽然块状、扁平状和棍状颗粒架桥位置、架桥能力不尽相同，但各形状粒状颗粒在裂缝中的主要架桥模式均为"单粒架桥"。当粒缝比 R 小于 0.5 时，并未出现类似球形颗粒的"双粒架桥"模式。粒状颗粒"单粒架桥"模式，如图 5-77 所示。

粒状颗粒的"单粒架桥"模式主要受其各向尺寸与裂缝内部宽度的匹配性控制。当粒状颗粒长轴长度小于裂缝开度时，在流体压差作用下，颗粒可有效进入裂缝，运移至缝内狭窄处。当颗粒某向尺寸与裂缝宽度相近，颗粒与裂缝壁面接触、碰撞后动能耗散，颗粒停止运移，则可形成稳定的单粒架桥。

片状颗粒的架桥模式与球形、粒状颗粒存在较大的差异，其在裂缝内的典型架桥模式模拟结果，如图 5-78 所示。

由图 5-78 可见，片状颗粒在 4mm 裂缝中可通过翻转、碰撞形成"单粒架桥"和"双粒架桥"；在 8mm 裂缝中，片状颗粒仅可辅助粒状颗粒架桥。这主要是因为片状颗粒扁平比较大，在裂缝内更倾向于以平行于裂缝壁面的姿态运移。在较小宽度裂缝内，片状颗粒等效粒度较小，片状颗粒形状更加接近粒状，因而可形成"单粒架桥"和"双粒架桥"。然而，在较大宽度裂缝内，尽管流体扰动会使片状颗粒发生翻转，但由于片状颗粒的厚度一般不发生大的变化，依靠其自身难以在较宽裂缝内架桥，仅可以辅助其他粒状颗粒架桥。

(a) 块状颗粒

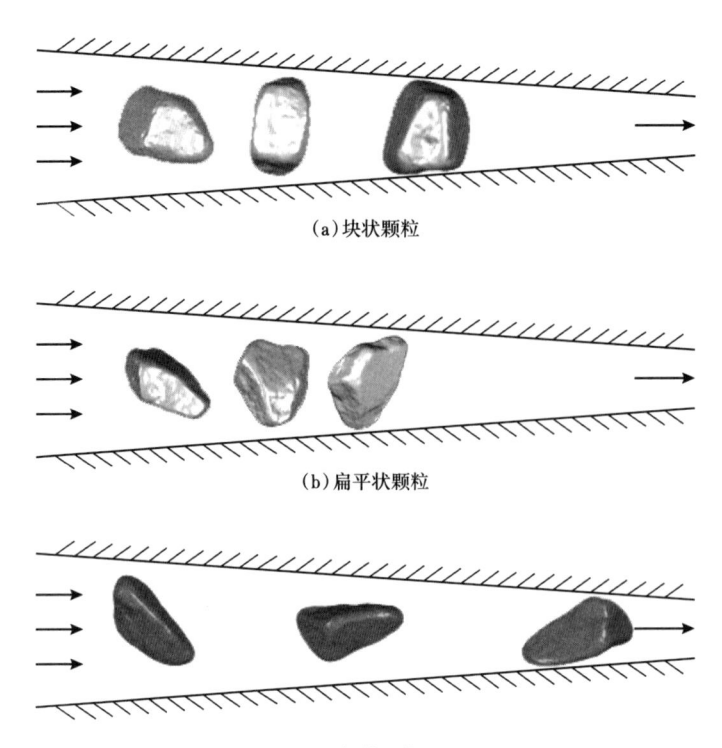

(b) 扁平状颗粒

(c) 棍状颗粒

图 5-77 粒状颗粒架桥模式示意图

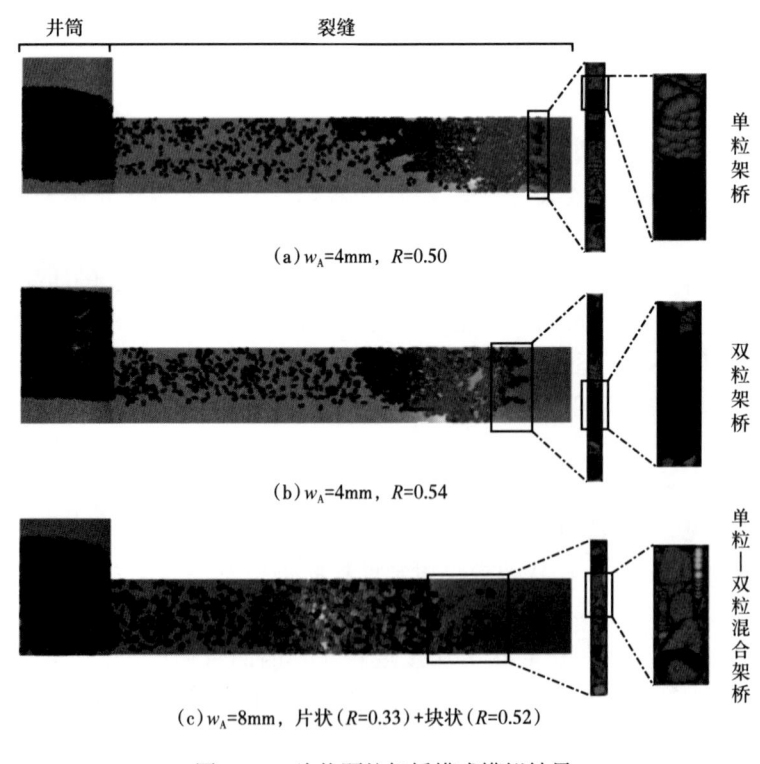

(a) w_A=4mm, R=0.50

(b) w_A=4mm, R=0.54

(c) w_A=8mm, 片状(R=0.33)+块状(R=0.52)

图 5-78 片状颗粒架桥模式模拟结果

片状颗粒架桥模式可以归纳为"单粒横挡""双粒堆叠"和"辅助架桥"三种模式，如图 5-79 所示。

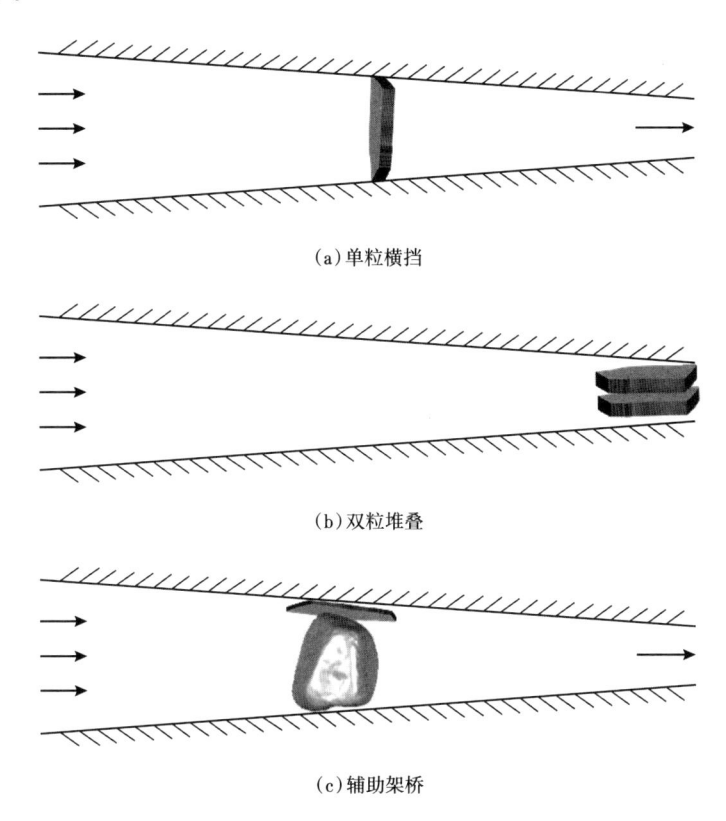

(a) 单粒横挡

(b) 双粒堆叠

(c) 辅助架桥

图 5-79　片状颗粒架桥模式示意图

由图 5-79 可知，片状颗粒"单粒横挡"架桥模式一般发生在较小宽度裂缝中。颗粒横挡在裂缝中，拦截后续流入颗粒，为颗粒架桥和堆积提供有利条件；在裂缝内宽度约为两倍颗粒厚度的位置，片状颗粒可通过相互堆叠形成"双粒堆叠"架桥；片状颗粒顺着裂缝壁面运移时，相当于减小其他颗粒在裂缝内部的有效宽度，可支撑在裂缝与其他粒状颗粒之间，形成片状颗粒的"辅助架桥"模式。

第四节　裂缝性漏失桥接堵漏配方设计方法

前述章节分析了裂缝性漏失桥接堵漏的规律，揭示了天然裂缝封堵层结构的形成和演化细观机理。主要阐释和回答了桥接堵漏规律"是什么"和"为什么"的问题。而本节主要介绍堵漏配方的设计方法，目的是回答桥接堵漏规律"怎么用"的问题。

一、裂缝性漏失桥接堵漏粒度规则

采用加长裂缝模块堵漏模拟实验装置，对单种堵漏材料的封堵能力进行了室内模拟实验。基于室内堵漏物理模拟实验结果，归纳形成了天然裂缝性漏失桥接堵漏配方粒度分布规则，为桥接堵漏配方优化设计提供参考。

1. 现有桥接堵漏规则检验

为了厘清颗粒材料粒度分布与已知裂缝开口宽度的匹配关系,利用加长型模拟裂缝堵漏实验装置,开展不同粒度分布堵漏材料对天然裂缝漏层的堵漏室内模拟实验,并与 API 测试方法及新测试方法的测试结果进行比较。评价现有粒度分布选择准则对天然裂缝的适用性,最后提出了一种适用于天然裂缝性漏层的新粒度分布选择准则,并利用实验数据检验新准则的适用性。

针对颗粒基堵漏材料的粒度分布选择准则,国内外学者做了大量研究并提出了众多的粒度选择理论和方法。常见的准则有:1/3 架桥理论,理想充填理论,屏蔽暂堵,D_{90} 方法,Vickers 方法,D_{50} 方法,Alsaba 方法等。现有粒度选择理论和方法对堵漏材料粒度分布的设计起到了重要的指导作用。然而,在实际应用过程中,现有的粒度选择准则对裂缝性漏层的堵漏效果并不理想[28, 87, 89-96]。究其原因,一方面,现有粒度选择设计方法大多直接套用了孔隙性漏层堵漏材料的粒度设计方法(如 1/3 架桥理论,理想充填理论,屏蔽暂堵理论),对裂缝性漏层的适应性很差;另一方面,建立在传统 API 短裂缝板模拟实验基础之上的,不能完全地反映天然裂缝堵漏物理本质。针对裂缝性漏层的堵漏材料粒度设计方法(D_{90} 方法,Vickers 方法,D_{50} 方法),内涵差异极大,见表 5-19。

表 5-19 现有堵漏材料粒度分布设计方法(准则)

设计准则名称	粒度要求
"三分之一"架桥规则	平均粒度 ≥ 1/3 孔喉直径
屏蔽暂堵	刚性颗粒粒径 =1/2~2/3 孔喉直径;充填颗粒粒径 =1/4 孔喉直径;可变形颗粒粒径 =1/4 孔喉直径
Vickers 方法	D_{90}= 最大孔喉直径;D_{75} < 2/3 孔喉直径;D_{50} =1/3 孔喉直径;D_{25} =1/7 孔喉直径;D_{10} > 最小孔喉直径
D_{90} 方法	D_{90}= 最大孔喉直径或最大裂缝宽度
哈里伯顿—D_{50} 方法	D_{50}= 裂缝宽度
Aker BP-Alsaba 方法	D_{50} ≥ 3/10 裂缝宽度;D_{90} ≥ 6/5 裂缝宽度

选择开口宽度为 2mm 的模拟裂缝块来评价现有粒度分布选择准则。实验过程中,固定堵漏材料的加量为 10% 质量分数,改变粒度分布,使堵漏材料特征粒度值满足现有选择准则的要求,分别测试各粒度分布堵漏材料对应的总漏失量和堵塞深度。表 5-20 列出了用于评价现有粒度选择准则的堵漏材料特征粒度值及实验结果。

表 5-20 用于评价现有选择准则的特征粒度值及实验数据

PSD 代号	特征粒度值(mm)					满足的准则	漏失量(mL)	堵塞深度(mm)
	D_{90}	D_{75}	D_{50}	D_{25}	D_{10}			
E1	2	1.5	1.2	0.7	0.2	1/3 规则 & D_{90} 规则	175	0
E2	3	2.7	2	1.2	0.2	D_{50} 规则	140	0
E3	2	1.2	0.35	0.15	0.1	Vickers 方法	100	0
E4	2.5	1.8	0.9	0.3	0.1	Alsaba 方法理想充填	100	0

由表 5-20 可知，按照现有粒度选择准则设计的 4 种粒度分布的堵漏配方，虽然均能对裂缝形成堵塞，漏失量也较少，然而，这些堵漏材料都不能有效进入裂缝内部，仅能在裂缝入口外部堵塞。表明按照现有粒度选择准则设计的堵漏材料粒度普遍偏大，这可能与现有选择准则大多是基于短模拟裂缝测试方法而得来的有关。因此，可以认为，现有设计方法（准则）对裂缝性漏失的适应性不强，需要针对裂缝性漏失提出新的、适应性更强的粒度设计准则。

2. 桥接堵漏新规则的提出

由于现有选择准则导致颗粒基堵漏材料的粒度偏大，堵漏材料无法有效进入地层裂缝而造成"封门"，因此，需要提出一种允许堵漏材料在裂缝内部形成致密堵塞的新粒度准则。

为了反映堵漏材料粒度与裂缝开度间的相对关系，引入一个重要参数，即特征粒度 D_{90} 与裂缝开度之比（简称为"粒缝比"）：

$$R_p = D_{90}/w_A \tag{5-42}$$

式中　w_A——裂缝开口宽度，mm。

图 5-80 展示了不同开口宽度模拟裂缝堵塞深度与 R_p 值的变化，用于分析堵塞位置与特征粒度值间的规律。

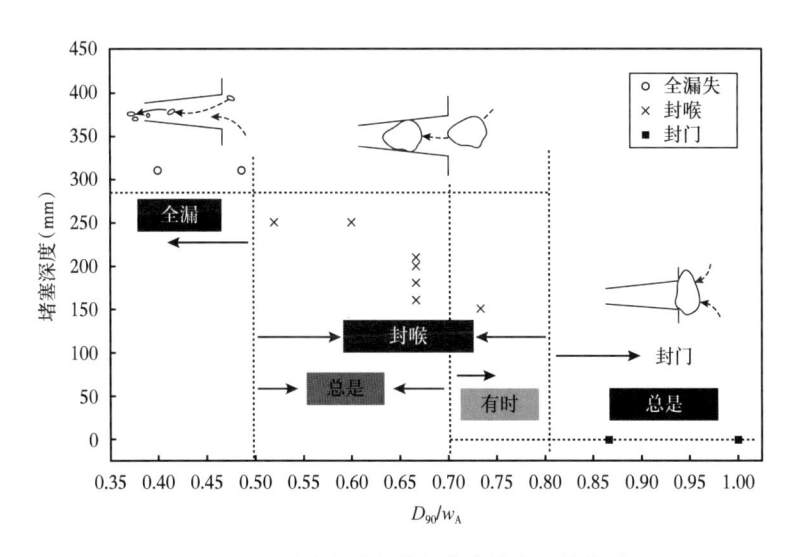

图 5-80　堵塞深度与特征粒度缝宽比的关系

由图 5-80 可见，随着 R_p 值变化，堵塞位置大致可划分为三个区域，即封门区、封喉区及未能形成堵塞区。当 R_p 值大于 0.8，堵漏材料无法进入裂缝内部而"封门"；当 R_p 值介于 0.5~0.8 之间时，堵漏材料可以进入裂缝内部形成堵塞，其中，R_p 值在 0.7~0.8 之间时，有时还是会发生封门的现象，只有当 R_p 值在 0.5~0.7 之间时，堵漏材料才能有效进入裂缝内部形成堵塞，本研究称为"封喉"；当 R_p 值小于 0.5，堵漏材料没有在模拟裂缝内形成堵塞，这是由于实验采用的模拟裂缝长度有限（为 300mm），虽然实际情况下堵漏材料可能会在更窄的地层裂缝中形成堵塞，但是这意味着堵漏材料需要侵入地层更深，损失更多钻井液才能实现。因此，可以认为堵漏材料的 R_p 值应当限制在 0.5~0.7 之间，以保证颗粒基堵漏材料能够有效进入裂缝，并在近井壁附近堵塞。

理论上讲，堵漏材料粒度分布范围越大，总漏失量越小。以相对粒度跨度表征堵漏配方的粒度分布范围：

$$S_\mathrm{p} = (D_{90} - D_{10})/D_{50} \tag{5-43}$$

式中　D_{10}，D_{50}，D_{90}——堵漏配方特征粒度值，mm。

进一步地，总漏失量不仅与粒度分布范围有关，而且与特征粒度 D_{10} 值的大小也有关。特征粒度 D_{10} 值越小，越有利于减小总漏失量。当 D_{10} 值在 0.1~0.2mm 之间时，总漏失量随着相对粒度跨度 S_p 的增大而减小，如图 5-81 所示。

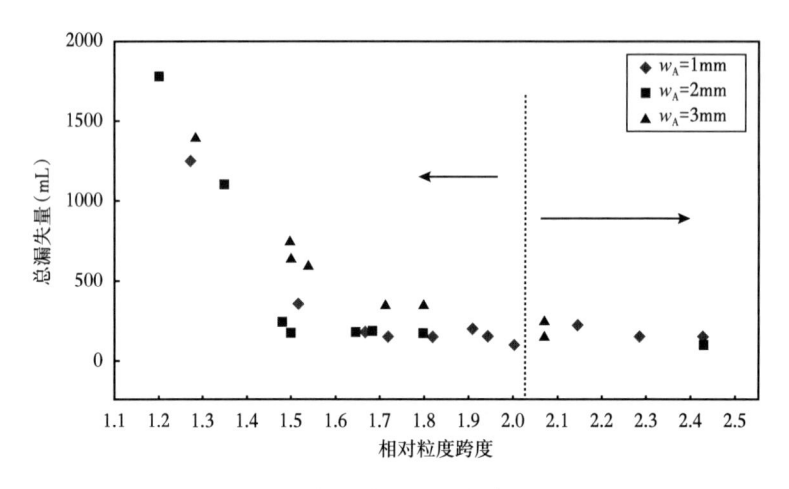

图 5-81　总漏失量与相对粒度跨度间的关系

由图 5-81 可知，不同开度裂缝实验结果都显示出类似的规律，即总漏失量随着相对粒度跨度的增大而急剧减小，当相对粒度跨度大于 2 后，总漏失量变化不大。表明裂缝内形成致密封堵必须同时满足具有较小的 D_{10} 值和较大的粒度分布范围。

基于实验结果与分析，提出一种新的粒度选择准则，即堵漏材料粒度分布必须同时满足如下条件：

（1）特征粒度与缝宽之比：$R_\mathrm{p} = D_{90}/w_\mathrm{A} = 0.5\sim0.7$，其中 w_A 为裂缝开口宽度，单位为 mm，R_p 值越接近 0.7 越优；

（2）特征粒度 $D_{10} = 0.1\sim0.2$mm，D_{10} 值越接近 0.1 越优；

（3）相对粒度跨度：$S_\mathrm{p} = (D_{90} - D_{10})/D_{50} \geq 2$。

条件（1）表示堵漏材料中粒度较大的颗粒量应限制在一定范围内。一方面，可保证大多数堵漏材料能够顺利进入裂缝内部，避免堵漏颗粒材料在裂缝入口外封堵（简称为"封门"），从而避免由于钻井液的冲刷及钻具的振动和碰撞对缝口外堵层的破坏，避免产生堵漏成功的假象；另一方面，尽可能使堵漏材料在近井壁附近裂缝中形成堵塞。

条件（2）表示堵漏材料中必须含有足够数量粒径小于 0.2mm 的细颗粒，以保证裂缝内架桥后变缝为孔后的堵塞层的孔隙能够有足够的细颗粒充填。

条件（3）表示堵漏材料的粒度分布相对范围必须足够宽，以保证堵漏材料中的大小颗粒匹配合理，避免堵塞层的孔隙度过大，保证能够在缝内形成致密的封堵隔层，减少堵漏过程中的漏失液量，提高堵塞效率。

3. 新规则的检验与修正

1）新规则的检验

采用开口宽度为 1.5mm 的模拟裂缝检验了提出的新粒度选择准则。实验过程中，保持堵漏材总加量与前述测试一致（为 10% 质量分数），通过调整碳酸钙颗粒不同粒级组成，形成不同粒度分布的堵漏材料配方，对加长模拟裂缝块进行堵塞测试，测试结果见表 5-21。

表 5-21 对新选择准则的检验测试实验结果

序号	缝宽（mm）		特征粒度值（mm）			PSD 参数		预测堵漏效果	实测			匹配与否
	w_A	w_T	D_{90}	D_{50}	D_{10}	R_p	S_p		漏失量（mL）	堵塞深度（mm）	效果	
V1	1.5	0.75	1.5	0.9	0.1	1.00	1.56	F	250	0	F	Y
V2	1.5	0.75	1.3	0.58	0.1	0.87	2.07	F	100	0	F	Y
V3	1.5	0.75	1.1	0.55	0.1	0.73	1.82	F	250	150	S	N
V4	1.5	0.75	1.0	0.45	0.1	0.67	2.00	S	350	200	S	Y
V5	1.5	0.75	1.0	0.55	0.1	0.67	1.64	S	350	180	S	Y
V6	1.5	0.75	1.0	0.55	0.2	0.67	1.45	S	480	180	S	Y
V7	1.5	0.75	1.0	0.60	0.25	0.67	1.25	F	1500	160	F	Y
V8	1.5	0.75	1.0	0.35	0.15	0.67	2.43	S	200	210	S	Y
V9	1.5	0.75	0.9	0.35	0.1	0.60	2.29	S	300	250	S	Y
V10	1.5	0.75	0.78	0.35	0.1	0.52	1.94	S	250	250	S	Y
V11	1.5	0.75	0.73	0.33	0.1	0.49	1.91	F	2000	—	F	Y
V12	1.5	0.75	0.6	0.30	0.1	0.40	1.67	F	2000	—	F	Y

注：失败（F）；成功（S）；匹配（Y）；不匹配（N）。

表 5-21 中的验证测试结果中，只有编号为 V3 的测试结果与新选择准则预测的测试结果不相符，其余大部分预测结果与实测结果都是相符的。这是由于编号为 V3 的堵漏材料 R_p 值在 0.7~0.8 之间，堵漏材料有时不能进入裂缝内部，这与前述章节的测试结果一致。验证实验数据中，新粒度分布选择准则的实测符合率为 91.67%。由于开度为 1.5mm 的模拟裂缝的测试数据并未在提出新准则的测试结果样本中，这使得新选择准则的验证结果具有独立的可靠性。

需要指出的是，提出的粒度选择准则的堵漏材料为方解石颗粒，若换作其他的颗粒堵漏材料，由于本身的材质、形状及加工工艺的不同，选择准则中的具体指标取值范围可能会有所不同，还需要针对实际的颗粒堵漏材料开展相应的测试；另外，提出新准则实验采用的裂缝开度在 1~3mm 之间，针对更大宽度范围（如 5~8mm）裂缝，该准则是否依然适用，还需要进一步检验及修正。

为了检验提出的堵漏配方粒度规则在更复杂材料类型、更大裂缝宽度范围内的适用性，选取了常用的方解石、核桃壳、云母、纤维及其复配堵漏材料，在加长型裂缝实验装置上开展了模拟实验。实验选用的堵漏材料 FDJ 系列为方解石、果壳及纤维的复配产品，WNDK 系列为不同粒度的方解石颗粒；ZR-31 为随钻堵漏材料，粒度较细。

基于各单一堵漏材料的粒度分布数据，调整各堵漏材料的加量，形成了不同粒度级配的堵漏配方。利用形成的堵漏配方，开展了不同裂缝宽度条件下的堵漏模拟实验。堵漏模拟实验前，采用分样筛测试了堵漏配方的粒度分布数据。

检验实验采用的堵漏配方粒度分布范围较大，且采用的裂缝宽度尺范围也较大（0.5~8.5mm）。实验结果表明，与前述堵漏模拟实验结果类似，实验结果中也出现了"封门""封喉"及"未封堵"三种现象。

为了检验新准则的适用性，分别统计了"封喉"和"封门"现象对应的不同粒度分布范围内出现的频次。在"封喉"效果中，不同粒度范围内出现"封喉"的频次分布见表 5-22。

表 5-22 不同粒度范围的"封喉"概率

序号	D_{90}/w_A	次数	占比（%）
1	<0.5	11	42.3
2	0.5~0.6	6	23.1
3	0.6~0.7	6	23.1
4	0.7~0.8	3	11.5
5	0.8~0.9	0	0.0
6	>0.9	0	0.0
合计		26	100

为了便于分析各粒度级别范围内"封喉"的分布变化规律，将各粒度级别对应的"封喉"占比进行了对比，如图 5-82 所示。

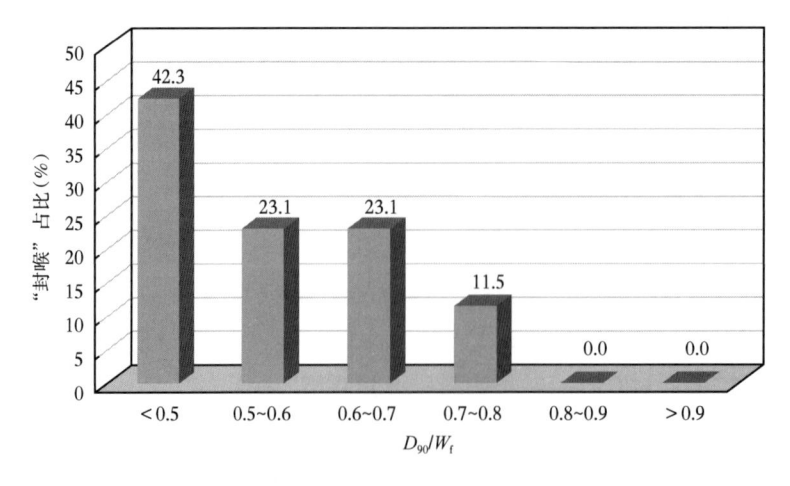

图 5-82 不同粒度范围的"封喉"频次对比图

由图 5-82 可见，在出现"封喉"效果的 26 次堵漏模拟实验中，不同堵漏配方的"粒缝比"对应的"封喉"概率变化明显。随着"粒缝比"的增大，堵漏实验中出现"封喉"效果的比例逐渐减小，这可以解释为随着堵漏材料的粒度增大，颗粒堵漏材料有效进入裂缝的难度增加，从而降低了"封喉"的概率。可以推测，随着"粒缝比"的增加，"封门"效应会逐渐增加。

在"封门"效果中，不同粒度范围内出现的频次分布见表 5-23。

表 5-23 不同粒度范围的"封门"概率

序号	D_{90}/W_f	次数	占比（%）
1	＜0.5	3	17.6
2	0.5~0.6	3	17.6
3	0.6~0.7	4	23.5
4	0.7~0.8	4	23.5
5	0.8~0.9	0	0.0
6	＞0.9	3	17.6
合计		17	100

为了便于分析各粒度级别范围内"封门"的分布变化规律，将各粒度级别对应的"封门"占比进行了对比，如图 5-83 所示。

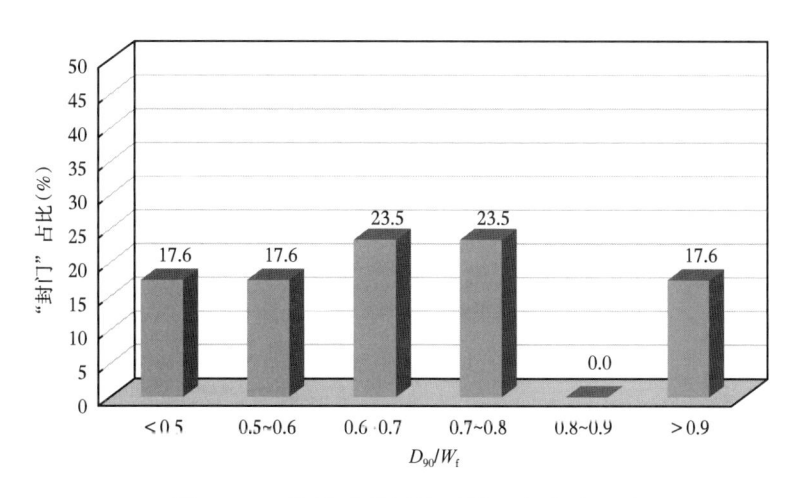

图 5-83 不同粒度范围的"封门"概率对比图

由图 5-83 可见，在"封门"效果的 17 次堵漏模拟实验中，不同堵漏配方的"粒缝比"对应的"封门"概率变化不大。当"粒缝比"较大时，"封门"概率不高，"粒缝比"较小时，"封门"概率变化不大。特别地，"粒缝比"$D_{90}/w_\mathrm{A} < 0.5$ 时，封门的概率为 17.6%，而"粒缝比"$D_{90}/w_\mathrm{A} > 0.9$ 时，封门概率也为 17.6%。理论上讲，"粒缝比"越大，堵漏材料粒度越大，颗粒越不容易有效进入裂缝，从而堵漏"封门"的概率会增加。显然，现有的"粒缝比"的概念与堵漏效果之间的关系还不够合理和科学。因此，必须对"粒缝比"进行修正，进而修正裂缝性漏失桥接堵漏材料粒度分布准则。

2）新规则的修正

采用堵漏配方的特征粒度 D_{90} 与裂缝宽度的比值 D_{90}/w_A（称为"裂缝比"）表达堵漏配方粒度与裂缝宽度的相对大小关系，仍然不够科学合理。为了校正"粒缝比"，分别采用堵漏配方 5%FDJ-1 和 5%FDJ-1+10%ZR-31 对不同开度裂缝开展堵漏模拟实验，结合实验结果进行分析。用于校正"粒缝比"的堵漏模拟实验数据见表 5-24。

表 5-24 用于修正粒度规则的堵漏模拟实验数据

序号	堵漏配方	特征粒度值（mm）				缝宽（mm）		PSD 参数			堵塞深度（cm）	漏失量（mL）
		D_{10}	D_{50}	D_{90}	D_{90c}	w_A	w_o	R_p	R_{pc}	S_p		
1	5%FDJ-1	115	2485	3915	4045	4.5	1.5	0.87	0.90	1.53	0	500
2	5%FDJ-1+10%ZR-31	55	135	2785	3785	4.5	1.5	0.62	0.84	20.22	0	100
3	5%FDJ-1	115	2485	3915	4045	5	2	0.78	0.81	1.53	0	500
4	5%FDJ-1+10%ZR-31	55	135	2785	3785	5	2	0.56	0.76	20.22	19~23	100
5	5%FDJ-1	115	2485	3915	4045	5.5	2.5	0.71	0.74	1.53	26~29	400
6	5%FDJ-1+10%ZR-31	55	135	2785	3785	5.5	2.5	0.51	0.69	20.22	25~27	100

由表 5-24 可知，配方 5%FDJ-1 和 5%FDJ-1+10%ZR-31 的特征粒度 D_{90} 分别为 3915μm 和 2785μm，两个配方的特征粒度 D_{90} 值明显差异，5%FDJ-1+10%ZR-31 的特征粒度 D_{90} 明显低于配方 5%FDJ-1。采用开度为 5mm 和 5.5mm 的模拟裂缝开展堵漏实验时，如表中 3#~6# 实验，两个配方对应的"粒缝比"基本满足前述粒度分布规则；然而，当采用开度为 4.5mm 的模拟裂缝开展堵漏实验时，如表 5-24 中的 1 号和 2 号实验，配方 5%FDJ-1 的"粒缝比"为 0.87，按未修正的粒度准则，可以判断为"封门"预期，而配方 5%FDJ-1+10%ZR-31 的"粒缝比"为 0.62，根据未修正的粒度准则，则应当具有"封喉"预期。然而，实际的堵漏模拟实验结果显示，两者的堵漏模拟结果均为"封门"，再次表明"粒缝比"粒度准则需要校正。

进一步分析不难发现，配方 5%FDJ-1 和 5%FDJ-1+10%ZR-31 之间特征粒度的差异是由于在配方 5%FDJ-1 的基础上增加了随钻堵漏材料 ZR-31 的加量，使得配方中的细小粒径的堵漏材料含量增加，从而降低了特征粒度 D_{90}。而配方 5%FDJ-1 和 5%FDJ-1+10%ZR-31 中含有的较大尺寸的架桥颗粒基本相同，两个配方在对相同开度裂缝的有效进入裂缝及架桥能力主要与架桥颗粒的大小和含量有关，与细小颗粒的含量关系不大。因此，为了更加准确地描述桥接堵漏配方粒度 D_{90} 与裂缝宽度的相对大小，应当将配方中细小粒径部分扣除，以扣除后的特征粒度 D_{90} 与裂缝开度之比表征堵漏配方架桥能力。

由于钻井工程中致漏裂缝宽度一般为 0.1~0.2mm，钻井工程井漏裂缝宽度一般均大于 0.2mm，堵漏配方的粒度一般都将大于 0.2mm。因此，实际应用过程中，推荐将 0.2mm 设定为截断粒度。换言之，将扣除的细小粒径设定为 0.2mm，将堵漏配方中粒度大于 0.2mm

的部分的特征粒度 D_{90c} 与裂缝宽度之比，定义为"校正粒缝比"，用符号 R_{pc} 表示。采用"校正粒缝比"可以更加科学地反映堵漏配方中粗颗粒对架桥能力的影响。

对校正后的粒度数据表进行统计，在堵漏效果为"封喉"的 26 次实验中，各"校正粒缝比"范围内的"封喉"实验次数及其占比，见表 5-25。

表 5-25 不同粒度范围的"封喉"概率

序号	D_{90}/w_A	次数	占比（%）
1	<0.5	1	3.8
2	0.5~0.6	6	23.1
3	0.6~0.7	9	34.6
4	0.7~0.8	9	34.6
5	0.8~0.9	1	3.8
6	>0.9	0	0.0
合计		26	100

由表 5-25 可见，不同"校正粒缝比"范围内的"封喉"概率变化明显。"校正粒缝比"小于 0.5 时，"封喉"出现了 1 次，占比 3.8%；"校正粒缝比"为 0.5~0.6 时，"封喉"出现了 6 次，占比 23.1%；"校正粒缝比"为 0.6~0.7 和 0.7~0.8 时，"封喉"出现了 9 次，均占比 34.6%；"校正粒缝比"为 0.8~0.9 时，"封喉"出现了 1 次，占比 3.8%；"校正粒缝比" 0.9 时，"封喉"出现了 0 次，占比 0%。

为了更好地反映"封喉"占比随"校正粒缝比"变化关系，各粒缝比范围内的"封喉"效果占比对比结果，如图 5-84 所示。

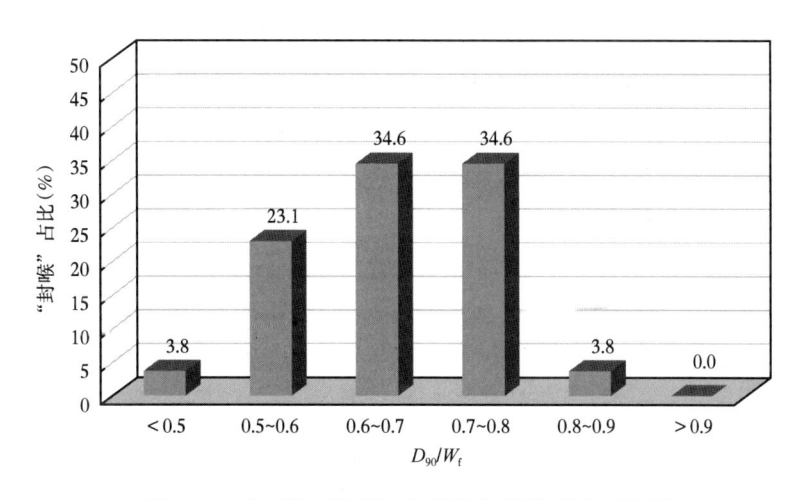

图 5-84 各"校正粒缝比"范围"封喉"概率对比图

由图 5-84 可见，随着"校正粒缝比"的增加，裂缝堵漏"封喉"效果占比先增加后降低。当"校正粒缝比"在 0.5~0.8 之间时，"封喉"概率增加明显。桥接堵漏配方的"校正粒缝比"过小或者过大，均不利于堵漏材料在裂缝内形成架桥接堵漏塞层，这与前述基于单一方解石提出的粒度分布规律基本一致，表明校正后的粒度准则有效、可行。

对堵漏效果"封门"频次进行了统计，结果见表5-26。

表 5-26　不同粒度范围的"封门"概率

序号	D_{90}/W_f	次数	占比（%）
1	<0.5	0	0.0
2	0.5~0.6	0	0.0
3	0.6~0.7	1	5.9
4	0.7~0.8	5	35.3
5	0.8~0.9	6	29.4
6	>0.9	5	29.4
合计		17	100

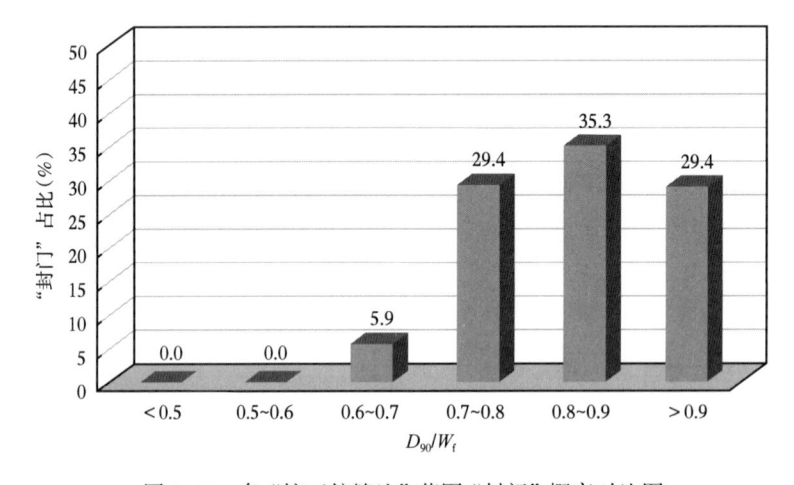

图 5-85　各"校正粒缝比"范围"封门"概率对比图

由图5-85可见，随着"校正粒缝比"增大，桥接堵漏配方"封门"的概率显著增大。当"校正粒缝比"小于0.7时，"封门"概率极小；当"校正粒缝比"为0.7~0.8时，"封门"概率急剧增大，占比29.4%。结合"封喉"和"封门"的统计结果可知，堵漏配方"校正粒缝比"在0.7~0.8之间时，堵漏配方可能会出现"封门""封喉"的概率均较高，表明"校正粒缝比"为0.7~0.8为过渡范围；粒缝比D_{90}/w_A值大于0.9时，堵漏配方不能有效进入裂缝，而形成"封门"。因此，为了保证堵漏配方在裂缝内部形成封堵（称为"封喉"），建议控制堵漏配方的粒缝比在0.5~0.7之间，为桥接堵漏配方设计提供了科学依据。

二、桥接堵漏配方粒度分布测算方法

采用插值法表征桥接堵漏材料及其配方粒度分布，并建立桥接堵漏配方粒度分布预测方法；根据桥接堵漏粒度设计准则及粒度分布预测方法，构建裂缝性漏失桥接堵漏配方粒度分布图版；采用蒙特卡洛方法及粒度分布图版，优化堵漏配方，并编写堵漏配方优化设计软件；利用堵漏配方优化设计软件，针对不同开度级别，开展堵漏配方优化设计，形成不同开度裂缝级别对应的优化配方。

堵漏材料粒度级配以及与裂缝宽度的匹配度是影响堵漏效果的主要因素。根据某一堵漏材料优化设计方法进行配方设计时，通常需要对物料的粒度特性进行检测。通过筛分获得的粒度分布数据是一组离散数据，这使得堵漏材料复配时的数值化计算受到了极大的限制。为了提高堵漏材料优化设计方法在工程应用中的实用性和可操作性，结合分段三次埃尔米特插值法，提出了堵漏材料粒度测算新方法。

堵漏材料粒度分布是指堵漏材料整体组成中各种粒度的颗粒所占的百分比，是堵漏材料的重要性质之一。表征物料粒度分布常用的方法有列表法、作图法、矩值法和函数法。其中，函数法是用数学方法将物料粒度分析数据进行归纳整理，并建立能反映物料粒度分布规律的数学模型，这样便于进行统计分析、数学计算以及应用计算机进行更复杂的运算。

1. 常用粒度特性方程

到目前为止，粒度特性方程均为经验式，自 20 世纪 20 年代以来已提出数十种粒度方程。矿物加工中常用的分布方程有：罗辛—拉姆勒方程（RRSB 方程）、盖茨—高登—舒兹曼粒度特性方程（GGS 方程）、对数正态分布方程[97-99]。

（1）罗辛—拉姆勒（Rosin-Rammler）方程是在 19 世纪 30 年代，由罗辛（Rosin）、拉姆勒（Rammler）、斯波林（Sperling）以及后来的本尼特（Bennett）根据各自重复的磨矿因素试验，以统计方法而建立的粒度特性方程，简称为 RRSB 方程，即：

$$R(D_p)=100\exp\left[-\left(\frac{D_p}{D_e}\right)^n\right] \tag{5-44}$$

或

$$\ln\ln\frac{100}{R(D_p)}=n\ln D_p - n\ln D_e \tag{5-45}$$

或

$$F(D_p)=100-100\exp\left[-\left(\frac{D_p}{D_e}\right)^n\right] \tag{5-46}$$

式中 $R(D_p)$——筛余质量百分数；

$F(D_p)$——筛下质量百分数；

D_p——粒径，mm；

D_e——特征粒径，表示颗粒群的粗细程度，其物理意义为 $R(D_p)$=36.8% 时的颗粒粒径，mm；

n——方程模数，也称均匀系数，表示粒度范围的宽窄。n 越大表示粒度分布范围窄，n 越小则相反。

（2）盖茨—高登—舒兹曼（Gates-Gaudin-Shuzman）粒度特性方程，简称 GGS 方程，即：

$$F(D_\mathrm{p})=100\left(\frac{D_\mathrm{p}}{D_\mathrm{max}}\right)^m \qquad (5\text{-}47)$$

或

$$\log\frac{F(D_\mathrm{p})}{100}=m\lg D_\mathrm{p}-m\lg D_\mathrm{max} \qquad (5\text{-}48)$$

式中 D_max——物料中最大粒径，mm；

m——分布模数，与物料性质有关。

（3）许多细磨产物，尤其是粉体的粒度组成，通常都服从对数正态分布，其分布函数为：

$$F(\ln D_\mathrm{p})=\frac{1}{\sqrt{2\pi}\ln\sigma_\mathrm{g}}\int_{D_\mathrm{min}}^{D}\exp\left[-\frac{(\ln D_\mathrm{p}-\ln D_\mathrm{g})^2}{2\ln^2\sigma_\mathrm{g}}\right]\mathrm{d}(\ln D_\mathrm{p}) \qquad (5\text{-}49)$$

式中 D_g——几何平均直径，mm；

σ_g——几何标准偏差，mm。

在常用粒度分布方程中，GGS 方程多用于破碎产品的粒度分布，如颚式破碎机、辊式破碎机及棒磨机细粒级产物，一般适用于粒度较粗的物料；RRSB 方程多用于磨矿产品的粒度分布，尤其是煤炭、石灰石等脆性物料经各种磨碎设备处理后的产物，适用于粒度较细的物料；对数正态分布多用于细磨产物，尤其是粉体的粒度组成，如粉碎法粉末、空气溶胶中的灰尘以及海滨沙粒等。

同一种物料可能由于所使用的数学模型不同从而获得不同的粒度特性方程式，不同的物料也可以概括为同一形式的粒度特性方程，而粒度特性方程的差异表现为其方程式中的参数各不相同。然而，粒度特性方程对桥接堵漏材料及配方这类复杂粒度分布材料的普适性不强。主要有两方面的原因：一方面，常用的粒度特性方程需要预先假设某种方程形式，但实际堵漏材料及配方的粒度分布方程形式难以提前预测；另一方面，常用粒度特性函数主要针对单峰分布的粒度曲线，而桥接堵漏材料及配方的粒度分布常常表现出多峰、偏态的形式。

2. 粒度分布预测插值方法

插值法是一种根据离散点数值估计函数方程的数学方法，采用插值法数值化堵漏材料粒度分布数据的操作更灵活，避免了使用粒度分布经验公式的局限性。

在实际应用中，插值函数不仅要能够逼近累计粒度分布曲线，而且要逼近组成粒度分布曲线。从数学角度来讲，不但要求所构造的插值多项式节点的函数值相等，而且要求节点的导数值也相等。通常随着插值点数量的增加，端点附近的抖动也会增大。为了避免出现龙格现象，可采用分段低次插值方法[100-103]。

将堵漏材料粒度分布数据看作一组有序节点 $x_0<\cdots<x_{k-1}<x_k<\cdots<x_n$，对应函数值为 $y_0,\cdots,y_{k-1},y_k,\cdots,y_n$。节点 $x_1\sim x_{n-1}$ 将区间 $[x_0,x_n]$ 分成 n 个子区间，其中第 k 个子区间记为 $[x_{k-1},x_k]$。对应区间端点的函数值为 $[y_{k-1},y_k]$。区间上的插值函数 $P_k(x)$ 定义如下：

$$\begin{cases} P_k(x) = a_{k,0} + a_{k,1}(x-x_{k-1}) + a_{k,2}(x-x_{k-1})^2 + a_{k,3}(x-x_{k-1})^3 \\ a_{k,0} = y_{k-1} \\ a_{k,1} = d_{k-1} \\ a_{k,2} = \dfrac{3(y_k - y_{k-1})}{(x_k - x_{k-1})^2} - \dfrac{2d_{k-1} + d_k}{x_k - x_{k-1}} \\ a_{k,3} = -\dfrac{2(y_k - y_{k-1})}{(x_k - x_{k-1})^3} + \dfrac{d_{k-1} + d_k}{(x_k - x_{k-1})^2} \end{cases} \quad (5\text{-}50)$$

式中　d_{k-1}，d_k——插值函数 $P_k(x)$ 在子区间端点处的一阶导数。

插值函数取决于区间端点的函数值和一阶导数，在端点函数值已知的情况下还需要构造区间端点处的一阶导数。对于所有中间节点（$k=1$，2，$\cdots$，$n-1$）相应的导数，可以用左右相邻两个区段的一阶差商进行加权的方式来近似计算：

$$\delta_k = \frac{y_k - y_{k-1}}{x_k - x_{k-1}} \quad (5\text{-}51)$$

$$\omega_1 = \frac{1}{3}\left(1 + \frac{x_k - x_{k-1}}{x_{k+1} - x_{k-1}}\right) \quad (5\text{-}52)$$

$$\omega_2 = \frac{1}{3}\left(1 + \frac{x_{k+1} - x_k}{x_{k+1} - x_{k-1}}\right) \quad (5\text{-}53)$$

$$d_k = \begin{cases} \dfrac{\delta_k \delta_{k+1}}{\omega_1 \delta_k + \omega_2 \delta_{k+1}}, & \delta_k \delta_{k+1} > 0 \\ 0, & \delta_k \delta_{k+1} \leq 0 \end{cases} \quad (5\text{-}54)$$

与中间节点不同，端点 x_0 和 x_n 处只能获得一侧的一阶差商数据，因此信息是不完整的，其导数取值存在较大的不确定性。比较可行的方法是对端点处的一阶导数值采用非中点的三点公式，并且要求函数保形，即：

$$d_0 = \frac{(x_2 + x_1 - 2x_0)\delta_1 - (x_1 - x_0)\delta_2}{x_2 - x_0} \quad (5\text{-}55)$$

$$d_n = \frac{(2x_n - x_{n-1} - x_{n-2})\delta_n - (x_n - x_{n-1})\delta_{n-1}}{x_n - x_{n-2}} \quad (5\text{-}56)$$

此外，需要对 d_0 和 d_n 作一些约束：

$$d_0 = \begin{cases} 0, & d_0 \delta_1 < 0 \\ 3\delta_1, & \delta_1 \delta_2 < 0 \text{ 且 } |d_0| > 3|\delta_1| \end{cases} \quad (5\text{-}57)$$

$$d_n = \begin{cases} 0 & ,d_n\delta_n<0 \\ 3\delta & ,\delta_{n-1}\delta_n<0 \text{且} |d_n|>3|\delta_n| \end{cases} \quad (5-58)$$

由此确定的插值函数 $P(x)$ 具有保形效果。这可以解释为：在 x_j 处的斜率以特定方式选择，即在数据具有单调性的区间上，$P(x)$ 也是单调的；在数据具有局部极值的点上，$P(x)$ 也具有局部极值。但由于 $P(x)$ 进行 x_j 处插值时，一阶导数连续而二阶导数可能不连续，因此在 x_j 处可能存在跳跃。

3. 堵漏配方累计粒度分布

假设堵漏配方由 m 种堵漏材料组成，根据每种堵漏材料的加量比例 C 和密度 ρ，可计算各材料的体积占比 V_p：

$$V_p = \frac{C}{\rho} \quad (5-59)$$

根据堵漏材料的粒度分布函数 $P_i(D_p)$ 和体积占比 V_p，可计算各堵漏材料按某一加量比例复配得到的堵漏配方累计粒度分布表达式：

$$F(D_p) = \frac{\sum_{i=1}^{m} \frac{C_i}{\rho_i} P_i(D_p)}{\sum_{i=1}^{m} \frac{C_i}{\rho_i}} = \frac{\sum_{i=1}^{m} V_{pi} P_i(D_p)}{\sum_{i=1}^{m} V_{pi}} \quad (5-60)$$

利用堵漏配方累计粒度分布表达式，可根据单一堵漏材料粒度分布与密度的测试数据，预测不同加量比例条件下的堵漏配方的粒度分布。实际应用过程中，可采用编制计算机程序方法实现。

分别对蛭石、核桃壳、碳酸钙三种材料进行粒度实测与计算，测试结果如图 5-86 所示。

根据实测粒度分数数据，对比分析了 Hermite 插值方法和 R-R 函数拟合方法（表5-27）。从图 5-87 可以看出，Hermite 插值方法更适合表征桥接堵漏材料粒度分布特征（多峰、偏态）。

表 5-27 不同材料粒度分布预测方法对比数据

材料名称	特征粒度	实测值（μm）	分段三次 Hermite 插值方法		R-R 函数拟合方法	
			预测值（μm）	相对误差（%）	预测值（μm）	相对误差（%）
蛭石	D_{10}	41	39.775	-2.987	45.818	11.751
	D_{50}	173	172.507	-0.285	166.784	-3.593
	D_{90}	369	369.833	0.226	379.418	2.823
核桃壳	D_{10}	31	30.348	-2.103	20.384	-34.245
	D_{50}	172	171.841	-0.093	180.991	5.227
	D_{90}	865	847.352	-2.040	728.158	-15.820
碳酸钙	D_{10}	111	107.490	-2.280	150.843	35.895
	D_{50}	321	321.413	0.129	322.425	0.444
	D_{90}	549	551.513	0.458	522.387	-4.848

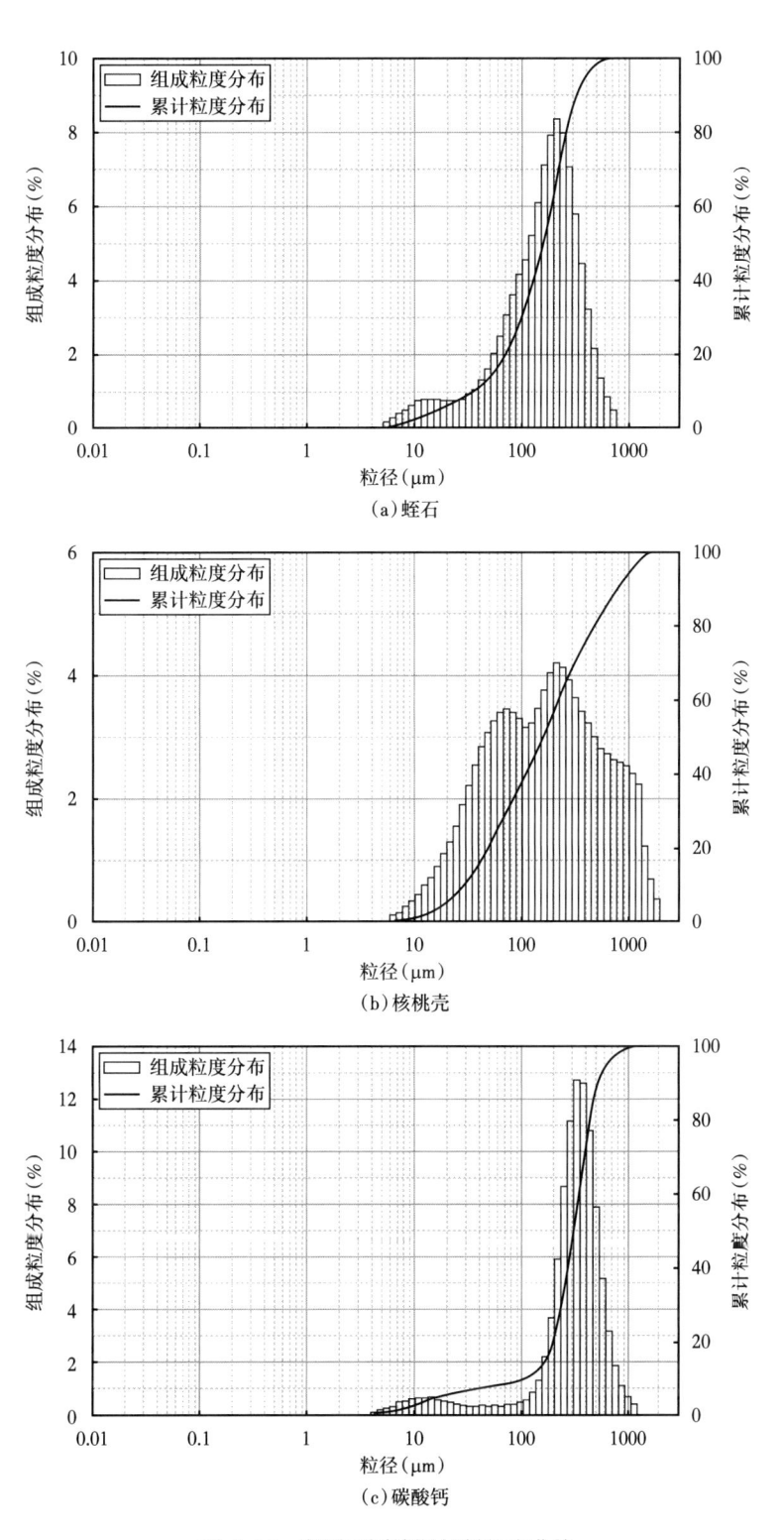

图 5-86 实测不同堵漏材料粒度曲线

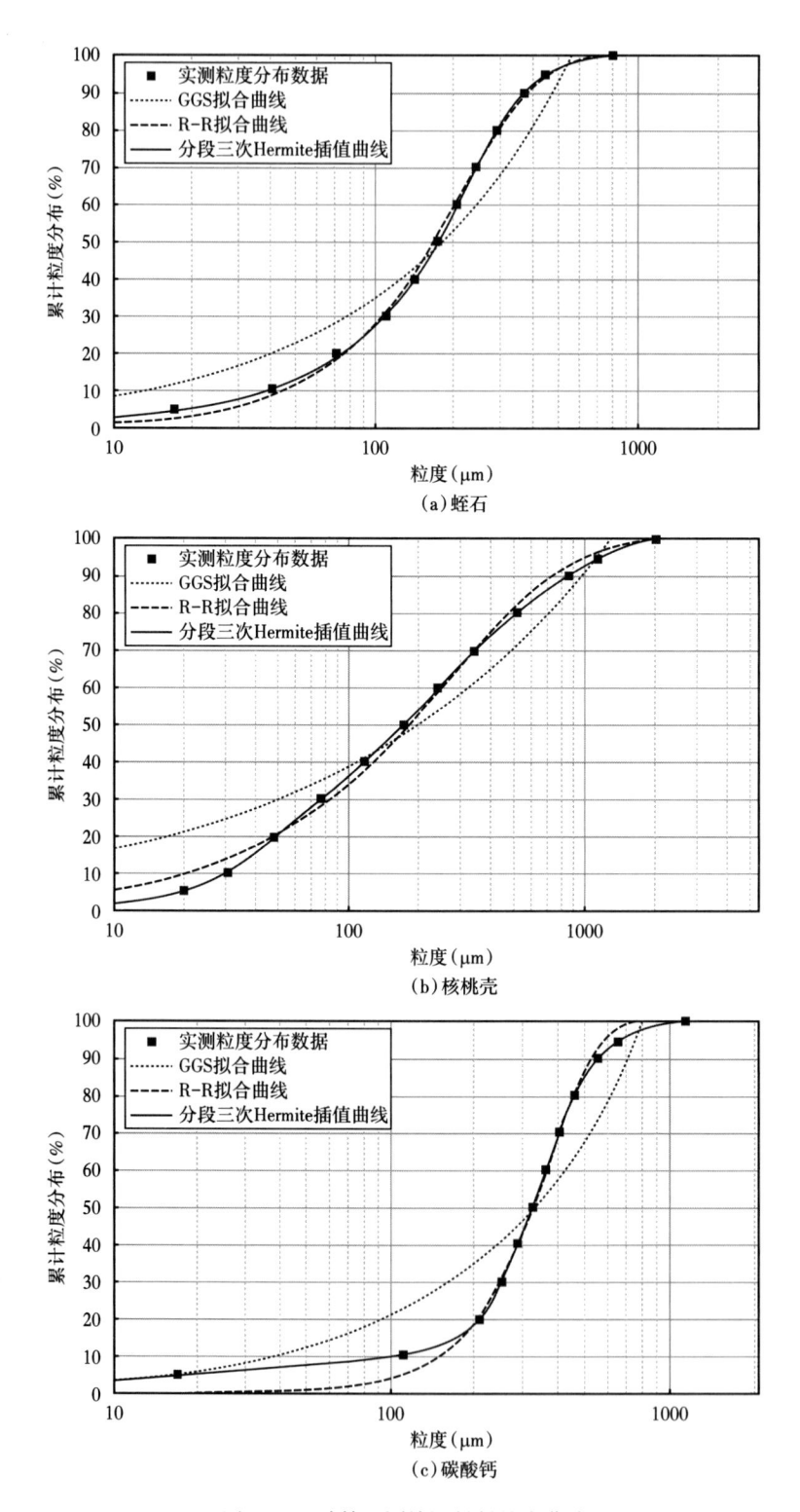

图 5-87　计算不同堵漏材料粒度曲线

(a) 蛭石

(b) 核桃壳

(c) 碳酸钙

对不同配方中 D_{10}、D_{50}、D_{90} 进行实测值与预测值误差分析，结果见表 5-28。采用插值计算方法，利用计算机编程，实现了桥接堵漏配方粒度分布的准确、快速预测。

表 5-28　不同配方实测值与预测值误差表

配方组成	特征粒度	实测值（μm）	预测值（μm）	相对误差（%）
蛭石:核桃壳:碳酸钙 =5:1:1	D_{10}	39	36.4	−6.6
	D_{50}	192	189.1	−1.5
	D_{90}	490	478.4	−2.4
蛭石:核桃壳:碳酸钙 =1:5:1	D_{10}	36	31.9	−11.3
	D_{50}	187	188.2	0.6
	D_{90}	829	777.7	−6.2
蛭石:核桃壳:碳酸钙 =1:1:5	D_{10}	46	41.5	−9.8
	D_{50}	285	280.5	−1.6
	D_{90}	580	573.3	−1.2

由图 5-88 至图 5-90 可知，基于单剂粒度分布及密度测试数据，采用插值方法的桥接堵漏配方特征粒度预测值与实测特征粒度值，均位于图中对角线附近。其中，D_{90} 和 D_{50} 的预测值与实测值基本在相对误差 ±10% 之间，D_{10} 的预测值与实测值在 ±15% 之间，表明提出的插值方法对桥接堵漏配方特征粒度的预测具有较强的可行性，且预测精度较高。

三、堵漏配方优化设计图版

根据桥接堵漏粒度设计准则，利用粒度分布测算方法，可得到桥接堵漏配方粒度分布曲线图版。根据不同裂缝宽度形成桥接堵漏配方粒度分布曲线图版，可以为裂缝性漏失桥接堵漏配方优化设计提供参考，如图 5-91 至图 5-93 所示。

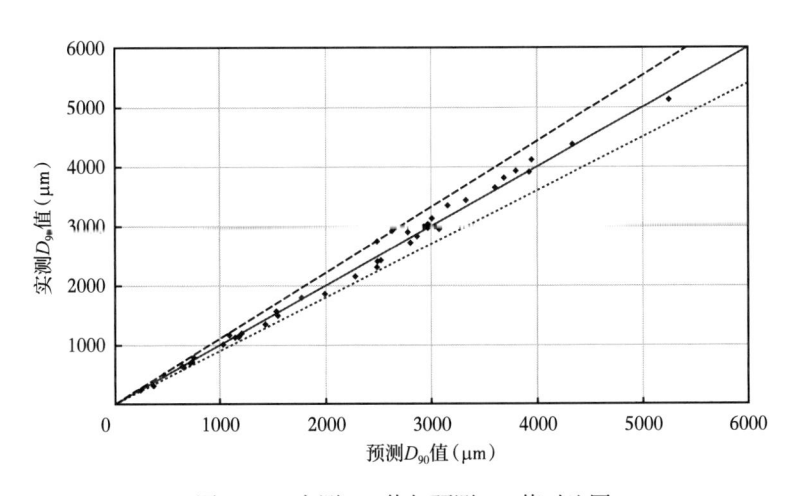

图 5-88　实测 D_{90} 值与预测 D_{90} 值对比图

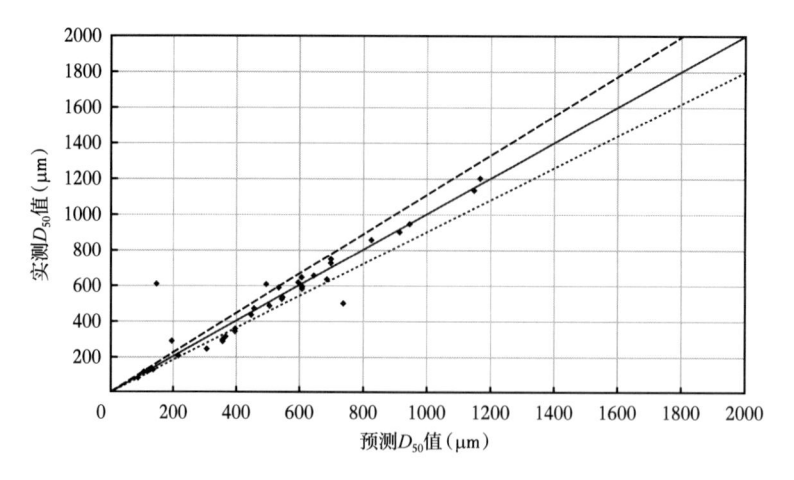

图 5-89　实测 D_{50} 值与预测 D_{50} 值对比图

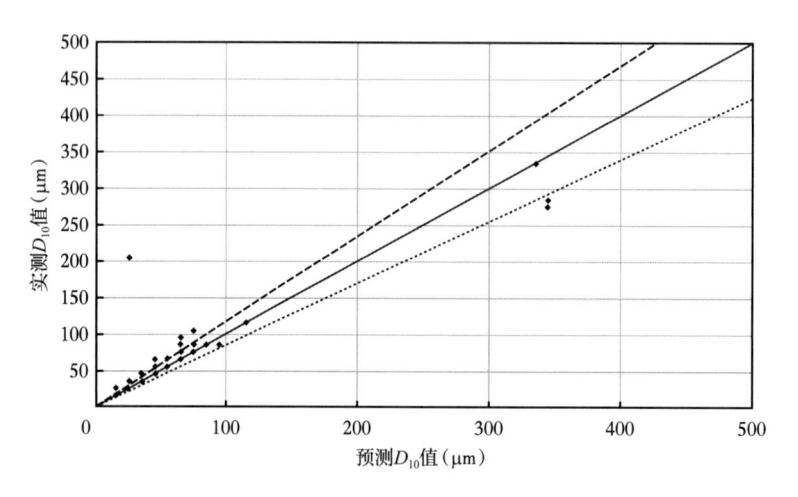

图 5-90　实测 D_{10} 值与预测 D_{10} 值对比图

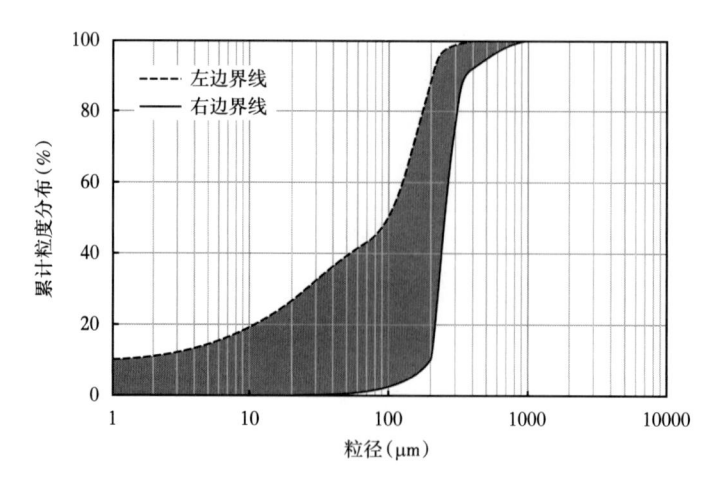

图 5-91　桥接堵漏配方粒度分布曲线图版（缝宽 0.5mm）

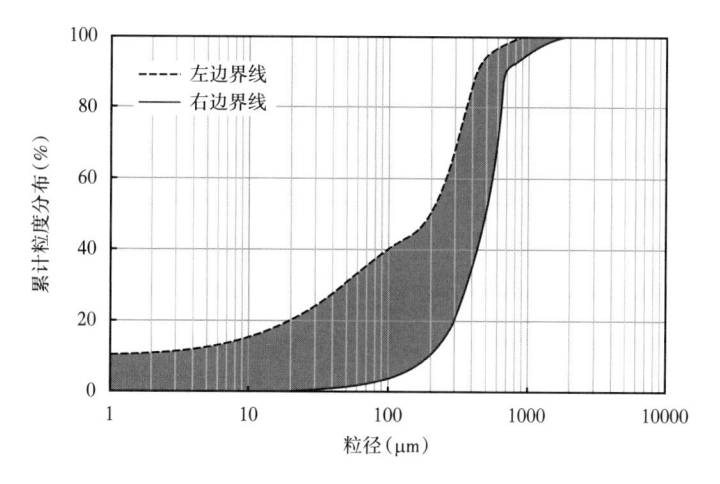

图 5-92　桥接堵漏配方粒度分布曲线图版（缝宽 1mm）

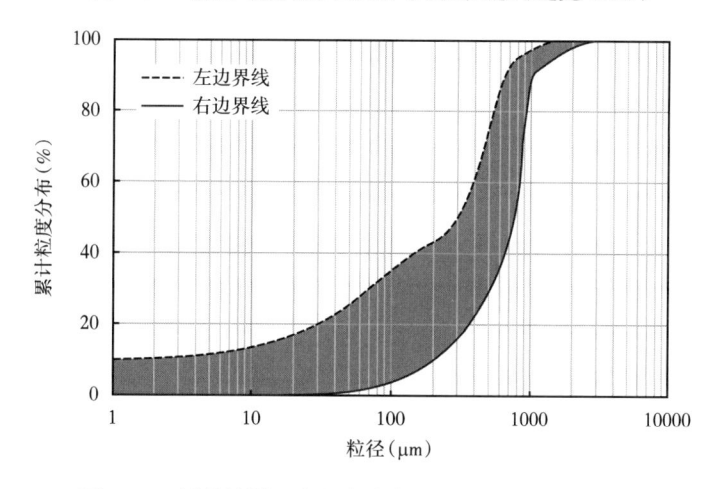

图 5-93　桥接堵漏配方粒度分布曲线图版（缝宽 1.5mm）

根据缝宽设计的桥接堵漏配方粒度分布曲线图版，由左、右边界线及中间区域组成。针对不同裂缝宽度的井下裂缝，设计的堵漏配方粒度分布曲线均应处于对应图版边界线包围形成的区域之中。

四、堵漏配方优化设计算法

为了得到符合桥接堵漏配方粒度设计准则的堵漏配方，利用堵漏配方粒度分布图版，采用蒙特卡罗方法进行抽样评估。蒙特卡罗方法是一种基于概率和统计理论的非确定性数值计算方法，也被称为随机抽样或统计检验方法。该方法可以将复杂的选择问题转化为随机数或数字特性的计算，从而简化研究问题并降低计算复杂度。被广泛应用于求解复杂或困难问题，也可用于求解概率问题[104]。

堵漏配方的设计流程，如图 5-94 所示。

主要包括三个步骤：

（1）参数设置：测量每个堵漏材料的粒度分布，粒度分布数据尽可能详细。根据实际需求设置各堵漏材料加量或体积分数上限。再根据堵漏材料的数量设置合理的样本实例数，兼顾综合计算结果，保证计算速度。

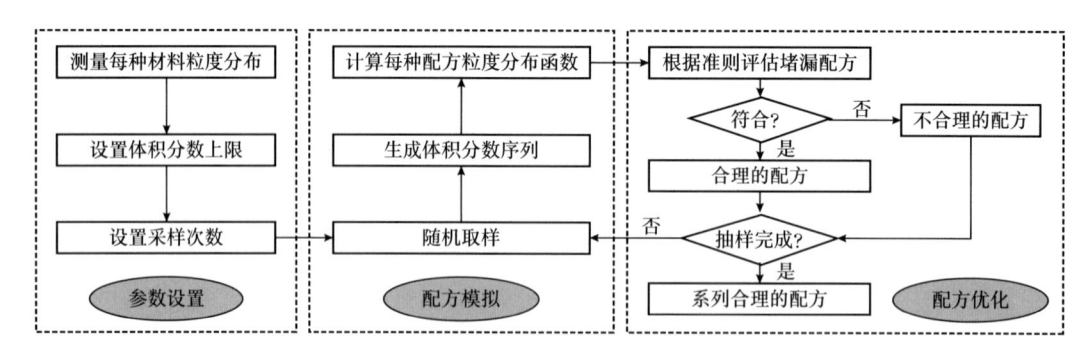

图 5-94 堵漏配方设计流程

（2）配方模拟：对所有堵漏材料的加量或体积分数进行随机采样，根据采样结果形成体积分数序列。例如：(C_1，C_2，…，C_m)，其中 C 为有限制的加量或体积分数，m 为堵漏材料种类数。再根据插值函数和体积分数序列，由式（5-58）得到堵漏配方的累计粒度分布函数。

（3）配方优化：由累计粒度分布函数得到特征粒径 D_{10}、D_{50} 和 D_{90}。采用堵漏配方粒度设计新准则，对堵漏配方的特征粒度 D_{10}、特征粒度 D_{90} 与裂缝开度之比 R_p 及相对粒度分布范围 S_p 进行对比。按照设定的采样次数，重复上述过程，得到一系列符合要求的堵漏配方。

五、室内实验验证

以开口宽度为 1mm、2mm 和 3mm 的裂缝为例，应用所提出的裂缝性漏失桥接堵漏配方快速设计方法，选出前 9 种推荐堵漏配方。堵漏配方中蛭石（A）、细核桃壳（B）、碳酸钙（C）、粗核桃壳（D）的加量配比见表 5-29，累计粒度分布曲线如图 5-95 所示。

表 5-29 推荐堵漏配方的参数

配方编号	裂缝宽度（mm） w_A	w_T	加量配比	特征参数（μm） D_{10}	D_{50}	D_{90}	粒度分布参数 R_p	S_p
V-1	1	0.5	A:B:C:D = 2:1:0:0	34.9	172.7	574.9	0.57	3.13
V-2	1	0.5	A:B:C:D = 4:7:9:0	47.0	263.3	610.3	0.61	2.14
V-3	1	0.5	A:B:C:D = 7:9:2:0	35.8	193.7	674.9	0.67	3.30
V-4	2	1	A:B:C:D = 2:0:9:2	104.6	335.2	1052.3	0.53	2.83
V-5	2	1	A:B:C:D = 8:9:8:3	46.1	265.0	1012.9	0.51	3.65
V-6	2	1	A:B:C:D = 3:6:6:3	57.1	295.4	1297.1	0.65	4.20
V-7	3	2	A:B:C:D = 10:2:9:9	44.8	305.1	1865.2	0.62	5.97
V-8	3	2	A:B:C:D = 3:1:0:2	56.1	315.5	1953.9	0.65	6.01
V-9	3	2	A:B:C:D = 0:5:0:6	53.2	536.1	2084.8	0.69	3.79

(a) w_A=1mm

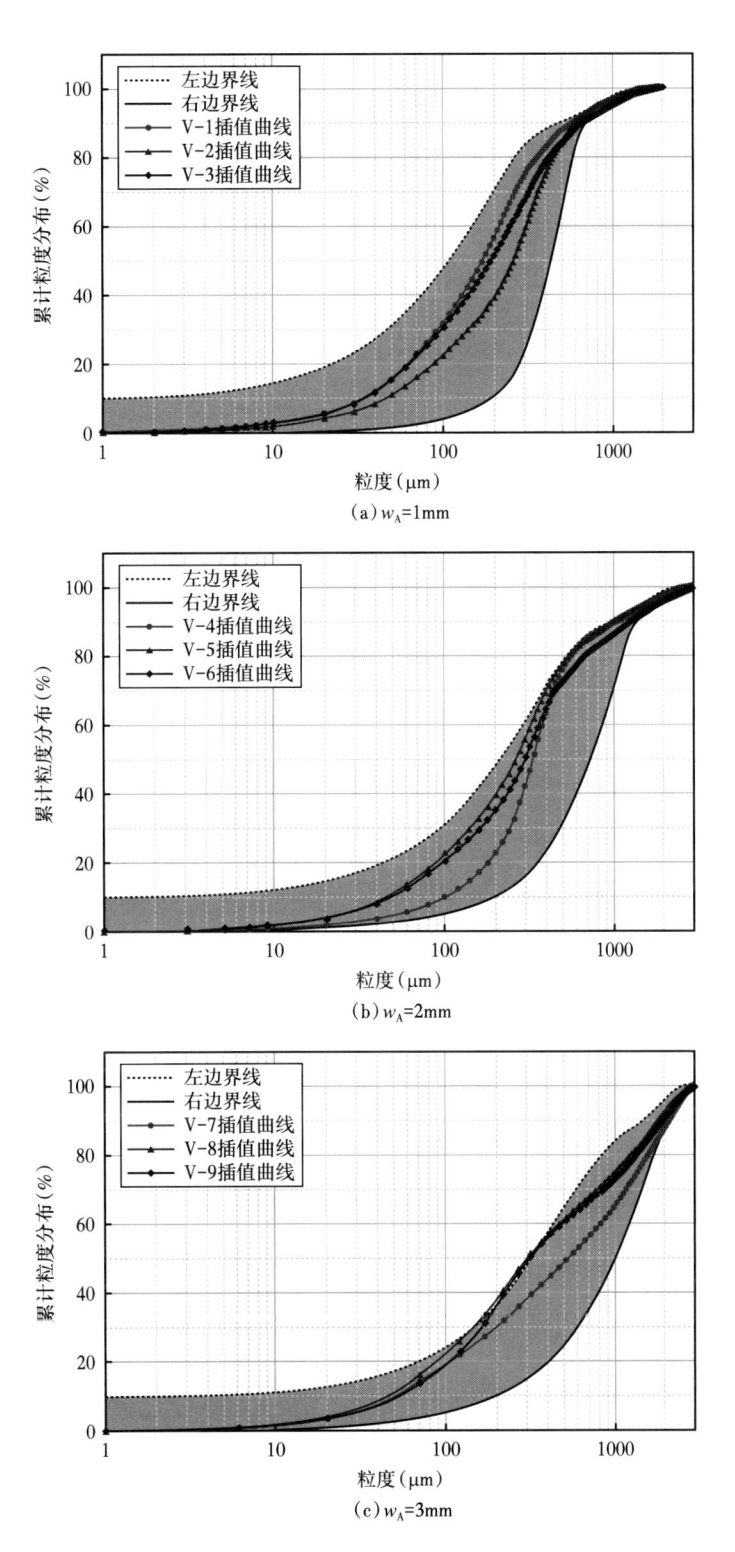

(b) w_A=2mm

(c) w_A=3mm

图 5-95 推荐堵漏配方的累计粒度分布曲线

在图 5-95 中，生成的粒度分布曲线均处于粒度分布选择新准则推荐的最佳匹配范围内。从表 5-29 和图 5-95 可以看出，推荐的 9 个堵漏配方均满足裂缝性漏失桥接堵漏配方粒度分布新准则。配方 V-1 和 V-2 具有相近的 R_p 值，并且都是细颗粒；配方 V-3 以细核桃壳为主，颗粒均匀、相对跨度大；配方 V-4 和 V-5 的 R_p 值接近 0.5；配方 V-6、V-7 和 V-8 有一些粗核桃壳颗粒，这确保了 D_{90} 符合标准，同时也有一个大的相对跨度；配方 V-9 是由细核桃壳和粗核桃壳组成，含有较多的大颗粒。

为了验证所推荐堵漏配方的有效性，采用不同堵漏配方进行堵漏模拟实验。模拟裂缝长度为 400mm，开口宽度分别为 1mm、2mm 和 3mm，出口宽度分别为 0.5mm、1mm 和 2mm。各堵漏配方对应的漏失量和封堵深度见表 5-30，堵漏配方在模拟裂缝内的封堵结果如图 5-96 所示。

表 5-30 验证实验数据

配方编号	裂缝宽度（mm） w_A	裂缝宽度（mm） w_T	漏失量（mL）	封堵深度（cm）
V-1	1.0	0.5	200	33~40
V-2	1.0	0.5	190	33~40
V-3	1.0	0.5	100	23~26
V-4	2	1	180	36~40
V-5	2	1	120	33~40
V-6	2	1	80	17~28
V-7	3	2	90	33~40
V-8	3	2	140	33~38
V-9	3	2	80	26~30

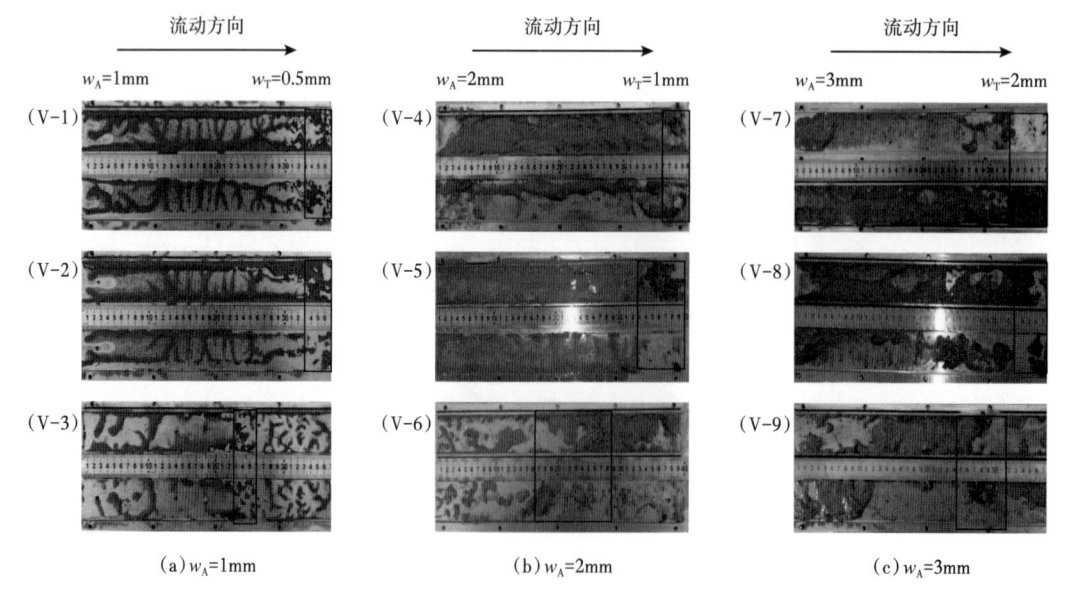

(a) w_A=1mm　　(b) w_A=2mm　　(c) w_A=3mm

图 5-96　推荐配方的封堵效果

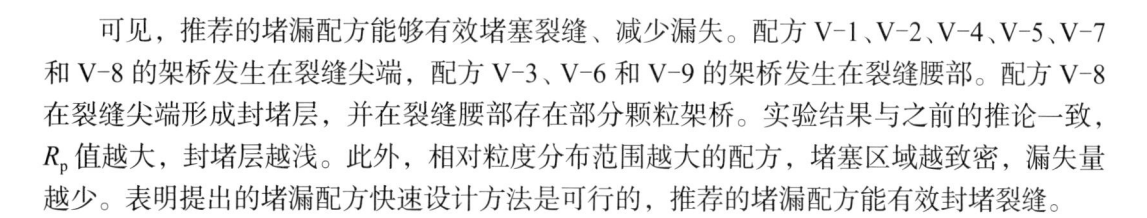

可见，推荐的堵漏配方能够有效堵塞裂缝、减少漏失。配方 V-1、V-2、V-4、V-5、V-7 和 V-8 的架桥发生在裂缝尖端，配方 V-3、V-6 和 V-9 的架桥发生在裂缝腰部。配方 V-8 在裂缝尖端形成封堵层，并在裂缝腰部存在部分颗粒架桥。实验结果与之前的推论一致，R_p 值越大，封堵层越浅。此外，相对粒度分布范围越大的配方，堵塞区域越致密，漏失量越少。表明提出的堵漏配方快速设计方法是可行的，推荐的堵漏配方能有效封堵裂缝。

参 考 文 献

[1] 陈义国．裂缝的测井识别与评价方法研究［D］．东营：中国石油大学（华东）．2010.
[2] 李军，张超谟，肖承文，等．库车地区砂岩裂缝测井定量评价方法及应用［J］．天然气工业，2008，28（10）：25-27+136.
[3] Luthi S M, Souhaite P. Fracture apertures from electrical borehole scans［J］. Geophysics, 1990, 55: 821-833.
[4] 童亨茂．成像测井资料在构造裂缝预测和评价中的应用［J］．天然气工业，2006，26（9）：58-61.
[5] 李善军，汪涵明，肖承文，等．碳酸盐岩地层中裂缝孔隙度的定量解释［J］．测井技术，1997，（3）：51-60+66.
[6] 张福明，陈义国，邵才瑞，等．基于双侧向测井的裂缝开度估算模型比较及改进［J］．测井技术，2010，34（4）：339-342.
[7] 季宗镇，戴俊生，汪必峰，等．构造裂缝多参数定量计算模型［J］．中国石油大学学报（自然科学版），2010，34（1）：24-28.
[8] 罗贞耀．用侧向资料计算裂缝张开度的初步研究［J］．地球物理测井，1990，（2）：83-92+84.
[9] Sibbit A M, Faivre O. The Dual Laterolog Response In Fractured Rocks［J］. spwla annual logging symposium, 1985.
[10] 曹重．裂缝地层双侧向测井模拟及应用［D］．青岛：中国石油大学（华东），2019.
[11] Majidi R, Miska S Z, Yu M, et al. Quantitative analysis of mud losses in naturally fractured reservoirs: the effect of rheology［J］. SPE Drilling & Completion, 2010, 25（4）: 509-517.
[12] Majidi R, Miska S Z, Ahmed R, et al. Radial flow of yield-power-law fluids: Numerical analysis, experimental study and the application for drilling fluid losses in fractured formations［J］. Journal of Petroleum Science and Engineering, 2010, 70（3）: 334-343.
[13] Majidi R, Miska S Z, Yu M, et al. Modeling of drilling fluid losses in naturally fractured formations［C］. SPE-114630-MS, 2008.
[14] Civan F, Rasmussen M L. Further discussion of fracture width logging while drilling and drilling mud/loss-circulation-material selection guidelines in naturally fractured reservoirs［J］. SPE Drilling & Completion, 2002, 17: 249-250.
[15] 练章华，康毅力，徐进，等．裂缝宽度预测的有限元数值模拟［J］．天然气工业，2001，（3）：47-50+47-46.
[16] Verga F M, Carugo C, Chelini V, et al. Detection and Characterization of Fractures in Naturally Fractured Reservoirs［J］. SPE Annual Technical Conference and Exhibition. SPE-63266-MS. 2000.
[17] Salimi S, Ghalambor A, Tronvoll J, et al. A simple analytical approach to simulate underbalanced-drilling in naturally fractured reservoirs—the effect of short overbalanced conditions and time effect［J］. Energies, 2010, 3（10）: 1639-1653.
[18] Sanfillippo F, Brignoli M, Santarelli F J, et al. Characterization of Conductive Fractures While Drilling［J］. SPE European Formation Damage Conference. 1997: SPE-38177-MS.

[19] Huang J, Griffiths D V, Wong S-W. Characterizing Natural-Fracture Permeability From Mud-Loss Data[J]. SPE Journal, 2010, 16（1）: 111-114.

[20] Liétard O, Unwin T, Guillo D J, et al. Fracture Width Logging While Drilling and Drilling Mud/Loss-Circulation-Material Selection Guidelines in Naturally Fractured Reservoirs[J]. SPE Drilling & Completion, 1999, 14（3）: 168-177.

[21] 彭浩. 裂缝性地层井漏分析与堵漏决策优化研究[D]. 成都：西南石油大学，2016.

[22] 康毅力，张敬逸，许成元，等. 刚性堵漏材料几何形态对其在裂缝中滞留行为的影响[J]. 石油钻探技术，2018，46（5）: 26-34.

[23] 邱正松，刘均一，周宝义，等. 钻井液致密承压封堵裂缝机理与优化设计[J]. 石油学报，2016，37（S2）: 137-143.

[24] 余海峰. 裂缝性储层堵漏实验模拟及堵漏浆配方优化[D]. 成都：西南石油大学，2014.

[25] 赵正国，蒲晓林，王贵，等. 裂缝性漏失的桥塞堵漏钻井液技术[J]. 钻井液与完井液，2012，29（3）: 44-46.

[26] Khoshmardan M A, Behbahani T J, Ghotbi C, et al. Experimental investigation of mechanical behavior and microstructural analysis of bagasse fiber-reinforced polypropylene (BFRP) composites to control lost circulation in water-based drilling mud[J]. Journal of Natural Gas Science and Engineering, 2022, 100: 104490.

[27] Li R, Li G, Feng Y, et al. Innovative experimental method for particle bridging behaviors in natural fractures[J]. Journal of Natural Gas Science and Engineering, 2022, 97: 104379.

[28] 雷少飞，孙金声，白英睿，等. 裂缝封堵层形成机理及堵漏颗粒优选规则[J]. 石油勘探与开发，2022，49（3）: 597-604.

[29] Zhu B, Tang H, Yin S, et al. Effect of fracture roughness on transport of suspended particles in fracture during drilling[J]. Journal of Petroleum Science and Engineering, 2021, 207: 109080.

[30] 王强，袁和义，刘阳，等. 深井超深井裂缝性地层致密承压封堵实验研究[J]. 西南石油大学学报（自然科学版），2021，43（4）: 109-117.

[31] 张晶. 煤矿区钻井裂缝性漏失承压堵漏机理与关键技术研究[D]. 北京：煤炭科学研究总院，2020.

[32] 王富华，孙希腾，丁万贵，等. 裂缝性地层承压防漏堵漏钻井液技术室内研究[J]. 复杂油气藏，2020，13（3）: 67-71.

[33] Ettehadi A, Tezcan M, Altun G. A comparative study on essential parameters to minimize sealing time in wide fractures[J]. Journal of Petroleum Science and Engineering, 2019, 183: 106422.

[34] Bao D, Qiu Z, Zhao X, et al. Experimental investigation of sealing ability of lost circulation materials using the test apparatus with long fracture slot[J]. Journal of Petroleum Science and Engineering, 2019, 183: 106396.

[35] Wang G, Huang Y, Lu H, et al. Selection of the particle size distribution of granular lost circulation materials for use in naturally fractured thief zones[J]. Journal of Petroleum Science and Engineering, 2022: 110702.

[36] Li J, Qiu Z, Zhong H, et al. Optimizing selection method of continuous particle size distribution for lost circulation by dynamic fracture width evaluation device[J]. Journal of Petroleum Science and Engineering, 2021, 200: 108304.

[37] Baiyu Z, Hongming T, Senlin Y, et al. Experimental and numerical investigations of particle plugging in fracture-vuggy reservoir: A case study[J]. Journal of Petroleum Science and Engineering, 2022, 208: 109610.

[38] Wang G, Cao C, Pu X, et al. Experimental investigation on plugging behavior of granular lost circulation

materials in fractured thief zone[J]. Particulate Science and Technology, 2016, 34（4）: 392-396.

[39] 冯永存, 马成云, 楚明明, 等. 刚性颗粒封堵裂缝地层漏失机制数值模拟[J]. 天然气工业, 2021, 41 (07): 93-100.

[40] 邱正松, 暴丹, 刘均一, 等. 裂缝封堵失稳微观机理及致密承压封堵实验[J]. 石油学报, 2018, 39(5): 587-596.

[41] 曲冠政. 粗糙裂缝结构的描述及其渗流规律研究[D]. 青岛: 中国石油大学（华东）. 2016.

[42] Xu C, Zhang H, Kang Y, et al. Physical plugging of lost circulation fractures at microscopic level[J]. Fuel, 2022, 317: 123477.

[43] Lin C, Taleghani A D, Kang Y, et al. A coupled CFD-DEM simulation of fracture sealing: Effect of lost circulation material, drilling fluid and fracture conditions[J]. Fuel, 2022, 322: 124212.

[44] Lin C, Taleghani A D, Kang Y, et al. A coupled CFD-DEM numerical simulation of formation and evolution of sealing zones[J]. Journal of Petroleum Science and Engineering, 2021: 109765.

[45] 闫霄鹏, 许成元, 康毅力, 等. 基于力链网络表征的裂缝封堵层结构失稳细观力学机制[J]. 石油学报, 2021, 42（6）: 765-775.

[46] 杨必胜, 梁福逊, 黄荣刚. 三维激光扫描点云数据处理研究进展、挑战与趋势[J]. 测绘学报, 2017, 46（10）: 1509-1516.

[47] 张家发, 叶加兵, 陈劲松, 等. 碎石颗粒形状测量与评定的初步研究[J]. 岩土力学, 2016, 37（2）: 343-349.

[48] 赵长胜. 测量数据处理研究[M]. 北京: 测绘出版社, 2013.

[49] 刘清秉, 项伟, M.Budhu, 等. 砂土颗粒形状量化及其对力学指标的影响分析[J]. 岩土力学, 2011, 32（S1）: 190-197.

[50] 杜欣, 曾亚武, 高睿, 等. 基于CT扫描的不规则外形颗粒三维离散元建模[J]. 上海交通大学学报, 2011, 45（5）: 711-715.

[51] 涂新斌, 王思敬. 图像分析的颗粒形状参数描述[J]. 岩土工程学报, 2004,（5）: 659-662.

[52] 栾悉道, 应龙, 谢毓湘, 等. 三维建模技术研究进展[J]. 计算机科学, 2008,（2）: 208-210+229.

[53] Kruggel-Emden H, Rickelt S, Wirtz S, et al. A study on the validity of the multi-sphere Discrete Element Method[J]. Powder Technology, 2008, 188（2）: 153-165.

[54] Lu G, Third J, Müller C. Discrete element models for non-spherical particle systems: From theoretical developments to applications[J]. Chemical Engineering Science, 2015, 127: 425-465.

[55] Markauskas D, Kačianauskas R, Džiugys A, et al. Investigation of adequacy of multi-sphere approximation of elliptical particles for DEM simulations[J]. Granular Matter, 2010, 12（1）: 107-123.

[56] Liu Q, Xiang W, Budhu M, et al. Study of particle shape quantification and effect on mechanical property of sand[J]. Rock and Soil Mechanics, 2011, 32（S1）: 190-197.

[57] 周剑, 马刚, 周伟, 等. 基于FDEM的岩石颗粒破碎后碎片形状的统计分析[J]. 浙江大学学报（工学版）, 2021, 55（02）: 348-357.

[58] 孙壮壮, 马刚, 周伟, 等. 颗粒形状对堆石颗粒破碎强度尺寸效应的影响[J]. 岩土力学, 2021, 42(2): 430-438.

[59] 邹德高, 田继荣, 刘京茂, 等. 堆石料三维形状量化及其对颗粒破碎的影响[J]. 岩土力学, 2018, 39（10）: 3525-3530.

[60] 万忠恕. 粗粒土颗粒物理性质的尺寸效应研究[D]. 大连: 大连理工大学, 2022.

[61] 韩琦. 超低密度支撑剂在裂缝中输送的CFD-DEM模拟研究[D]. 成都: 西南石油大学, 2018.

[62] 陈瑶. 颚式破碎机内物料破碎机理及破碎功耗研究[D]. 太原: 太原理工大学, 2016.

[63] Sun H, Xu S, Pan X, et al. Investigating the jamming of particles in a three-dimensional fluid-driven flow

via coupled CFD–DEM simulations[J]. International Journal of Multiphase Flow, 2019, 114: 140-153.
[64] Cundall P A, Strack O D. A discrete numerical model for granular assemblies[J]. geotechnique, 1979, 29(1): 47-65.
[65] 孙其诚, 王光谦. 颗粒物质力学导论[M]. 北京: 科学出版社, 2009.
[66] Di Renzo A, Di Maio F P. Comparison of contact-force models for the simulation of collisions in DEM-based granular flow codes[J]. Chemical engineering science, 2004, 59(3): 525-541.
[67] Chhabra R, Agarwal L, Sinha N K. Drag on non-spherical particles: an evaluation of available methods[J]. Powder technology, 1999, 101(3): 288-295.
[68] Ganser G H. A rational approach to drag prediction of spherical and nonspherical particles[J]. Powder technology, 1993, 77(2): 143-152.
[69] Sommerfeld M. Theoretical and experimental modelling of particulate flows[J]. Lecture series, 2000, 6: 3-7.
[70] Wang M, Liu J, Wang X, et al. Automatic determination of coupling time step and region in unresolved DEM-CFD[J]. Powder Technology, 2022, 400: 117267.
[71] Lungu M, Siame J, Mukosha L. Coarse-grained CFD-DEM simulations of fluidization with large particles[J]. Powder Technology, 2022, 402: 117344.
[72] Zhong W, Yu A, Liu X, et al. DEM/CFD-DEM modelling of non-spherical particulate systems: theoretical developments and applications[J]. Powder technology, 2016, 302: 108-152.
[73] 邱化龙. 基于离散元法的椭球颗粒多尺度建模方法[D]. 哈尔滨: 东北农业大学, 2019.
[74] 王方舟. 基于非球形颗粒的流—固耦合理论研究与算法优化[D]. 天津: 天津大学, 2019.
[75] Feng Y, Li G, Meng Y, et al. A novel approach to investigating transport of lost circulation materials in rough fracture[J]. Energies, 2018, 11(10): 2572.
[76] 许成元, 张敬逸, 康毅力, 等. 裂缝封堵层结构形成与演化机制[J]. 石油勘探与开发, 2021, 48(1): 202-210.
[77] Lee L, Magzoub M, Taleghani A D, et al. Modelling of cohesive expandable LCMs for fractures with large apertures[J]. Geothermics, 2022, 104: 102466.
[78] Li J, Qiu Z, Zhong H, et al. Coupled CFD-DEM analysis of parameters on bridging in the fracture during lost circulation[J]. Journal of Petroleum Science and Engineering, 2020, 184: 106501.
[79] 孙金声, 白英睿, 程荣超, 等. 裂缝性恶性井漏地层堵漏技术研究进展与展望[J]. 石油勘探与开发, 2021, 48(3): 630-638.
[80] 陈家旭. 高效纤维防漏堵漏技术实验研究[D]. 青岛: 中国石油大学(华东), 2019.
[81] 李伟, 白英睿, 李雨桐, 等. 钻井液堵漏材料研究及应用现状与堵漏技术对策[J]. 科学技术与工程, 2021, 21(12): 4733-4743.
[82] 张希文, 李爽, 张洁, 等. 钻井液堵漏材料及防漏堵漏技术研究进展[J]. 钻井液与完井液, 2009, 26(6): 74-76+79+97.
[83] 张战. 钻井液用柔性颗粒封堵剂研制[D]. 青岛: 中国石油大学(华东), 2018.
[84] Mondal S, Wu C-H, Sharma M M. Coupled CFD-DEM simulation of hydrodynamic bridging at constrictions[J]. International Journal of Multiphase Flow, 2016, 84: 245-263.
[85] Guariguata A, Pascall M A, Gilmer M W, et al. Jamming of particles in a two-dimensional fluid-driven flow[J]. Physical review E, 2012, 86(6): 061311.
[86] To K, Lai P-Y, Pak H. Jamming of granular flow in a two-dimensional hopper[J]. Physical review letters, 2001, 86(1): 71.
[87] Wang G, Huang Y, Xu S. Laboratory investigation of the selection criteria for the particle size distribution

of granular lost circulation materials in naturally fractured reservoirs[J]. Journal of Natural Gas Science and Engineering, 2019, 71: 103000.

[88] Wang G, Pu X. Discrete element simulation of granular lost circulation material plugging a fracture[J]. Particulate Science and Technology, 2014, 32（2）: 112-117.

[89] Razavi O, Karimi Vajargah A, Van Oort E, et al. Optimum particle size distribution design for lost circulation control and wellbore strengthening[J]. Journal of Natural Gas Science and Engineering, 2016, 35: 836-850.

[90] Alsaba M, Nygaard R, Saasen A, et al. Lost circulation materials capability of sealing wide fractures[C]. SPE-170285-MS, 2014.

[91] Whitfill D L, Wang M, Jamison D, et al. Preventing lost circulation requires planning ahead[C]. SPE-108647-MS, 2007.

[92] Dick M, Heinz T, Svoboda C, et al. Optimizing the selection of bridging particles for reservoir drilling fluids[C]. SPE-58793-MS, 2000.

[93] Smith P, Browne S, Heinz T, et al. Drilling fluid design to prevent formation damage in high permeability quartz arenite sandstones[C]. SPE-36430-MS, 1996.

[94] Abrams A. Mud design to minimize rock impairment due to particle invasion[J]. Journal of petroleum technology, 1977, 29（5）: 586-592.

[95] 罗向东, 罗平亚. 屏蔽式暂堵技术在储层保护中的应用研究[J]. 钻井液与完井液, 1992, 9（2）: 19-27.

[96] Jienian Y, Wenqiang F. Design of drill-in fluids by optimizing selection of bridging particles[C]. SPE-104131-MS, 2006.

[97] 王亮, 杨云川, 唐宏新, 等. Rosin-Rammler 分布的实验拟合曲线优化[J]. 沈阳理工大学学报, 2015, 34（5）: 58-61, 75.

[98] 曾凡, 胡永平. 矿物加工颗粒学[M]. 北京: 中国矿业大学出版社, 1995.

[99] Gao P, Zhang T S, Wei J X, et al. Evaluation of RRSB distribution and lognormal distribution for describing the particle size distribution of graded cementitious materials[J]. Powder Technology, 2018, 331: 137-145.

[100] Zeinali M, Shahmorad S, Mirnia K. Hermite and piecewise cubic Hermite interpolation of fuzzy data[J]. Journal of Intelligent & Fuzzy Systems, 2014, 26（6）: 2889-2898.

[101] Bickley W. Piecewise cubic interpolation and two-point boundary problems[J]. The computer journal, 1968, 11（2）: 206-208.

[102] Han X, Guo X. Cubic Hermite interpolation with minimal derivative oscillation[J]. Journal of Computational and Applied Mathematics, 2018, 331: 82-87.

[103] 朱金智, 任玲玲, 陆海英, 等. 桥接堵漏材料及其配方粒度分布预测新方法[J]. 钻井液与完井液, 2021, 38（4）: 474-478.

[104] Kastner M. Monte Carlo methods in statistical physics: Mathematical foundations and strategies[J]. Communications in Nonlinear Science and Numerical Simulation, 2010, 15（6）: 1589-1602.

第六章　裂缝性漏失钻井液防漏堵漏工艺技术

不同类型的裂缝性漏失，应当选用不同的防漏堵漏工艺。防漏堵漏工艺技术直接关系着裂缝性漏失防控的成败。按照随钻与停钻、防漏与堵漏的技术特点，本章介绍随钻防漏堵漏、常规停钻堵漏及强化井筒的停钻堵漏工艺技术。

第一节　随钻防漏堵漏工艺技术

一、基本原理及特点

钻进过程中，直接向井浆中加入堵漏物质，利用井浆中堵漏物质进入漏层封堵漏失通道，降低漏失严重度或完全堵塞漏层，达到不必停钻堵漏、边钻进边封堵的一种防漏堵漏工艺技术[1-4]。

该工艺技术的优点：不用停钻就可以进行堵漏作业、工艺简单、使用方便、成本低、对钻井作业影响不大、可选用专门的暂堵剂对产层进行屏蔽暂堵。然而，该工艺技术同样存在缺点：适用范围窄、卡钻的可能性大、要求钻具水眼足够大（防止滤子及钻头水眼堵塞）、容易出现"糊筛"现象、有时堵漏成效不明显（只能降低漏速）、井浆中须保持堵漏物浓度一段时间而可能会影响井浆净化等。

二、适用范围及选择方法

该堵漏工艺主要适用于不容易发生卡钻的浅井及中深井、小漏或微漏（通常漏速低于$10m^3/h$）、渗透性或微裂缝漏层、对钻井液净化要求不太高的井段。由于不必停钻专门堵漏，在小漏或微漏井的堵漏中使用较普遍。

按照该堵漏方法的特点，优先考虑使用随钻堵漏工艺的情况有：小漏或微漏、产层微漏（用单向压力封闭剂）、低压漏失带的中小漏失、纵向裂缝的中小漏失、容易出现解堵的压力敏感型裂缝漏失等井漏。

三、随钻防漏堵漏钻井液工艺性能

1. 基本要求

对钻井液作针对性处理、调整，保证钻井液性能达到优质水平：
（1）选用优质加重材料加重钻井液，控制好固相组成；
（2）降滤失剂加量使用达到设计上限，控制好高温高压失水；

(3)优选液体润滑剂并加足量,保证钻井液具有良好的润滑性能;
(4)优选适宜的封堵剂,保证优质的滤饼质量;
(5)钻井液流变性能优良。在保证有效携砂的前提下,保证尽可能低黏切。

2. 颗粒基随钻堵漏钻井液流变性测算

现有钻井水力学中,未考虑堵漏材料对环空钻井液流变性能的影响[5-7]。事实上,随钻堵漏材料的加入不可避免地影响钻井液流变性能,从而影响井底有效压力。因此,准确测算含随钻堵漏材料的钻井液流变参数,对预测和控制随钻堵漏过程的井底有效压力有重要意义。

同轴圆筒旋转黏度计是油气工程领域常用的流变测量工具,已形成了较成熟的流变测量理论和方法[8-9]。然而,由于同轴旋转黏度计的标准测量间隙过小(约1mm),流体中粗颗粒无法进入测量间隙或在测量间隙中阻卡,严重影响流变测量数据的准确性和可靠性。因此,同轴圆筒旋转黏度计无法直接满足随钻堵漏钻井液流变特性量测的需求。

为准确量测颗粒基随钻堵漏钻井液流变性能,对同轴圆筒旋转黏度计的测量间隙进行改造加工,形成可满足含粗颗粒流体的宽间隙测量系统,开展颗粒基随钻堵漏钻井液流变测量实验;利用Tikhonov正则化方法,提出不囿于窄间隙假设的同轴圆筒旋转黏度计流变测量的计算新方法,并利用实验数据验证了该方法的可靠性。

1)测试方法

采用六速旋转黏度计ZNN-6开展流变测量实验,该黏度计原装标准转子—悬锤组合的环形间隙仅为1.17mm。如图6-1(a)所示,当堵漏材料的粒度较大时,颗粒堵漏材料不能顺利地进入测量间隙,表明标准窄间隙转子—悬锤组合不再适合含粗颗粒流体的流变测量。为了量测颗粒基随钻堵漏钻井液的流变性能,将测量外筒的内径由标准尺寸R_{Rs}(18.415mm)扩大至R_{Rw}(19.645mm),如图6-1(b)所示。

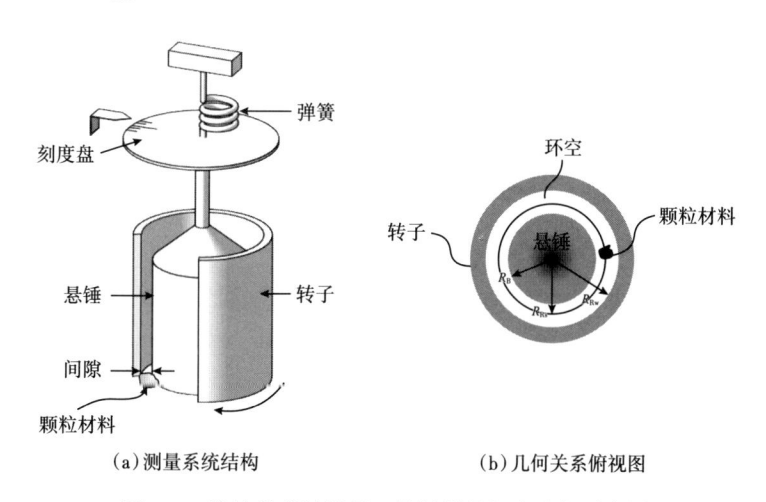

(a)测量系统结构　　(b)几何关系俯视图

图6-1　旋转黏度计转子—悬锤测量组合几何示意图

以筛分后各尺寸的碳酸钙颗粒混合为例,形成粗、中、细三种不同粒度级别的随钻堵漏材料(代号为LPM-C、LPM-M及LPF-F)。采用特征粒度值D_{10}、D_{50}和D_{90}描述随钻堵漏材料样品的粒度分布,见表6-1。

表 6-1 随钻堵漏材料的粒度分布

代号	D_{10}(mm)	D_{50}(mm)	D_{90}(mm)
LPM-F	0.30	0.65	0.90
LPM-M	0.30	0.80	1.25
LPM-C	0.30	1.00	1.35

2）数学方法

（1）基本方程。

设同轴圆筒旋转黏度计环形间隙中的流动为恒定黏性层流，满足基本方程[9]：

$$\omega = \frac{1}{2}\int_{\tau_R \text{ or } \tau_y}^{\tau_B} \frac{\dot{\gamma}(\tau)}{\tau} d\tau \quad (6\text{-}1)$$

式中　τ_R，τ_B——转子和悬锤壁面剪切应力，Pa；

τ_y——流体的屈服应力，Pa；

$\dot{\gamma}(\tau)$——未知的剪切速率，是剪切应力的函数，s^{-1}。

基本方程式（6-1）是著名的不适定积分方程，求解该方程常依赖于窄间隙假设和本构关系的代数形式的预设[9-10]。因此，六速旋转黏度计剪切速率采用了名义牛顿剪切速率公式来近似计算。然而，由于扩大了转子—悬锤组合环形间隙，基于窄间隙假设的名义牛顿剪切速率公式不再适用。所幸的是，Tikhonov 正则化方法为此类不适定积分方程的求解提供了一种可行的数值方法，该方法既不依赖于窄间隙假设，也不需要预设本构关系的数学函数表达式[11-12]。

（2）方程求解。

将同轴圆筒旋转黏度计的转子、悬锤壁面剪切应力与旋转速度表示为（τ_{b1}，τ_{c1}，ω_1^m），（τ_{b2}，τ_{c2}，ω_2^m），…，（τ_{bi}，τ_{ci}，ω_i^m），…，（τ_{bN_D}，τ_{cN_D}，$\omega_{N_D}^m$），其中，N_D 表示实验数据点个数（N_D=6），上标 m 表示是测量值。

将式（6-1）的积分区间 [Max（τ_{Ri}，τ_y），Max（τ_{Bi}）] 划分为 N_j 个均匀间隔点，小区间长为 $\Delta\tau$。这些离散点上的剪切速率 $\dot{\gamma}(\tau)$，可表示为列向量 $\dot{\gamma} = \{\dot{\gamma}_1, \dot{\gamma}_2, \dot{\gamma}_3, \cdots, \dot{\gamma}_j, \cdots, \dot{\gamma}_{Nj}\}^T$。因此，基本方程的离散形式为：

$$\omega_i^c = \sum_{j=1}^{N_j} \frac{\alpha_{ij} \dot{\gamma}_j \Delta\tau}{2\tau_j} \quad (i=1,2,3,\cdots,N_D) \quad (6\text{-}2)$$

其中，上标 c 表示是计算值；α_{ij} 是数值积分方法的系数，若采用辛普森数值积分公式，α_{i1}=1/3；q 为奇数时，α_{iq}=2/3；q 为偶数时，α_{iq}=4/3。

为便于表述，式（6-2）采用矩阵表示为：

$$\boldsymbol{\omega}^c = \boldsymbol{A}\dot{\boldsymbol{\gamma}} \qquad (6-3)$$

其中，A 为 $N_D \times N_j$ 的系数矩阵：

$$A_{ij} = \alpha_{ij}\Delta\tau/2\tau_j \left(i=1,2,3,\cdots,N_D; j=1,2,3,\cdots,N_j\right) \qquad (6-4)$$

为了利用实验数据点获得剪切速率函数，需要应用Tikhonov正则化方法的附加条件，即精度条件和光滑性条件[11]：

①精度条件：角速度的计算值与测量值之间的方差和最小，即：

$$S_1 = \sum_{i=1}^{N_D}\left(\omega^m - \omega^c\right)_i^2 = \left(\boldsymbol{\omega}^m - \boldsymbol{A}\dot{\boldsymbol{\gamma}}\right)^T\left(\boldsymbol{\omega}^m - \boldsymbol{A}\dot{\boldsymbol{\gamma}}\right) \qquad (6-5)$$

②光滑条件：剪切速率应随当地剪切应力连续平滑变化，即要求未知函数在剪切应力分割点处的二阶导数的平方和最小，即：

$$S_2 = \sum_{j=2}^{N_j-1}\left(\frac{d^2\dot{\gamma}}{d\tau^2}\right)^2 = \left(\boldsymbol{B}\dot{\boldsymbol{\gamma}}\right)^T\left(\boldsymbol{B}\dot{\boldsymbol{\gamma}}\right) \qquad (6-6)$$

其中，B 为 $(N_j-2)\times N_j$ 三对角系数矩阵，由剪切速率函数二阶导数的标准有限差分近似：

$$\boldsymbol{B} = \begin{bmatrix} 1 & -2 & 1 & & & \\ & 1 & -2 & 1 & & \\ & & & \ddots & & \\ & & & 1 & -2 & 1 \end{bmatrix}\frac{1}{\Delta\tau^2} \qquad (6-7)$$

Tikhonov正则化方法并不对 S_1 和 S_2 分别最小化，而是最小化两者的线性组合：

$$S = S_1 + \lambda S_2 \qquad (6-8)$$

则剪切速率函数 $\dot{\gamma}(\tau)$ 为：

$$\dot{\boldsymbol{\gamma}} = \left(\boldsymbol{A}^T\boldsymbol{A} + \lambda\boldsymbol{B}^T\boldsymbol{B}\right)^{-1}\boldsymbol{A}^T\boldsymbol{\omega}^m \qquad (6-9)$$

其中，λ 为可调节权重因子，称为正则化参数，可用L曲线法选择[13]。数值求解过程可通过计算机编程实现。

3）结果与分析

（1）新方法的验证。

流变性能是流体本身具有的物质属性，不随测试方法而变化。因此，对同一钻井液，采用宽间隙和窄间隙结构的测量与计算方法得到的流变曲线应该一致。利用该原理，采用基浆（不含堵漏材料）的流变测量数据，验证新测算方法的有效性。图6-2（a）绘制了在不同测试系统的黏度计读数与转速的关系。图6-2（b）是基于不同计算方法的剪切应力与剪切速率关系。

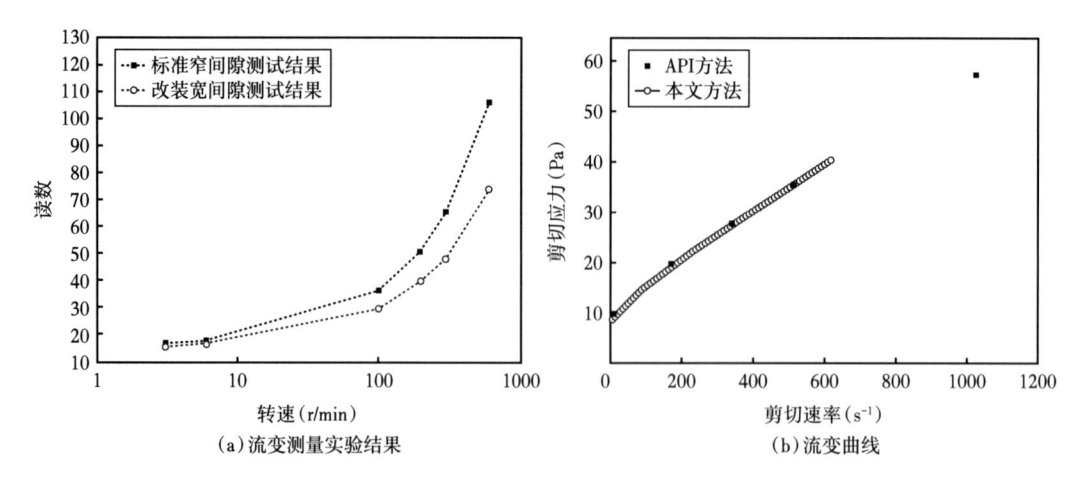

图 6-2 基浆(不含堵漏材料)流变测量数据及流变曲线

图 6-2（b）中，散点为采用 API 方法的计算结果，连续点为采用新方法的计算结果。采用两种不同的方法转换后的结果几乎重合于同一条曲线上。表明利用宽间隙结构结合 Tikhonov 正则化方法测算随钻堵漏钻井液的流变特性是可行和可靠的。

（2）流变曲线。

采用宽间隙内外筒测量组合，对不同粒度和含量的随钻堵漏钻井液的流变性能进行了测定。应用 Tikhonov 正则化方法，将黏度计读数与转速的关系转换为剪切应力与剪切速率的关系。图 6-3 至图 6-5 为流变测量实验数据和计算得到的流变曲线。

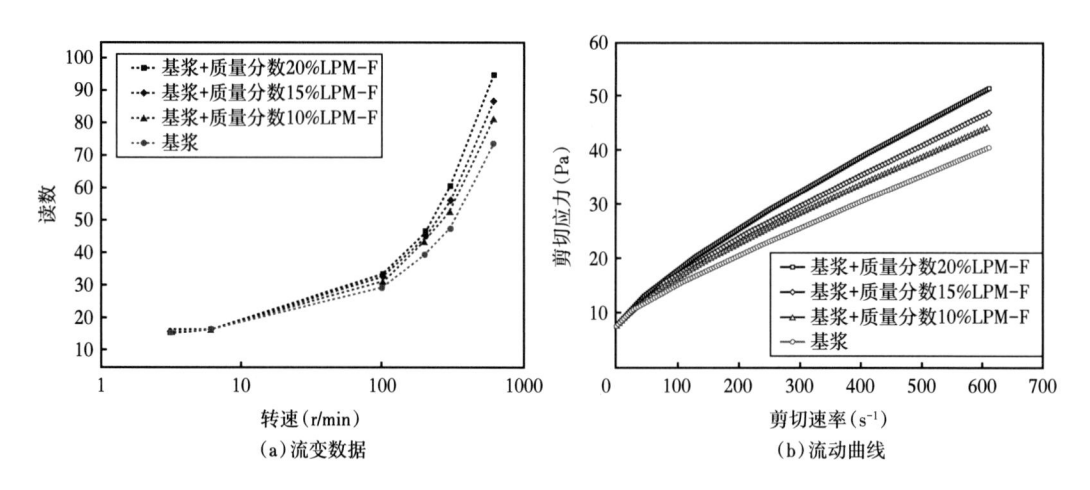

图 6-3 含细粒度颗粒堵漏钻井液的流变数据及流动曲线

由图 6-3 至图 6-5 可见，颗粒堵漏材料的加入对钻井液的流变性能有明显的影响。其中，含细颗粒堵漏材料 LPM-F 的钻井液样品，在整个剪切速率范围内，剪切应力值随着剪切速率的增大而显著增大。相较而言，含中、粗粒度的堵漏材料 LPM-M、LPM-C 的钻井液样品，在低剪切速率的范围剪切应力值仅略有增加，而在高剪切率范围内剪切应力迅速增加，特别当堵漏颗粒浓度较高时，剪切应力增加更为明显。

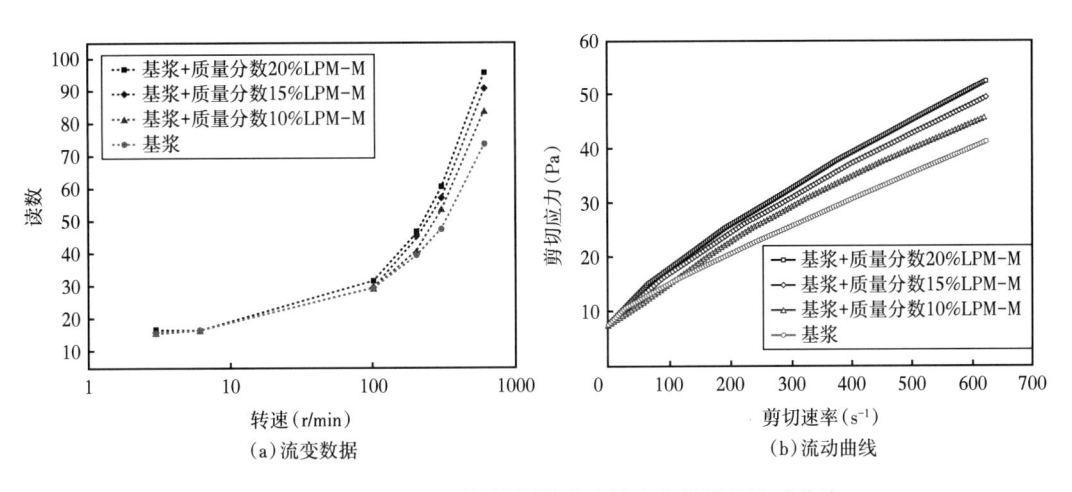

图 6-4 含中粗粒度颗粒堵漏钻井液的流变数据及流动曲线

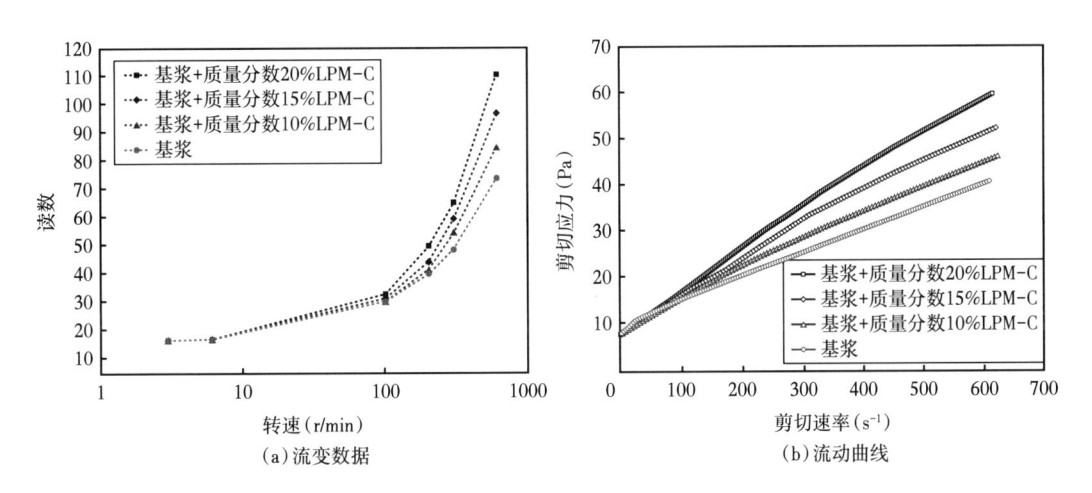

图 6-5 含粗粒度颗粒堵漏钻井液的流变数据及流动曲线

（3）流变模型。

颗粒基随钻堵漏钻井液测试样品流变曲线均为有屈服值的非线性流变曲线。采用多元非线性回归方法拟合流变曲线，对比和优选常用的二、三参数流变模型：

①卡森模型：
$$\tau^{1/2} = \tau_C^{1/2} + \eta_\infty^{1/2} \dot{\gamma}^{1/2} \tag{6-10}$$

②赫—巴模型：
$$\tau = \tau_{HB} + K\dot{\gamma}^n \tag{6-11}$$

③罗伯逊—史蒂夫模型：
$$\tau = A(\dot{\gamma} + C)^B \tag{6-12}$$

式中 τ_C——卡森流体的屈服应力，Pa；

η_∞——卡森流体极限剪切黏度，Pa·s；

τ_{HB}——赫—巴流体屈服应力，Pa；

K——赫—巴流体屈服应力，Pa；

n——赫—巴流体流型指数；

A，B 和 C——罗伯逊—史蒂夫流体的流变参数。

不同流变模型下的流变参数拟合结果见表6-2。

表6-2 颗粒基随钻堵漏钻井液的流变参数拟合结果

堵漏材料		卡森模型			赫—巴模型				罗伯逊—史蒂夫模型			
名称	加量（%，质量分数）	τ_C（Pa）	η_∞（mPa·s）	R^2	τ_{HB}（Pa）	n	K（mPa·s^n）	R^2	B	A（mPa·s^B）	C（s^{-1}）	R^2
LPM-Free	0	6.83	2.03	0.9842	8.45	0.859	12.87	0.9993	0.782	23.69	103.60	0.9990
LPM-F	10	7.08	2.19	0.9753	7.91	0.785	23.56	0.9993	0.689	49.51	62.73	0.9989
LPM-F	15	7.17	2.27	0.9751	7.89	0.793	24.92	0.9995	0.703	47.75	60.61	0.9992
LPM-F	20	7.28	2.49	0.9716	7.45	0.791	27.57	0.9999	0.714	49.83	50.57	0.9998
LPM-M	10	6.99	2.28	0.9692	6.80	0.802	22.75	0.9986	0.728	40.16	55.73	0.9982
LPM-M	15	7.11	2.42	0.9721	6.64	0.802	24.01	0.9996	0.729	43.15	48.14	0.9993
LPM-M	20	7.23	2.52	0.9684	6.70	0.808	25.66	0.9987	0.744	41.67	48.17	0.9984
LPM-C	10	6.98	2.27	0.9767	7.53	0.839	17.53	0.9996	0.767	30.71	70.75	0.9997
LPM-C	15	7.18	2.53	0.9708	7.06	0.839	20.74	0.9997	0.776	33.77	55.12	0.9981
LPM-C	20	7.31	2.84	0.9744	6.47	0.856	22.01	0.9992	0.812	30.82	47.09	0.9990

由表6-2可知，赫—巴模型的相关系数值最高，表明实验测试用随钻堵漏钻井液的流变特性符合赫—巴模型。此外，钻井液的稠度系数K和流型指数n受颗粒基堵漏材料的粒度和加量的影响明显，如图6-6所示。

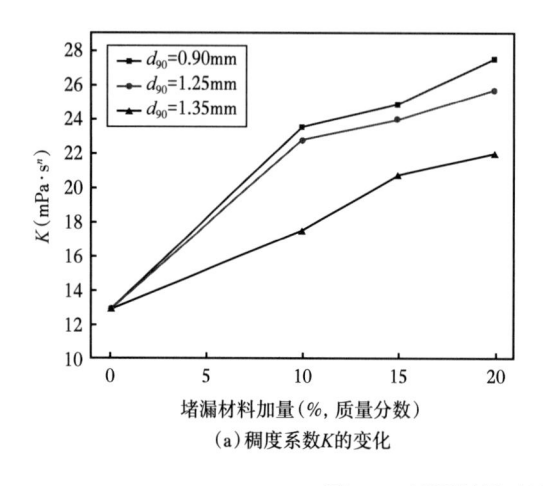

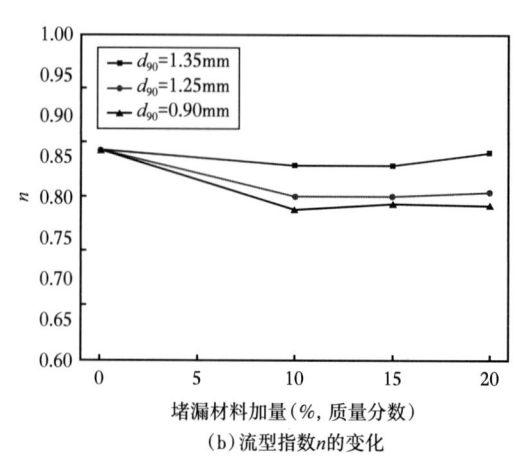

(a) 稠度系数K的变化

(b) 流型指数n的变化

图6-6 堵漏材料对钻井液流变参数的影响

由图 6-6 可见，相同加量条件下，堵漏材料粒度越小，流变参数变化越明显，这主要是因为细粒度堵漏材料中的颗粒粒度较小而数量较多，颗粒间接触概率更大，黏度增加更明显；而细粒堵漏材料的表面积更大，更易吸附钻井液基液，也可能加剧流体增稠。

可见，添加颗粒堵漏材料会显著影响钻井液流变参数，粒径和加量对钻井液的流变特性均有明显影响。采用实验测试与反问题数学模型相结合的方法，构建颗粒基随钻堵漏钻井液流变特性及流变参数的测算方法，为随钻堵漏钻井液工艺性能评价与优化提供科学数据。

四、随钻防漏堵漏工艺措施

充分分析邻井资料，确定发生漏失的层位，在钻至潜在漏失层顶部以上时采用随钻防漏技术进行防漏堵漏：

（1）停止钻井液循环，上下活动钻具，在钻井液泵上水罐内，通过加重漏斗，结合井浆中原有固相颗粒级配，往井浆中加入 3%~5% 随钻防漏剂。达到要求浓度后，测量堵漏浆性能。

（2）上水罐内堵漏浆配好后，转动钻具，开动钻井液泵，采用中等排量（10~15L/s）往井内泵入堵漏浆。地面连续计量液面，观察漏失情况。

（3）返出井浆进上水罐后，连续加入随钻防漏剂，保持随钻堵漏剂含量基本恒定；上水罐液面下降明显时，用储备井浆补充。

（4）随钻堵漏浆出钻头后，密切观察漏失情况，并对比随钻堵漏浆出钻头前后的漏失量变化，根据具体情况采取对应措施：

①若漏失逐渐明显减轻，或停漏，则保持堵漏剂浓度恢复钻进。

堵漏浆从井内返出后，全部通过 40 目筛布，并停运除砂器、除泥器。钻进中，在钻井工艺技术要求方面，除严格按原设计要求执行外，特别强调防止"压力激动及抽汲"的发生。钻进中，注意及时补充 40~60 目粒级堵漏材料，保持其有效含量。

②若漏失不缓解或漏速加快，则逐步提高堵漏剂含量至设计上限，循环观察；若漏失缓解不明显，且随钻堵漏浆不能满足正常钻进要求，则停止循环，将钻头提至套管内，进行停钻堵漏。

（5）当钻进中发生漏失时，注意观察漏速的变化趋势，除开始漏速很大而无法正常钻进外，最好持续循环或钻进，同时观察漏速是逐渐增加或是逐渐减小（直至自动停止），再决定是否实施停钻堵漏。

进行随钻堵漏施工时，必须做好防卡工作：

（1）控制失水，改善滤饼质量；同时加足润滑剂，提高防黏性能。

（2）尽可能避免钻具在裸眼内静置。

进行随钻堵漏作业时，细筛布换成 40 目粗筛布，且停运后续固控设备后，必然加剧钻屑对井浆的污染，引起钻井液黏切增高，流变性变差，且失水增大。对此采用如下应对措施：

（1）加密钻井液性能检测。

（2）在保证密度性能的前提下，加大胶液补充量，加大出口钻井液的排放量及置换量，保证入口井浆性能达到设计要求。

第二节 常规停钻堵漏工艺技术

一、确知漏层位置的堵漏工艺

确知漏层位置条件下，根据漏层性质及漏失速率大小，采用带钻头的钻柱结构（原钻具）和不带钻头（光钻杆）的堵漏方法。通常情况下，首先采用带钻头的钻柱结构堵漏，若堵漏不成功或漏失速率较大，则采用下光钻杆堵漏。

1. 原钻具堵漏工艺

此方法适用于深井、漏速较小、堵漏材料粒度较小、无堵塞水眼风险或可能漏层井段的容积较小的工况条件，直接采用原钻具进行堵漏作业，可节省堵漏时间。该工艺对应图解如图6-7所示：

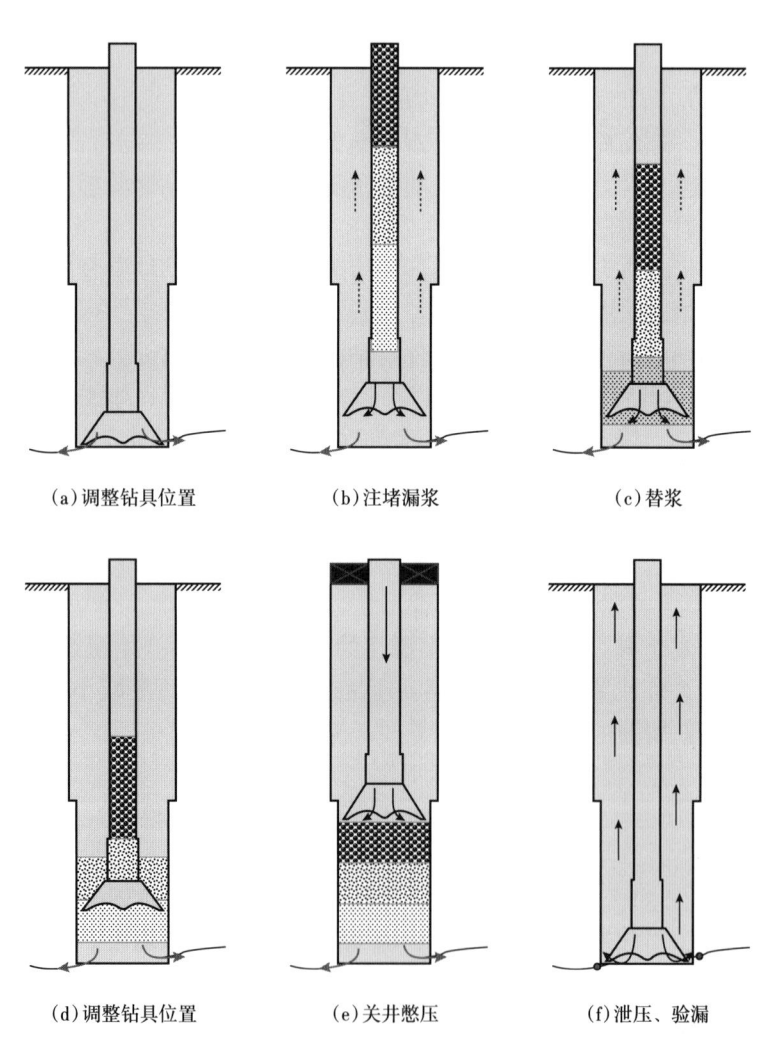

(a) 调整钻具位置　　(b) 注堵漏浆　　(c) 替浆

(d) 调整钻具位置　　(e) 关井憋压　　(f) 泄压、验漏

图6-7　停钻带钻头堵漏工艺图解

该方法的工艺流程及要点如下：

（1）调整钻柱位置：将钻具下放（或上提）至漏层顶部 10~30m 位置（裸眼存在复杂情况时应将钻具下至套管鞋或安全井段）；

（2）配制堵漏浆：推荐配制"多级段塞"桥浆，一般采用三级粒度段塞，由细到粗粒度递增配制堵漏浆段塞，各级桥浆段塞内堵漏材料粒度跨度尽可能宽，堵漏材料粒度以不堵塞水眼为准；

（3）注堵漏浆：保持中等排量泵注桥接堵漏浆，注入量以能全部覆盖漏层井段并加 2~10m³ 为宜。泵注过程中，记录漏失及井口返浆数据，同时注意观察泵压变化，出现泵压突然升高现象，表明钻具内堵塞，应立即停注，起钻；

（4）替浆：桥浆泵注完毕，用井浆将钻柱内堵漏浆完全顶替出水眼；

（5）调整钻具位置：起钻至安全井段（最好起钻至套管鞋内）；若采用"多级段塞"桥浆，则需要继续替浆、调整钻具，直至"多级段塞"桥浆完全被顶替出水眼；

（6）关井挤压：关井，观察套压和立压的同时，小排量将桥浆挤入漏层。挤钻井液过程中，若套压升高明显，控制挤浆速度或停止挤钻井液，停泵后观察 30min 压降不超过 0.5MPa，否则重复憋压过程，直至立压稳定 30min 内压降小于 0.5MPa；泄压开井，泄压应缓慢，防止泄压过快，造成地层回吐过多，影响堵漏效果或造成井壁坍塌；

（7）验漏：先在套管或安全井段内循环，排量逐步提至钻进排量循环，循环正常后分段下钻循环；先缓慢开泵，以 1/3 钻进排量循环，正常后逐步提排量至正常排量；下钻至井底循环正常后筛除堵漏材料，以正常钻进排量循环，无漏失则堵漏成功。

2. 光钻杆堵漏工艺

当漏失速度较大、或采用带钻头钻柱结构堵漏无效时，考虑采用起钻、卸钻头作业，然后下光钻杆堵漏。该方法的工艺要点如下：

（1）调整钻柱位置：将光钻杆下放至漏层顶部 10~30m 位置；

（2）配制堵漏浆：推荐配制"多级段塞"桥浆，一般采用三段式粒度段塞，由细到粗粒度递增配制堵漏浆段塞，各级段塞内堵漏材料粒度跨度尽可能宽；

（3）注堵漏浆：保持中等排量泵注桥接堵漏浆，注入量以能全部覆盖漏层井段并加 2~10m³ 为宜。泵注过程中，记录漏失及井口返浆数据；

（4）替浆：桥浆泵注完毕，用井浆顶替至桥浆在钻具内外平衡；

（5）调整钻具位置：起钻至堵漏浆段塞面以上或安全井段（最好起钻至套管鞋内）；若采用"多级段塞"桥浆，则需要继续替浆、调整钻具位置，直至最后一级桥浆段塞被顶替至钻柱内外平衡；

（6）关井挤压：关井，观察套压和立压的同时，小排量将桥浆挤入漏层。挤钻井液过程中，若套压升高明显，控制挤浆速度或停止挤钻井液，停泵后观察 30min 压降不超过 0.5MPa，否则重复憋压过程，直至立压稳定 30min 内压降小于 0.5MPa；泄压开井，泄压应缓慢，防止泄压过快，造成地层回吐过多，影响堵漏效果或造成井壁坍塌；

（7）验漏：先在套管或安全井段内循环，排量逐步提至钻进排量循环，循环正常后分段下钻循环；先缓慢开泵，以 1/3 钻进排量循环，正常后逐步提排量至正常排量；下钻至井底循环正常后筛除堵漏材料，以正常钻进排量循环，无漏失则堵漏成功。

该工艺对应图解如图 6-8 所示。

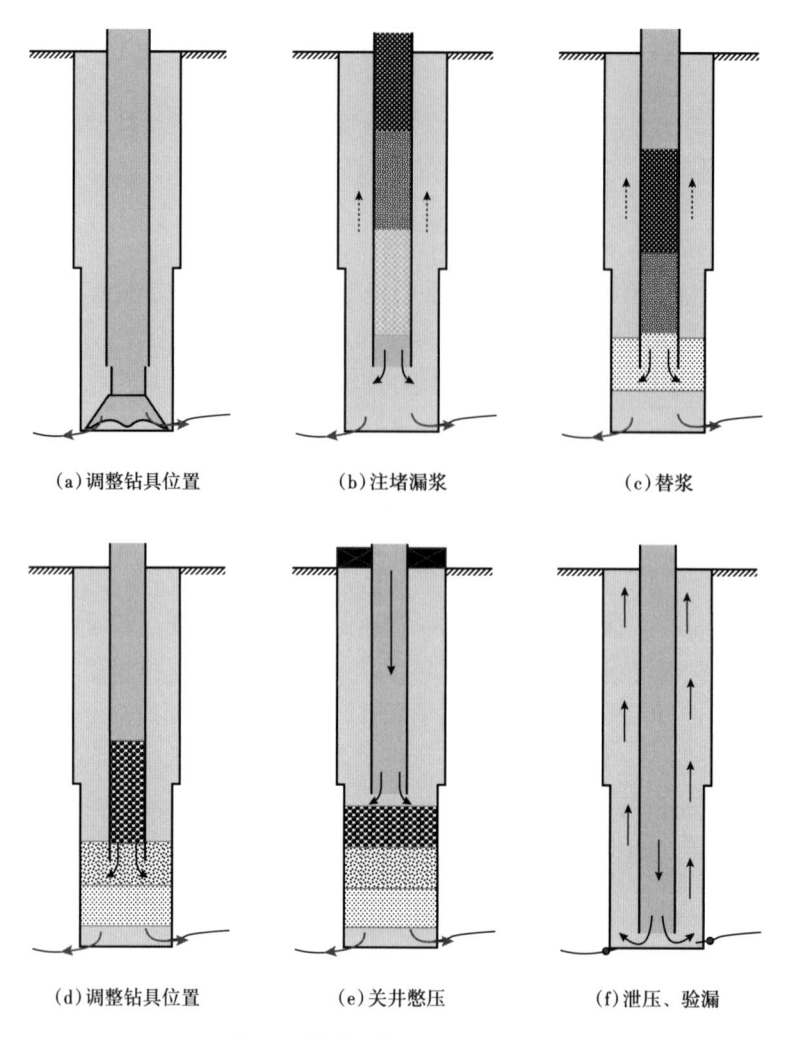

(a) 调整钻具位置　　(b) 注堵漏浆　　(c) 替浆

(d) 调整钻具位置　　(e) 关井憋压　　(f) 泄压、验漏

图6-8　停钻光钻杆堵漏工艺图解

二、不确知漏层位置的堵漏工艺

由于不确知漏层位置，则考虑采用全覆盖裸眼井段的堵漏方法。当裸眼井段容积较小，将裸眼井段全部视为漏层井段，采用与确知漏层位置相同的堵漏方法。

当裸眼井段容积较大时，一方面堵漏作业过程中的裸眼井段钻井液的"牺牲体积"较大，增加堵漏成本；另一方面，要全部覆盖裸眼井段需要配制的堵漏浆体积也较大，且多段式桥浆方法应用受限。因此，推荐采用下光钻杆堵漏的方法。该方法的工艺要点如下：

（1）将光钻杆下放至井底；

（2）配制堵漏浆，堵漏材料粒度跨度尽可能宽，配浆量以能全部覆盖漏层井段并加5~10m³为宜；

（3）保持中等排量泵注桥接堵漏浆，泵注过程中，记录漏失及井口返浆数据；

（4）桥浆泵注完毕，用井浆顶替至桥浆在钻具内外平衡；

（5）起钻至堵漏浆段塞面以上或安全井段（最好起钻至套管鞋内）；

（6）关井，观察套压和立压的同时，小排量将桥浆挤入漏层。挤钻井液过程中，若套压升高明显，控制挤浆速度或停止挤钻井液，停泵后观察30min压降不超过0.5MPa，否则重复憋压过程，直至立压稳定30min内压降小于0.5MPa；泄压开井，泄压应缓慢，防止泄压过快，造成地层回吐过多，影响堵漏效果或造成井壁坍塌；

（7）条件允许情况下，为了防止堵漏材料未能有效进入漏失通道，可缓慢下放光钻杆至裸眼底部，并由慢到快逐步增加转速旋转钻杆，以增加钻柱对堵漏材料的扰动；

（8）验漏：先在套管或安全井段内循环，排量逐步提至钻进排量循环，循环正常后分段下钻循环；先缓慢开泵，以1/3钻进排量循环，正常后逐步提排量至正常排量；下钻至井底循环正常后筛除堵漏材料，以正常钻进排量循环，无漏失则堵漏成功。

该工艺对应图解如图6-9所示：

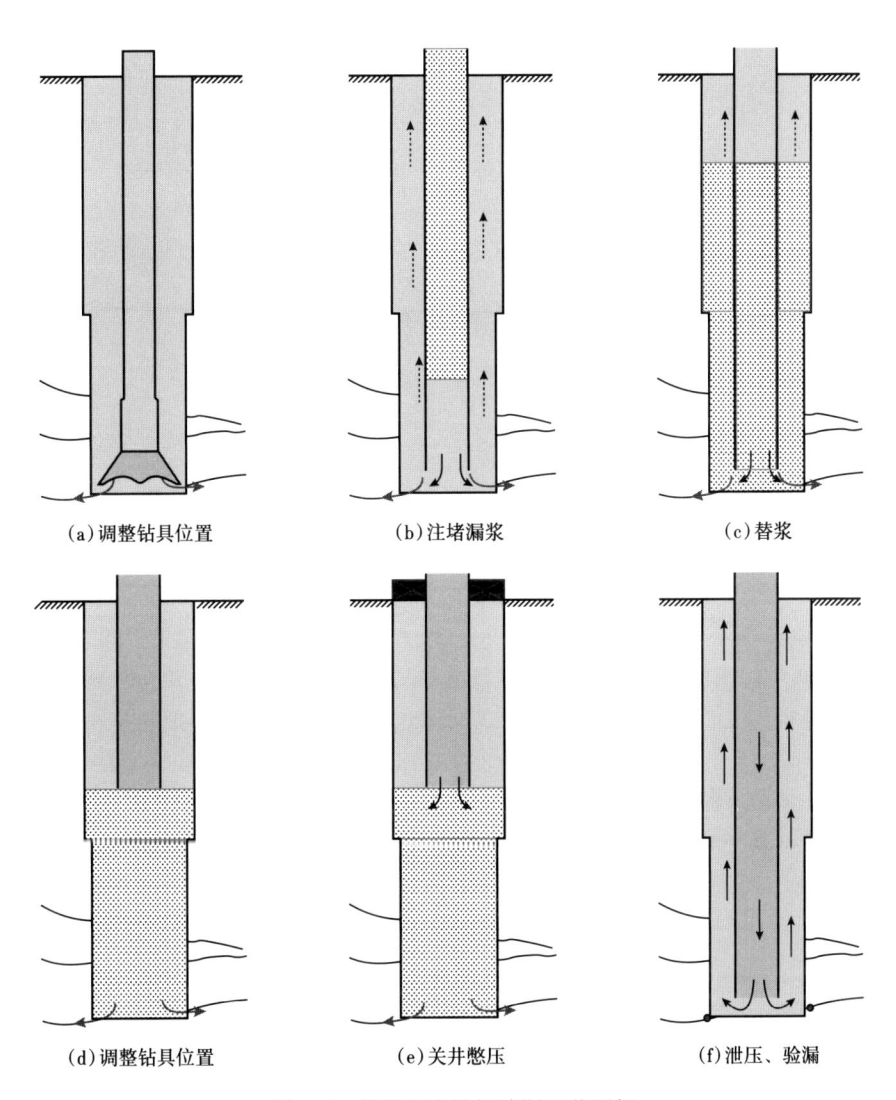

(a) 调整钻具位置　　(b) 注堵漏浆　　(c) 替浆

(d) 调整钻具位置　　(e) 关井憋压　　(f) 泄压、验漏

图6-9　停钻下光钻杆堵漏工艺图解

第三节　强化井筒承压堵漏工艺技术

强化井筒承压堵漏技术是利用堵漏的方法将同一层次井身结构中所有地层的承压能力提高到相同的水平（承受等当量密度），从而保证该层次井眼钻井安全[14-19]。换言之，强化井筒承压堵漏是一种"未漏先堵"的防漏技术。强化井筒堵漏原理如图 6-10 所示。

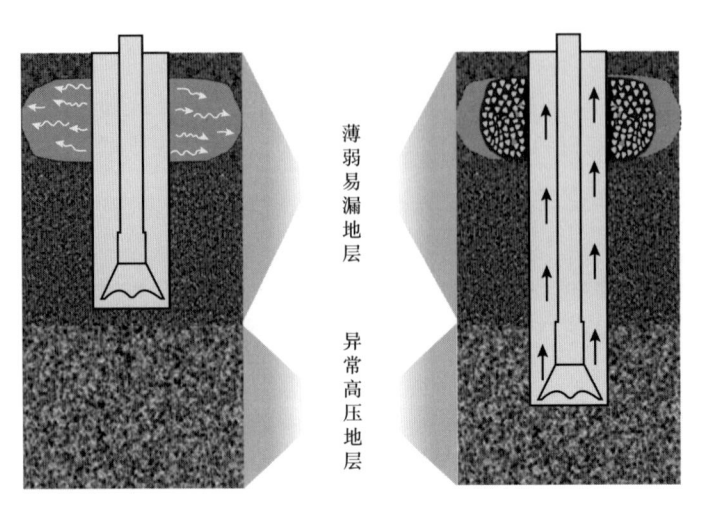

图 6-10　承压堵漏前后对比示意图解

根据地层、井口装置承压能力的要求，承压堵漏方法主要有井口直接憋压法、实际提密度法和憋压 + 提密度复合法等。

一、直接憋压法

以在用钻井液为基浆配制承压堵漏浆，井口直接憋压的方法。该方法适用于套管鞋和裸眼各井深处所承受的压力系数或当量密度在允许范围内的情况。

1. 关键参数

井口压力是井口憋压法的关键技术参数。堵漏作业过程中，为了达到承压堵漏的期望承压能力（当量密度），同时满足表层套管鞋处地层不被压裂，则必须满足：

$$\begin{cases} p_d + 10^{-3}\rho_{m0}gH_s < 10^{-3}\rho_{fs}gH_s & （套管鞋处不被压漏）\\ p_d + 10^{-3}\rho_{m0}gH_{LB} \geqslant 10^{-3}\rho_{aim}gH_{LB} & （漏层底满足承压要求）\end{cases} \quad (6-13)$$

由式（6-13）可得井口压力范围：

$$\begin{cases} p_d < 10^{-3}(\rho_{fs} - \rho_{m0})gH_s & （套管鞋处不被压漏）\\ p_d \geqslant 10^{-3}(\rho_{aim} - \rho_{m0})gH_{LB} & （漏层底满足承压要求）\end{cases} \quad (6-14)$$

式中　p_d——井口压力，MPa；

ρ_{fs}——套管鞋处地层承压能力当量密度，g/cm³；

ρ_{m0}——在用钻井液密度，g/cm³；
ρ_{aim}——期望承压能力当量钻井液密度，g/cm³；
H_s——套管鞋深度，m；
H_{LB}——漏层底届深度，m。

经过计算，堵漏过程的井口压力值必须满足可操作范围要求。如果经过计算，井口压力不具备可操作范围，则应当采用其他堵漏工艺。

假设某井表层套管下深200m，套管鞋处地层破裂压力当量密度为2.15g/cm³，漏层底部深1600m，目前钻进用钻井液密度为1.08g/cm³，需要将裸眼井段地层承压能力当量密度提高到1.5g/cm³。若采用井口直接憋压法施工，将上述参数代入式（6-14），则井口压力为：

$$\begin{cases} p_d < 2.06 \text{ MPa} & （套管鞋处不被压漏）\\ p_d \geq 6.27 \text{ MPa} & （漏层底满足承压要求）\end{cases} \quad (6-15)$$

计算结果表明，要满足套管鞋处地层不被压漏条件时，井口压力必须小于2.06MPa，但是要达到漏层承压堵漏目标则要求井口压力必须大于6.27MPa。显然，此时没有满足要求的井口压力的可操作范围。因此，不加重直接井口憋压的承压堵漏工艺并不适用于该井承压堵漏施工，承压堵漏时必须采用加重井内钻井液的方法。

2. 工艺要点

该方法的工艺要点如下，示意图解如图6-11所示。

（1）技术参数计算：根据易漏地层的期望承压能力当量密度，计算承压堵漏钻井液密度、井口目标压力值，进而估算地层裂缝开度、堵漏浆体积等参数；

（2）配制堵漏浆：推荐配制"两段式"桥浆，第一段堵漏浆采用高强度硬质颗粒为主的堵漏材料，且粒度跨度不宜过宽；第二段堵漏浆采用具有变形和充填能力的粒度较细的堵漏材料；

（3）调整钻柱位置：将光钻杆下放至井底；

（4）泵注堵漏浆：保持中等排量泵注第一段桥接堵漏浆，注入堵漏浆量以能全部覆盖目标地层井段并加10~20m³为宜；

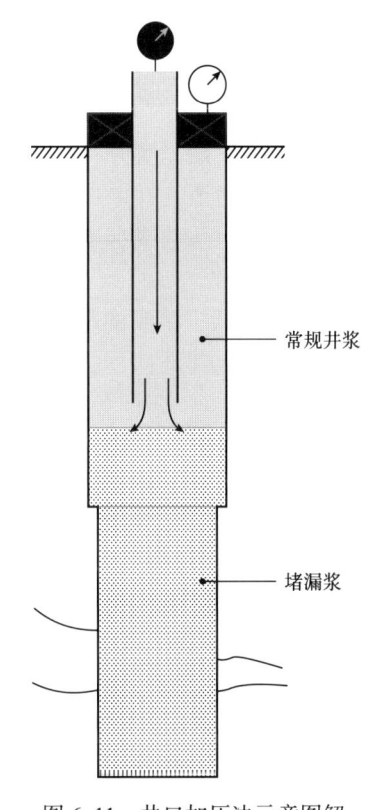

图6-11 井口加压法示意图解

（5）替浆：桥浆泵注完毕，用井浆顶替至桥浆在钻具内外平衡；

（6）调整钻具位置：起钻至堵漏浆段塞面以上或安全井段（最好起钻至套管鞋内）；

（7）关井挤压：方法一：控制排量（12~15L/s）、控制每次挤入量（3~5m³）、控制憋挤压力增幅为1.0~1.5MPa、每次憋挤间隔时间2~3h；方法二：每次最高憋挤压力以希望达到的稳压值为限，只控制最高憋挤压力不超过此值，而不控制每次憋挤量（但要控制排量）；

（8）泄压：开井泄压应缓慢，防止泄压过快，造成地层回吐过多，影响堵漏效果或造成井壁坍塌；

（9）调整钻柱位置：缓慢下放光钻杆至裸眼底部，并由慢到快逐步增加转速旋转钻杆；

（10）泵注堵漏浆：保持大排量泵注第二段桥接堵漏浆，泵注时保持钻柱旋转，注入堵漏浆量以能全部覆盖目标地层井段并加 10~20m³ 为宜；

（11）调整钻具位置：起钻至堵漏浆段塞面以上或安全井段（最好起钻至套管鞋内）；

（12）关井挤压：观察套压和立压的同时，小排量将堵漏浆挤入漏层。当井口压力达到要求的井口压力值时停止挤钻井液，停泵后观察 30min 压降不超过 0.5MPa，否则重复憋压过程，直至立压稳定 30min 内压降小于 0.5MPa；

（13）泄压：开井泄压应缓慢，防止泄压过快，造成地层回吐过多，影响堵漏效果或造成井壁坍塌；

（14）验漏：先在套管或安全井段内循环，排量逐步提至钻进排量循环，循环正常后分段下钻循环；先缓慢开泵，以 1/3 钻进排量循环，正常后逐步提排量至正常排量；下钻至井底循环正常后筛除堵漏材料，以正常钻进排量循环，无漏失则堵漏成功。

二、实际提密度法

实际提密度法是实际将钻井液密度提高到期望的地层承压能力当量密度，使目标易漏地层产生漏失通道，并堵住漏失通道的承压堵漏方法。该方法适用于套管鞋和裸眼各井深处所承受的压力系数或当量密度超过允许范围内，无法采用井口直接憋压法的情况下。

1. 关键参数

为了达到承压堵漏的期望承压能力当量密度，同时满足上层套管鞋处地层不被压漏，井筒压力关系应满足：

$$\begin{cases} 10^{-3}\rho_m g H_s < 10^{-3}\rho_{fs} g H_s & \text{（套管鞋处不被压漏）} \\ 10^{-3}\rho_m g H_{LB} \geq 10^{-3}\rho_{aim} g H_{LB} & \text{（漏层底满足承压要求）} \end{cases} \quad (6\text{-}16)$$

由式（6-16）可得：

$$\rho_{aim} \leq \rho_m < \rho_{fs} \quad (6\text{-}17)$$

由式（6-17）可知，当堵漏钻井液的密度值大于期望承压能力当量密度时，井口就不用加压，而使全裸眼井段的施工压力当量密度值满足承压要求。

该方法可以大幅降低套管鞋处地层被压裂致漏的风险。但是，该方法也存在一些局限性，比如，需要消耗较多加重材料，增加钻井成本；若后续钻进需要降密度，则现场实施的劳动强度、工艺难度较大；且提密度、降密度的作业耗时多。

2. 工艺要点

该方法的工艺要点如下，工艺图解如图 6-12 所示。

根据是否全井筒提密度，该方法又可以分为全井提密度法和分段提密度法。

1）全井提密度法

该方法适用于浅井（井筒容积小、钻井液配制成本低）、不具备井口憋压条件的情况。

工艺要点：

（1）参数预估：根据易漏地层的期望承压能力当量密度，计算承压堵漏钻井液密度，进而估算地层裂缝开度等参数；

（2）钻井液性能调节：将钻井液的流变性参数尽量控制在下限，同时将膨润土含量控制在 2.5% 以下（确保加重时不会明显增稠）；

（3）将钻头置于井底附近，开泵小排量全井循环条件下，向井浆中按循环周均匀加入各级刚性堵漏材料，加完后加大排量循环一周以上；

（4）按循环周逐渐均匀加重，建议加重一周，循环一周，且每一次的加重幅度尽量控制在 0.02~0.04g/cm³，避免出现大漏；加重时采用小排量，循环时采用较大排量，当密度接近期望承压能力当量密度值时，加重幅度减小到 0.01g/cm³；

（5）加重期间如果出现大漏，则需要补充堵漏浆，补充的堵漏浆配方不变，在加堵漏材料前需要将密度调整到与循环堵漏浆一致后再补充复合堵漏材料，直到漏失被控制以后再继续加重；

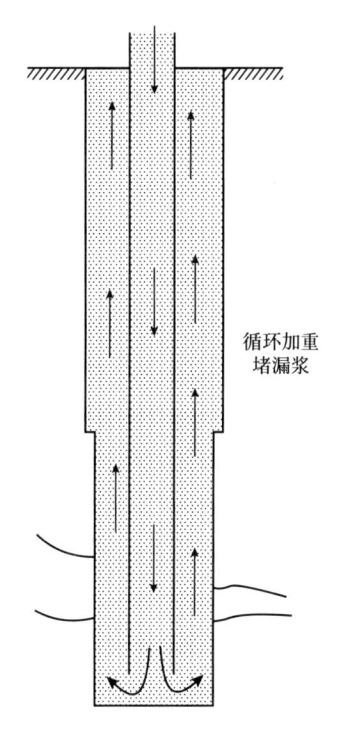

图 6-12　循环加重法示意图解

（6）密度达到期望承压能力当量密度值后，较大排量循环 2 周以上。若不发生明显漏失，则将井浆过 40~60 目筛，将粗颗粒逐渐筛除，观察液面情况（在粗颗粒被筛除后，泥浆罐液面会缓慢下降）至液面稳定后，恢复正常钻进；若发生明显漏失，则需要调整堵漏浆配方重复以上操作；

（7）钻进期间，保证有一台振动筛布使用 40~60 目，以保留足够的刚性材料，以提高新钻井眼的承压能力，即实施随钻提高地层承压能力的防漏堵漏工艺措施。

2）分段提密度法

该方法适用于深井（井筒容积较大、钻井液配制成本高）、不具备井口憋压条件的情况，工艺要点：

（1）钻井液性能调节：将地面+井筒的钻井液流变性参数尽量控制在下限，同时将膨润土含量控制在 2.5% 以下（确保加重时不会明显增稠），然后起钻至套管鞋（或安全井段）；

（2）按设计堵漏配方配制堵漏浆；

（3）下钻到井底，以小排量将承压堵漏浆注入裸眼井段，注意观察井口及罐液面，如果有漏失，及时记录漏失量和漏失速度；

（4）根据注入量和累计漏失量的差值确定裸眼井段是否全部充满承压堵漏浆（裸眼井段容积按钻头尺寸的 1.1~1.2 倍计算），如果没有充满，则需要继续配制堵漏浆，使堵漏浆在套管内至少有 30m³；配浆期间注意活动钻具或上提到安全井段；

（5）钻具位置控制在安全井段且在堵漏浆液面以上 50~100m 开泵循环 1、2、3 个阀，观察漏失情况。如果漏失量大于套管内承压堵漏浆的体积，则通过地面继续配制堵漏浆注入以淹没全部裸眼井段，如果3个阀不漏，则可以进行加重步骤；

（6）恢复2个阀循环，将上部非承压堵漏浆的密度逐渐提高到设计值，加重工序要点为：①下钻到承压堵漏浆液面以下10~20m；②一个阀顶通并循环一周，返出少量高密度承压堵漏浆（通过密度测量和振动筛观察）；③按循环周提高密度0.01~0.02g/cm³；④以2个阀和3个阀至少循环一周至液面稳定；⑤不漏（或漏失量不超过1m³），则继续重复②~④加重，至全部循环钻井液密度达到设计密度值；⑥如果加重和循环期间漏失量超过一方，则需要在液面稳定后视漏失量将钻具下入几柱（由漏失的浆体积决定）并重新以一个阀继续加重；

（7）当上部高密度井浆密度达到设计值且3个阀循环不漏以后，下钻不过筛分段循环（300~400m/次）2周以上，若下到井底未见漏失，则过40~60目筛，将粗颗粒堵漏材料筛除，筛面基本清洁后，保留40~60目以下的颗粒在井浆中，恢复正常钻进；

（8）钻进期间出现漏失可参照下列方案实施随钻承压堵漏工艺：
①若分段循环期间出现漏失，则先降低泵排量继续循环，至漏失停止再提高泵排量；
②如果在一个阀循环下漏失量累计超过5m³（或漏速超过10m³/h），并且循环井浆不过振动筛，继续循环至3个阀不漏；
③若多次重复任达不到要求，调整堵漏浆配方重复以上操作。

三、憋压—提密度复合法

憋压—提密度复合法是指将井内钻井液加重到一定值，同时采用井口憋压的承压堵漏工艺。综合考虑套管鞋和裸眼各井深处所承受的压力系数或当量密度对井口憋压值的限制、井口憋压装置条件限制、实际提密度工艺的操作时效低、成本高等因素，可以采用"井口憋压+实际提密度"复合方法。具体工艺要点可参考井口憋压法和提密度方法工艺要点。

根据井内钻井液密度值的均匀程度，可将憋压—提密度复合承压堵漏法分为均匀和非均匀加重法。

1. 全井筒提密度

将井内全部钻井液的密度提高到相同水平值，但又不必提高至期望承压能力当量密度，配合井口加压以满足承压要求。该方法可以适度节约加重材料的用量、劳动强度和作业耗时。

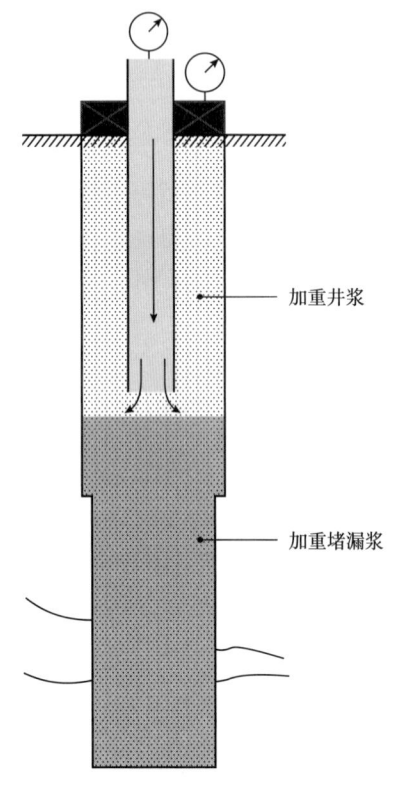

图6-13 加压—加重复合法示意图解

为了保证井口压力存在可操作的压力区间，只有当满足：

$$10^{-3}(\rho_{aim}-\rho_m)gH_{LB}<10^{-3}(\rho_{fs}-\rho_m)gH_s \qquad (6-18)$$

即堵漏钻井液密度值应满足：

$$\rho_m > \frac{\rho_{aim} H_{LB} - \rho_{fs} H_s}{H_{LB} - H_s} \quad (6-19)$$

井口压力才存在操作范围：

$$10^{-3}(\rho_{aim} - \rho_m)gH_{LB} \leqslant p_d < 10^{-3}(\rho_{fs} - \rho_m)gH_s \quad (6-20)$$

可见，井口压力值范围由堵漏钻井液密度决定，不同的堵漏钻井液密度对应不同的井口压力范围。因此，必须设计合理的井内密度与井口压力的最佳匹配关系，可利用式（6-19）和式（6-20）计算确定井内堵漏钻井液的密度下限和井口压力的范围。

若某井表层套管下深200m，套管鞋处地层破裂压力当量密度为2.15g/cm³，漏层底部深1600m，目前钻进用钻井液密度为1.08g/cm³，但固井前需要将裸眼井段地层承压能力当量密度提高到1.5g/cm³。

（1）堵漏钻井液密度。

$$\rho_m \geqslant \frac{\rho_{aim} H_{LB} - \rho_{fs} H_s}{H_{LB} - H_s} = \frac{1.5 \times 1600 - 2.15 \times 200}{1600 - 200} = 1.41 (g/cm^3) \quad (6-21)$$

为了保证全裸眼井段均能达到承压要求，同时保证套管鞋处地层不被压漏，后续使用的堵漏钻井液密度必须大于1.41g/cm³，说明该井承压堵漏工艺必须采用提密度法或复合法。

（2）循环加重时，井口压力值范围。

将钻井液密度由基浆密度的1.08g/cm³逐渐加重至1.41g/cm³的过程中，必须保证套管鞋处地层不被压裂。井口压力必须满足：

$$p_d < 10^{-3}(\rho_{fs} - \rho_m)gH_s \quad (6-22)$$

可见，循环加重过程中，井口压力值由井内钻井液密度值决定，结果见表6-3。

表6-3 循环加重过程中井口压力与井内密度对应数据表

序号	钻井液密度（g/cm³）	套管鞋承压能力当量密度（g/cm³）	期望承压能力当量钻井液密度（g/cm³）	套管鞋深度（m）	漏层底届深度（m）	井口压力（MPa）
1	1.08	2.15	1.5	200	1600	<2.10
2	1.10	2.15	1.5	200	1600	<2.06
3	1.12	2.15	1.5	200	1600	<2.02
4	1.14	2.15	1.5	200	1600	<1.98
5	1.16	2.15	1.5	200	1600	<1.94
6	1.18	2.15	1.5	200	1600	<1.90

续表

序号	钻井液密度 (g/cm³)	套管鞋承压能力当量密度 (g/cm³)	期望承压能力当量钻井液密度 (g/cm³)	套管鞋深度 (m)	漏层底届深度 (m)	井口压力 (MPa)
7	1.20	2.15	1.5	200	1600	< 1.86
8	1.22	2.15	1.5	200	1600	< 1.82
9	1.24	2.15	1.5	200	1600	< 1.78
10	1.26	2.15	1.5	200	1600	< 1.74
11	1.28	2.15	1.5	200	1600	< 1.71
12	1.30	2.15	1.5	200	1600	< 1.67
13	1.32	2.15	1.5	200	1600	< 1.63
14	1.34	2.15	1.5	200	1600	< 1.59
15	1.36	2.15	1.5	200	1600	< 1.55
16	1.38	2.15	1.5	200	1600	< 1.51
17	1.40	2.15	1.5	200	1600	< 1.47

可见，加重过程中，井口压力值不宜过大，循环排量不宜过大。

（3）关井憋压时，井口压力值范围。

当钻井液密度提到承压堵漏密度要求下限以后，就可以实施井口憋压作业，此时必须严格控制加压速度及井口压力。井口压力范围应由式（6-20）计算确定。计算结果见表6-4。

表6-4 关井憋压过程中井口压力与井内密度对应数据表

序号	钻井液密度 (g/cm³)	套管鞋承压能力当量密度 (g/cm³)	期望承压能力当量钻井液密度 (g/cm³)	套管鞋深度 (m)	漏层底届深度 (m)	井口压力 p_d (MPa)	Δp_d (MPa)
1	1.41	2.15	1.5	200	1600	$1.41 \leq p_d < 1.45$	0.04
2	1.42	2.15	1.5	200	1600	$1.25 \leq p_d < 1.43$	0.18
3	1.44	2.15	1.5	200	1600	$0.94 \leq p_d < 1.39$	0.45
4	1.46	2.15	1.5	200	1600	$0.63 \leq p_d < 1.35$	0.73
5	1.48	2.15	1.5	200	1600	$0.31 \leq p_d < 1.31$	1.00
6	1.50	2.15	1.5	200	1600	$0.00 \leq p_d < 1.27$	1.27

由式（6-20）及表6-4可见，井口压力操作范围随着堵漏钻井液密度的增加逐渐扩大，其中当堵漏钻井液密度与期望承压能力当量密度相等时，井口可以不用憋压，即提密度—憋压复合堵漏法包括了提密度但不憋压这种特例。

2. 分井段提密度

为了扩大井口压力的可操作范围，降低井口憋压带来的井下风险，对井筒中的钻井液采取分段加重的方式。非均匀加重法可以概括为仅裸眼井段用加重堵漏浆、裸眼井段用高密度段塞且漏层井段加重堵漏浆两种方法。

（1）仅裸眼井段用加重堵漏浆。

为了最大限度地扩大井口压力的操作区间，可以采用上层套管内使用现行钻井液，而仅在套管鞋下裸眼井段内使用加重的堵漏钻井液，如图6-14所示。

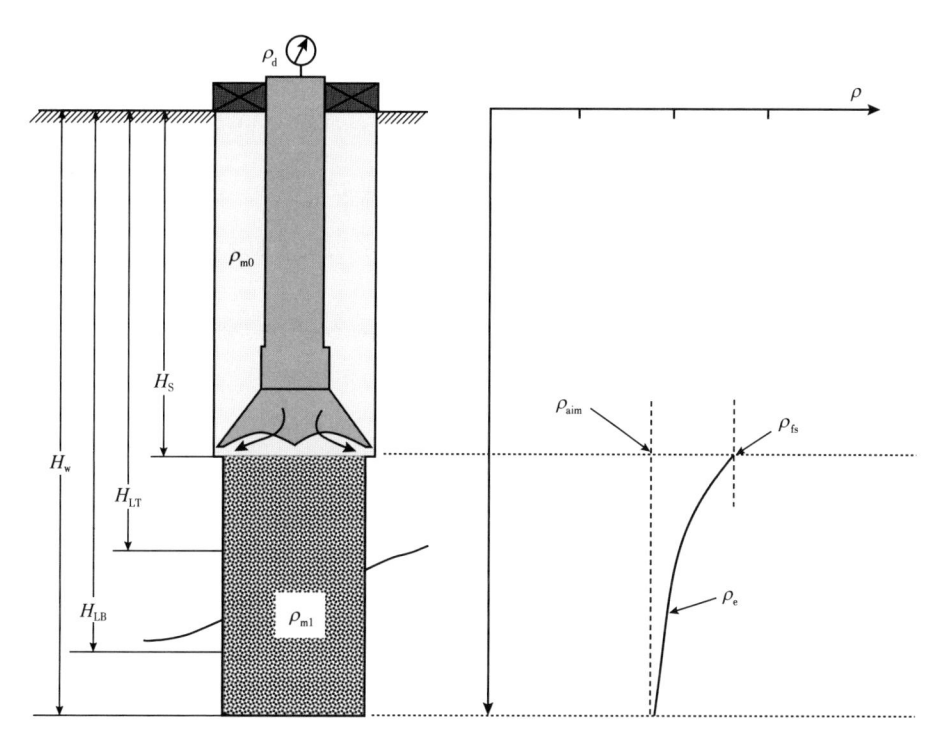

图6-14 裸眼井段加重法示意图

为了满足承压要求，则应有：

$$p_d + 10^{-3}\rho_{m0}gH_s + 10^{-3}\rho_{m1}g(H_{LB}-H_s) \geqslant 10^{-3}\rho_{aim}gH_{LB} \tag{6-23}$$

由式（6-23）可得：

$$p_d \geqslant 10^{-3}g(\rho_{aim}H_{LB} - \rho_{m0}H_s - \rho_{m1}H_{LB} + \rho_{m1}H_s) \tag{6-24}$$

同时，为了保证套管鞋处地层不被压漏，则：

$$p_d < 10^{-3}(\rho_{fs} - \rho_{m0})gH_s \tag{6-25}$$

为了保证井口压力存在可操作的压力区间，只有当满足：

$$10^{-3}g(\rho_{aim}H_{LB} - \rho_{m0}H_s - \rho_{m1}H_{LB} + \rho_{m1}H_s) < 10^{-3}(\rho_{fs} - \rho_{m0})gH_s \tag{6-26}$$

即堵漏钻井液密度值应满足：

$$\rho_{m1} > \frac{\rho_{aim}H_{LB} - \rho_{fs}H_s}{H_{LB} - H_s} \quad (6\text{-}27)$$

可见，仅裸眼井段加重时，堵漏钻井液密度下限的计算公式与全井均匀加重法相同，此时，井口压力存在可操作范围：

$$10^{-3}g(\rho_{aim}H_{LB} - \rho_{m0}H_s - \rho_{m1}H_{LB} + \rho_{m1}H_s) \leqslant p_d < 10^{-3}(\rho_{fs} - \rho_{m0})gH_s \quad (6\text{-}28)$$

对比式（6-28）和式（6-20）不难发现，仅裸眼井段加重的堵漏方式对应的井口压力范围，与全井均匀加重的井口压力范围区间大小一致，只是井口压力的绝对值更大而已，但该方法比全井均匀加重法的施工工艺更复杂。

（2）套管鞋下用高密度段塞，漏层井段用加重堵漏浆。

若需要进一步扩大井口压力的操作范围区间，可采用更为复杂的施工工艺。在套管鞋下井段使用高密度段塞，在漏层井段使用加重堵漏浆。

设加重钻井液密度为ρ_w，重钻井液段塞顶端位置为H_{WT}，底端位置为H_{WB}，如图6-15所示。

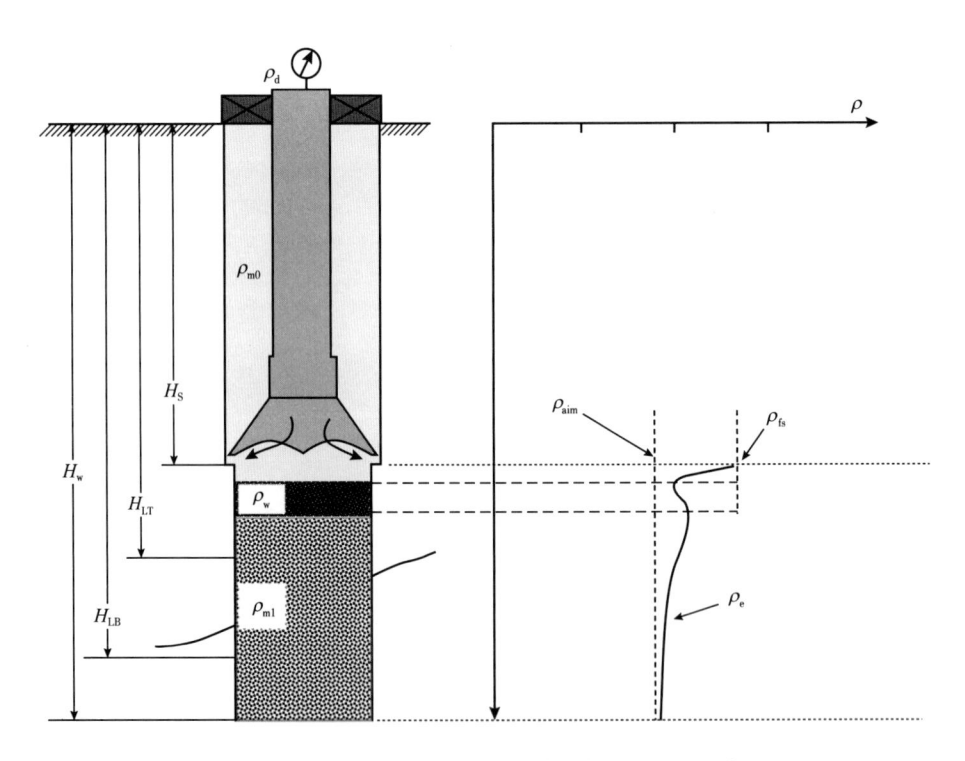

图6-15 高密度段塞—加重堵漏浆复合堵漏工艺示意图

与前述几种方法同理，为了满足承压期望，必有：

$$p_d + 10^{-3}\rho_{m0}gH_{WT} + 10^{-3}\rho_w g(H_{WB} - H_{WT}) + 10^{-3}\rho_{m1}g(H_{LB} - H_{WB}) \geqslant 10^{-3}\rho_{aim}gH_{LB} \quad (6\text{-}29)$$

可得：

$$p_d \geq 10^{-3}g[\rho_{aim}H_{LB} - \rho_{m0}H_{WT} - \rho_w(H_{WB} - H_{WT}) - \rho_{m1}(H_{LB} - H_{WB})] \quad (6-30)$$

同时，保证套管鞋处地层不被憋漏，则有：

$$p_d < 10^{-3}(\rho_{fs} - \rho_{m0})gH_s \quad (6-31)$$

若在漏层井段使用密度为 1.4g/cm³ 左右的堵漏钻井液，并且在套管鞋下方注入一段（高度为 300~350m）的密度为 1.8~2.0g/cm³ 的高密度钻井液。

利用式（6-30）和式（6-31），可计算井口压力操作范围，计算结果见表 6-5。

表 6-5 关井憋压过程中井口压力与井内密度对应数据表

序号	重浆密度（g/cm³）	堵漏浆密度（g/cm³）	套管鞋下深（m）	漏层顶（m）	漏层底（m）	重浆顶（m）	重浆底（m）	井口压力 p_d（MPa）下限	井口压力 p_d（MPa）上限	Δp_d（MPa）
1	1.8	1.38	200	900	1600	300	650	1.32	2.10	0.77
2	1.8	1.40	200	900	1600	300	650	1.14	2.10	0.96
3	1.8	1.42	200	900	1600	300	650	0.95	2.10	1.15
4	1.8	1.44	200	900	1600	300	650	0.76	2.10	1.33
5	1.9	1.38	200	900	1600	300	650	0.98	2.10	1.12
6	1.9	1.40	200	900	1600	300	650	0.79	2.10	1.30
7	1.9	1.42	200	900	1600	300	650	0.61	2.10	1.49
8	1.9	1.44	200	900	1600	300	650	0.42	2.10	1.68
9	2.0	1.38	200	900	1600	300	650	0.64	2.10	1.46
10	2.0	1.40	200	900	1600	300	650	0.45	2.10	1.65
11	2.0	1.42	200	900	1600	300	650	0.26	2.10	1.83
12	2.0	1.44	200	900	1600	300	650	0.08	2.10	2.02

由表 6-5 可知，当在裸眼井段内注入一段高密度钻井液段塞后，井口压力可操作范围区间可以得到明显的扩大。井口压力范围区间的大小与高密度钻井液的密度、堵漏钻井液密度，重钻井液段塞长度等有关。高密度钻井液的密度和堵漏钻井液密度越高，井口压力区间越大；加重钻井液段塞的长度越大，井口压力范围也越大。

假设某井在 300~650m 井段内注入密度为 1.8g/cm³ 的高密度钻井液，下部堵漏钻井液密度为 1.4g/cm³。这种情况下，井口憋压的压力为 1.5MPa，可达到套管鞋处地层不被压漏，且漏层承压能力可满足承压期望的要求。

对比上述几种承压堵漏施工方法，将井内密度要求和井口压力范围总结归纳在表 6-6 中。

表 6-6 承压堵漏施工方法对比

堵漏工艺			井内钻井液密度（g/cm³）		井口压力范围（MPa）	风险程度
直接憋压法			1.1		—	极大
实际提密度法			1.5		$0 \leqslant p_d < 2.1$	很小
憋压—提密度复合法	全井筒提密度		> 1.42		$1.25 \leqslant p_d < 1.43$	较大
	分井段提密度	仅裸眼井段用加重堵漏浆	表套：1.08 原井浆		$1.92 \leqslant p_d < 2.1$	较大
			裸眼：> 1.42 堵漏浆			
		套管鞋下：高密度段塞漏层井段：加重堵漏浆	表套：1.08 原井浆		$0.95 \leqslant p_d < 2.1$	较小
			裸眼：(1.8~2.0)×(300~350m) 高密度+(> 1.42 堵漏浆)			

由表 6-6 可知，不同的承压堵漏工艺对应的井内钻井液密度、井口压力范围均不同，施工风险差异性也较大。需要综合考虑井下条件、井口条件、承压期望、工艺难度及作业成本等各方面的因素，选择最合理的承压堵漏工艺。

参 考 文 献

[1] 蒋希文. 钻井事故与复杂问题 [M]. 北京：石油工业出版社，2002.

[2] 徐同台，刘玉杰. 钻井工程防漏堵漏技术 [M]. 北京：石油工业出版社，1997.

[3] 李家学，黄进军，罗平亚，等. 裂缝地层随钻段塞止漏技术 [J]. 应用基础与工程科学学报，2012，20（1）：7.

[4] 李家学，黄进军，罗平亚，等. 随钻防漏堵漏技术研究 [J]. 钻井液与完井液，2008，25（3）：4.

[5] 刘可成，徐生江，戎克生，等. 颗粒基随钻堵漏钻井液流变参数测算方法 [J]. 钻井液与完井液，2019，36（6）：683-688.

[6] Erge O, Ali KarimiOzbayoglu, Mehmet Evrenvan Oort, et al. Frictional pressure loss of drilling fluids in a fully eccentric annulus[J]. Journal of natural gas science and engineering, 2015, 26（9）：1119-1129.

[7] 彭齐，樊洪海，周号博，等. 不同流变模式钻井液环空层流压耗通用算法 [J]. 石油勘探与开发，2013，40（6）：5.

[8] Mahto V, Sharma V P. Rheological study of a water based oil well drilling fluid[J]. Journal of Petroleum Science & Engineering, 2004, 45（1-2）：123-128.

[9] Krieger, Irvin M. Shear Rate in the Couette Viscometer[J]. Journal of Rheology, 1968, 12（1）：5-11.

[10] Sisodia M S, Rajak D K, Pathak A K, et al. An improved estimation of shear rate for yield stress fluids using rotating concentric cylinder Fann viscometer[J]. Journal of Petroleum Science and Engineering, 2015, 125：247-255.

[11] Yeow Y L, Ko W C, Tang P P P. Solving the inverse problem of Couette viscometry by Tikhonov regularization[J]. Journal of Rheology, 2000, 44（6）：1335-1351.

[12] Jürgen, Weese. A regularization method for nonlinear ill-posed problems[J]. Computer Physics Communications, 1993, 77（3）：429-440.

[13] Hansen P C. Analysis of Discrete Ill-Posed Problems by Means of the L-Curve[J]. Siam Review, 1992, 34（4）：561-580.

34（4）：561-580.

[14] 邱小江，张洪亮，魏艺萌，等.考虑高应力差的承压堵漏施工参数研究［J］.钻井液与完井液，2023，40（01）：54-59.

[15] 张晶.煤矿区钻井裂缝性漏失承压堵漏机理与关键技术研究［D］.北京：煤炭科学研究总院，2020.

[16] Alkinani H H, Al-Hameedi A T T, Dunn-Norman S, et al. Using data mining to stop or mitigate lost circulation[J]. Journal of Petroleum Science and Engineering, 2019, 173: 1097-1108.

[17] 曾义金，陈勉，林永学.油气井井筒强化关键技术及工业化应用［M］.北京：石油工业出版社，2015.

[18] Wang H M, Sweatman R, Engelman B, et al. Best practice in understanding and managing lost circulation challenges[J]. SPE Drilling & Completion, 2008, 23（2）: 168-175.

[19] Aston M, Alberty M W, Mclean M, et al. Drilling fluids for wellbore strengthening[C]. SPE-87130-MS, 2004.

第七章　数据挖掘方法在钻井液防漏堵漏技术中的应用

大数据和人工智能技术在油气勘探开发领域的应用不断拓展。基于数据挖掘方法的防漏堵漏技术，已经成为钻井液防漏堵漏技术的发展趋势。由于井漏和防漏堵漏过程的影响因素多、数据量大，数据间的关系错综复杂，仅依靠传统的人工统计分析方法，难以准确、高效抽提出完整有效的信息。相较于人工统计分析方法，基于机器学习算法的数据挖掘技术具有规模化、高效性的显著优势，已在漏失层位预测、井漏监测预警及防漏堵漏措施方面取得了较好的应用效果[1-8]。针对裂缝性漏失钻井液防漏堵漏配方推荐及裂缝宽度范围估算这两个关键核心技术难题，本章介绍数据挖掘方法在这两方面的应用。

第一节　数据挖掘技术简介

数据挖掘是一个在大型和复杂的数据集中发现模式、趋势和关系的过程。它涉及到使用先进的统计技术和机器学习算法来筛选大量的数据，并确定有意义的信息模式，洞察潜在发展创新点。数据挖掘的最终目标是从数据中提取有价值的信息和知识，用于做出明智的决策，改善业务运营，并推动创新。

常用数据挖掘的手段主要包括聚类、分类、关联规则挖掘、时序分析和异常检测等[9]。聚类是将数据点划分为相似的组，分类是将数据点分配到预定义的类别中，关联规则挖掘是发现变量之间的关系，时序分析是分析时间序列数据，异常检测是检测数据中的异常情况。

数据挖掘的过程需要通过确定问题和目标、数据收集和预处理、数据探索、特征选择和降维、模型选择和建立、模型评估和优化、模型应用和结果解释等步骤来完成[10]。不同的应用领域可能不完全包含这些挖掘步骤，但都旨在通过数据挖掘，发掘隐藏模式，提供决策支持。

需要注意的是，数据挖掘也存在一些安全和隐私问题，因为它通常涉及到处理大量的个人和企业敏感数据。因此，必须遵守相关的法律法规和道德准则，以保护个人企业机密，并确保数据安全。

一、主要任务

（1）分类：将数据集中的样本按照一定的准则分为不同的类别。通常包括两个主要步骤：建立分类模型和应用分类模型。建立分类模型的过程需要提供一个已知的数据集，该数据集包含已经分类的样本。分类模型的任务就是基于这些已知的样本，学习出一个分类函数，该分类函数可以将未知的样本分为不同的类别。而应用分类模型是将已经建立好的分类模型应用于新的数据集，以实现对未知样本的分类预测。

（2）聚类：通过原型聚类、密度聚类和层次聚类等方法将数据集中的对象按照相似性分组，通过最大化组内相似度，而最小化组间相似度，使得同组对象之间差异更小[11]。聚类的目标是发现数据集内部的结构和规律，从而对数据进行分类、压缩、降维等操作。

（3）回归：用于预测一个或多个连续输出变量与一个或多个输入变量之间的线性或非线性关系，目标是建立一个数学模型，以最小化预测误差，从而实现对输出变量的预测。

（4）关联规则挖掘：用于发现数据集中变量之间的关联关系，是一种用于发现在同一事务中同时出现的项集的数据挖掘技术，目标是发现数据集中的频繁项集和关联规则。频繁项集是指在数据集中频繁出现的一组项，而关联规则则是项集之间的逻辑关系，通常包括两个部分：前项和后项，前项是规则的条件，而后项是规则的结论。例如，{A,B}→{C}表示如果一个事务中同时包含 A 和 B，则它也很可能包含 C。关联规则挖掘通常使用 Apriori 算法实现，它是一种迭代算法，通过不断削减数据集来找出频繁项集，包括三个步骤：扫描数据集、生成候选项集、剪枝并生成频繁项集。

（5）时序分析：用于研究时间序列数据中的趋势、周期性和随机性变化。时间序列数据是指按一定时间间隔采集的连续数据序列，例如股票价格、气温、销售额等。时序分析的主要目的是通过对时间序列数据的分析和建模，预测未来的趋势和变化[12-13]。常用于数据可视化（线图、散点图和箱线图）、趋势分析（移动平均法、趋势线拟合法和指数平滑法）、周期性分析（傅里叶变换法、自相关函数法和周期图法）、随机性分析（随机游走模型、自回归移动平均模型和卡尔曼滤波器）和预测分析（时间序列模型、回归模型和机器学习模型）等。

二、一般过程

由于数据来源和类型不同、应用需求和挖掘目标的不同以及数据隐私和安全性要求等不同，数据挖掘的具体实施过程会随着应用领域的改变而改变[14]。一般情况下数据挖掘均包含以下步骤：

（1）确定问题和目标：在进行数据挖掘之前，需要明确问题和目标，确定需要从数据中提取的知识和信息。例如，预测股票价格、探索市场细分、发现异常行为等。

（2）数据收集和预处理：收集和准备数据，包括数据清洗、特征提取、数据转换等操作，以保证数据质量和可用性。

（3）数据探索：通过数据探索，发现数据中的特征、属性和规律，从而更好地理解数据集的特点和结构。

（4）特征选择和降维：从大量特征中，挑选出最有价值的特征，减少数据处理的复杂度和计算成本。

（5）模型选择和建立：选择合适的数据挖掘模型，例如聚类、分类、回归、关联规则挖掘等。根据数据集的特点和应用需求，选择最适合的模型并建立相应的数学模型。

（6）模型评估和优化：在建立模型之后，对模型进行评估和优化，以保证模型的质量和应用效果。常见的评估指标包括准确率、召回率、F1 值等。

（7）模型应用和结果解释：在完成模型建立和优化之后，需要将模型应用到实际问题中，并解释模型的结果和预测。根据实际应用需求，可以对模型进行调整和改进，以提高模型的准确性和效果。

数据挖掘的过程需要涵盖多个方面，包括数据预处理、特征工程、模型建立和优化等。只有在每个步骤都仔细处理和调整，才能获得高质量和高效果的数据挖掘结果。

第二节 基于数据挖掘的桥接堵漏配方推荐

一、数据收集

主要收集地层、井段、钻井液、钻井工程及漏失数据。

（1）地层数据：地层岩性、层位、顶界深度和底界深度等。

（2）井段数据：区块、井号、直径、井深、井斜角和方位角等。

（3）钻井液数据：体系、密度、漏斗黏度、塑性黏度、屈服值、初切、终切和固相含量等。

（4）钻井数据：钻头直径、大钩负荷、钻速、转速、钻压、排量和泵压。

（5）漏失数据：漏失速度、漏失量、漏失时间、漏失程度（微漏、大漏、失返性漏失）和漏失工况等。

相关数据的符号及单位，见表7-1。

表7-1 井漏参数表

数据类型	数据名称	符号	单位
地质数据	岩性	LITHO	
	层位	FT	
	顶界深度	UD	m
	低界深度	DD	m
井段数据	区块	BLOCK	
	井号	WELL	
	井径	HS	mm
	井深	MD	m
	方位角	AZI	(°)
	井斜角	INC	(°)
钻井液数据	体系	SYS	
	密度	MW	g/cm³
	黏度	VIS	mPa·s
	固相含量	SC	vol.%

续表

数据类型	数据名称	符号	单位
钻井工程数据	钻头直径	BIT	mm
	大钩负荷	HL	kN
	钻速	ROP	m/h
	钻压	WOB	kN
	转速	RPM	r/min
	排量	FR	L/s
	泵压	CP	MPa
漏失数据	漏失速度	LR	m³/h
	漏失量	FL	m³
	漏失时间	LT	h
	漏失程度	LD	
	漏失工况	WC	

二、数据预处理

对于非空缺失井漏数据，可根据领域知识进行人工填补；对于异常井漏数据，可以利用分箱法进行快速检测并且按缺失数据处理，数据预处理流程图如图 7-1 所示。

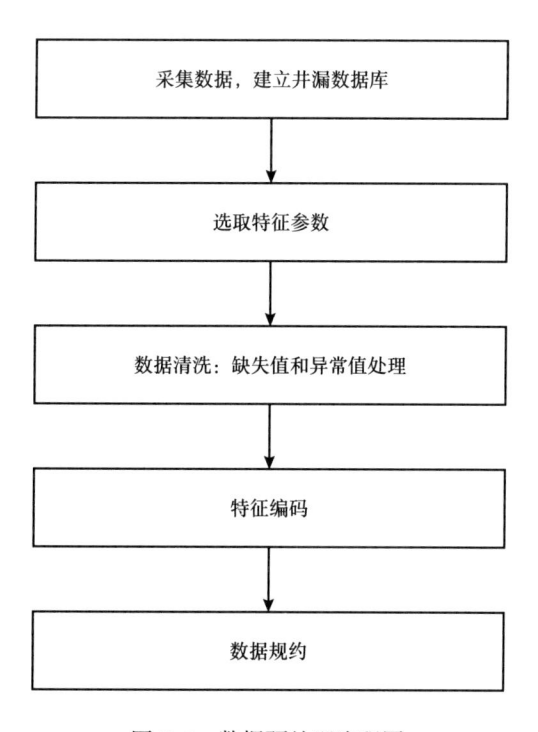

图 7-1 数据预处理流程图

1. 缺失值处理

井漏现场因为系统、设备故障、其他物理原因以及人为因素可能造成部分数据没有被记录、遗漏或丢失，井漏数据的缺失使得数据挖掘过程中的确定性显著降低，导致输出结果的不可靠性增加。因此，必须采取适当的措施来解决这个问题。

缺失值处理的第一类方法为直接删除法。如果缺失数据的样本较小，数据集较大，直接删除法比较有效。但如果井漏数据缺失值较多，且属于非随机丢失数据，直接删除可能会造成数据中的重要信息被丢弃。

缺失值处理的第二类方法为插补方法，包括均值填充、中值填充和手工填补等方法。由于井漏数据比较重要，直接删除或者使用插值法可能会影响数据的质量和分析结果，手工填补具有灵活性、可控性与精确性等优点，利用专家知识和经验，可以进行更加准确的填补，从而提高数据的质量，更好地保留数据的完整性和重要性，提高分析结果的可信度。因此，实际应用过程中，最好选择对缺失数据进行手工填补。

2. 异常值处理

当井漏数据出现异常时，直接把这些数据应用到的计算和分析过程中，将对会挖掘结果产生影响，因此，需要及时进行异常值的检测并对其进行处理。

异常值的检测方法主要包括 3A 原则、箱形图和 Z-score 等传统统计方法，或基于机器学习、深度学习模型的方法。箱形图（Box-plot）是一种可以用来显示原始数据分布情况的计图，因其状像箱子一样而称作箱型图。常采用箱型图对异常值作检测。

检测到异常值后，需要对其进行处理，常用的方法包括删除、视为缺失值或不处理。虽然目前已有处理异常值的一些方法，但是为了保证数据集的质量，最为稳妥的作法仍是结合专家的经验，对异常值进行调整。

3. 特征编码

特征编码是数据预处理中的一个重要步骤，用于将数据集中的非数值特征（如分类、标签等）转化为可计算的数值特征，以便于数据挖掘算法的处理[15]。由于井漏数据中包含字符型特征，为了后续数据挖掘顺利进行，必须进行特征编码。

常用的特征编码方式包括以下几种：

（1）One-Hot 编码：将非数值特征转换为二进制编码的方式。

（2）Label Encoding：将非数值特征转换为数字编码的方式。

（3）Binary Encoding：对于具有大量不同取值的非数值特征，可以使用二进制编码方式，将不同取值之间的关系转换为二进制位之间的关系。

（4）Hash Encoding：对于具有大量不同取值的非数值特征，可以使用哈希函数将其映射为固定长度的数字编码，从而减少特征数目。

（5）Embedding Encoding：对于文本、图片等复杂非数值特征，可以使用嵌入（Embedding）技术将其映射为低维的稠密向量表示。

特征编码的选择应根据具体问题和数据集的情况来确定。在实际应用中，特征编码的正确选择可以显著提高机器学习算法的准确性和效率。

由于井漏数据的非数值型特征存在无序离散的特点，为了分析井漏数据相似性，对于字符型井漏数据采用 One-Hot 编码。例如，对漏失工况的编码，见表 7-2。

表 7-2　漏失工况的编码表

漏失工况	编码
钻进	0000001
下钻	0000010
循环	0000100
划眼	0001000
开泵	0010000
洗井	0100000
下套管	1000000

4. 数据规范化

在实际应用的过程中，井漏数据各参数之间有着不同的量纲和量纲单位，会影响到数据分析的结果。为了消除井漏数据中不同量纲的影响，也为了能够加速模型的训练并且提高模型的准确度，需要在数据处理过程中对井漏数据进行规范化处理，将不同范围的数值归一化到相同范围内，解决数据的不可比性问题。

常见的数据的规范化处理方式包括 Min-Max 规范化、Z-Score 规范化和 Log 函数规范化等。其中，Min-Max 规范化将数据按照最小值和最大值进行线性映射，使得数据值映射到 [0，1] 之间；Z-Score 标准化也称标准差标准化，通过将每个数据项减去其数据项的平均值，然后将其除以数据项的标准差来实现；Log 函数规范化将数据按照 Log 函数进行映射，使得数据值映射到 [0，1] 之间。常用规范化方法对比，见表 7-3。

表 7-3　常见数据规范化方法

数据规范化方法	优点	缺点
Min-Max 规范化	易于理解和实现；对于分布有明显边界的数据效果较好	对于异常值非常敏感；受最大值和最小值的影响较大
Z-Score 规范化	对于分布没有明显边界的数据效果较好；不受异常值的影响	受均值和标准差的影响较大；易受离群值影响
Log 函数规范化	对于分布在较小范围内的数据效果较好	对于分布在较大范围内的数据效果较差；在数据分布不均匀的情况下，可能会出现信息丢失

设编码后的井漏数据共包含 M 条数据，整个数据集表示为：$x^{(1)}$，$x^{(2)}$，$\cdots$，$x^{(m)}$；每条数据又包含 N 个特征，每个井漏数据特征值可以表示：$x_j^{(i)}$，$1 \leqslant i \leqslant M$，$1 \leqslant j \leqslant N$。

为了排除数据集中的无关冗余特征与无用噪声，常采用 PCA 主成分分析对井漏特征进行降维。

具体步骤如下：

（1）井漏数据均值归一化：

计算出每个特征的均值 μ_j 和标准差 σ_j^2，更新特征值 x_j^i：

$$x_j^{(i)} = \frac{x_j^{(i)} - \mu_j}{\sigma_j^2}, 1 \leqslant i \leqslant M, 1 \leqslant j \leqslant N \qquad (7-1)$$

式中 μ——特征的平均值；

$x_j^{(i)}$——第 i 个井漏数据的第 j 个井漏特征值；

M——井漏数据集样本总数；

N——井漏数据集特征总数。

（2）计算井漏数据的协方差矩阵 Σ：

$$\Sigma = \frac{1}{M} \sum_{i=1}^{N} \left(x^{(i)} \right) \left(x^{(i)} \right)^{\mathrm{T}} \qquad (7-2)$$

式中 $x^{(i)}$——第 i 个井漏数据样本的特征向量。

（3）通过奇异值分解计算协方差矩阵 Σ 的特征向量：

$$\Sigma = USV^{\mathrm{T}} \qquad (7-3)$$

其中，矩阵 U 由 $\Sigma\Sigma^T$ 的所有特征向量组成，S 为对角矩阵，V 是一个 $n \times n$ 的矩阵。

（4）确定降维后井漏特征维数 k，使其满足：

$$1 - \frac{\sum_{i=1}^{k} S_{ii}}{\sum_{i=1}^{N} S_{ii}} \leqslant 0.05 \qquad (7-4)$$

其中，S 为对角矩阵，S_{ii} 是对角线上的元素，小于 0.0 表示井漏数据的偏差有 95% 都保留下来。

（5）计算降维后的井漏特征向量：

$$z^{(i)} = U_{\mathrm{reduce}}^{T} x^{(i)} \qquad (7-5)$$

其中，$z^{(i)}$ 是第 i 个井漏数据降维后的特征向量，U_{reduce} 由 U 中前 k 个向量组成。

三、相似度分析

预处理后的井漏数据特征向量为 $z^{(i)}$，包含字符型特征和数值型特征。通过二元混合 LSH 查询算法，可以快速找到与现场井漏查询实例最相似的井漏数据，为防漏堵漏决策提供参考。

1. 相似性度量

在数据挖掘过程中，需要知道井漏数据项之间差异的大小，进而评价井漏发生状况的相似性，从而合理的决策堵漏的措施。井漏数据中即包含数值型数据，又包含字符型数据，在井漏数据处理中，相似度测量指标的选取是影响最终效果的重要因素，因此必须根据数据项不同的特点选择不同的度量标准。

衡量两个数据之间的相似性方法很多，大致可以分为两类：一类是基于两个数据点之间的距离进行相似度计算，而另一类则是基于相关系数进行相似度判别[16]。基于距离的相似度计算方法通过计算着两个数据项 x_i 和 x_j 在特征空间的距离 $dis(x_i, x_j)$，进而可以判断它们之间的相似程度。当数据项 x_i 和 x_j 越相似时，它们之间的距离 $dis(x_i, x_j)$ 的值越小；反之 $dis(x_i, x_j)$ 值越大。计算数据项之间距离的函数通常要满足如下要求：

（1）正定性：$dis(x_i, x_j) \geq 0$；数据项之间的距离非负；当且仅当 $i=j$ 时，$dis(x_i, x_j) = 0$，数据项自身的相似度最大；

（2）对称性：$dis(x_i, x_j) = dis(x_j, x_i)$；

（3）三角不等式：$dis(x_i, x_j) \leq dis(x_i, x_k) + dis(x_k, x_j)$，其中 x_k 不同于 x_i 和 x_j。

闵可夫斯基距离（Minkowski）是常用的衡量两个数据 x_i 和 x_j 之间距离相似性的计算方法，计算方式如下：

$$d_{ij}(x_i, x_j) = \left(\sum_{i=1}^{d} |x_{ik} - x_{jk}|^q\right)^{\frac{1}{q}}, q \geq 1, (i, j = 1, 2, \cdots, n) \tag{7-6}$$

当 $q=1$ 时，一阶闵可夫斯基距离又称为绝对距离，计算方式如下：

$$d_{ij}(x_i, x_j) = \left(\sum_{i=1}^{d} |x_{ik} - x_{jk}|\right), (i, j = 1, 2, \cdots, n) \tag{7-7}$$

当 $q=2$ 时，二阶闵可夫斯基距离又称为欧几里得距离，计算方式如下：

$$d_{ij}(x_i, x_j) = \left(\sum_{i=1}^{d} |x_{ik} - x_{jk}|^2\right)^{\frac{1}{2}}, (i, j = 1, 2, \cdots, n) \tag{7-8}$$

欧几里得距离简称欧氏距离（Euclidean distance）[17]，是一种直观的距离计算方法。可以很容易地理解和计算，其结果可以解释为两个数据项之间的实际距离，具有明确的物理意义，并且在不同数据集上的表现稳定，适用于不同的数据类型和分布。因此，基于距离的相似性度量中应用得最为广泛。

当 $q=\infty$ 时，闵可夫斯基距离又称为为切比雪夫距离[18]，计算方式如下：

$$d_{ij}(x_i, x_j) = \max |x_{ik} - x_{jk}|, (i, j = 1, 2, \cdots, n) \tag{7-9}$$

基于相关系数的相似性度量的基本思想，是通过计算两个对象之间的相关系数来度量它们的相似度。如果任意两个数据项的相关系数的绝对值越接近于 1，则说明这两个数据越相关，它们之间相似性越高；而如果任意两个数据项的相关系数越接近 0，则相似性越低。设 C_{ij} 表示两个数据项 x_i 和 x_j 之间的相关系数，C_{ij} 一般满足如下三个条件：

（1）$C_{ij} = \pm 1 \Leftrightarrow x_i = ax_j (a \neq 0$ 为常数）；

（2）正定性：$|C_{ij}| \leq 1$，对任意 i, j 均成立；

（3）对称性：$C_{ij} = C_{ji}$，对任意 i, j 均成立。

利用相关系数计算两个数据项 x_i 和 x_j 之间相似度的计算方法有很多，常用的方法有余弦相似度、皮尔逊相关系数以及杰卡德（Jaccard）相似系数等[19-20]。

余弦相似度将数据项视为空间向量，计算每一维特征之间的余弦值，进而判断它们之间的相似度。其中，相似系数 C_{ij} 的取值范围为 [0，1] 区间。当 $i=j$ 时，x_i 和 x_j 夹角为 0，C_{ij} 等于 1，x_i 和 x_j 两个数据相关；当 x_i 和 x_j 正交时，x_i 和 x_j 夹角为 90°，C_{ij} 等于 0，两者无关。计算方式如下：

$$C_{ij} = \frac{\sum_{i=1}^{n} x_i x_j}{\sqrt{\sum_{i=1}^{n} x_i^2} \sqrt{\sum_{i=1}^{n} x_j^2}} \qquad (7\text{-}10)$$

皮尔逊相关系数是另一种相关系数下的相似度计算方法，通常用于判断两个数据项之间的线性相关程度，它的取值在 [−1，+1] 之间[21]。绝对值越大表明两个数据项之间的相似度越高，反之越低。当取值为 1 时，表明数据之间正相关；当取值为 −1 时，表明数据之间负相关。计算方式如下：

$$C_{ij} = \frac{n\sum x_i x_j - \sum x_i \sum x_j}{\sqrt{n\sum x_i^2 - \left(\sum x_i\right)^2} \sqrt{n\sum x_j^2 - \left(\sum x_j\right)^2}} \qquad (7\text{-}11)$$

杰卡德（Jaccard）相关系数是一种集合观点下的相似度度量指标。计算方法是将两个对象中相同属性的数量除以它们不同属性的数量之和，值越大表示相似度越高。它的取值在 [0，+1] 之间，计算方式如下：

$$J(x_i, x_j) = \frac{|x_i \cap x_j|}{|x_i \cup x_j|} \qquad (7\text{-}12)$$

在井漏数据分析中，对于井漏数据集中的数值型数据，常选择欧氏距离计算数据之间的相似度；对于其中的字符型数据，常选择杰卡德（Jaccard）相似系数作为相似性度量的依据。

2. 二元混合 LSH 查询

局部敏感哈希（Locality-Sensitive Hashing，简称 LSH）是一种用于高维数据相似度搜索的数据挖掘算法，主要应用于近似最近邻搜索（Approximate Nearest Neighbor，简称 ANN）。与传统的线性扫描方法相比，LSH 算法可以在高维数据集中快速找到与目标数据最相似的一组数据。

LSH 函数的定义：如果满足条件

$$\begin{cases} \text{如果} d(x,y) \leq r_1, \text{则} P_{rH}[h(x)=h(y)] \geq p_1 \\ \text{如果} d(x,y) \geq r_2, \text{则} P_{rH}[h(x)=h(y)] \leq p_2 \end{cases} \qquad (7\text{-}13)$$

则称哈希函数族称之为 (r_1, r_2, p_1, p_2) 敏感 LSH 函数族[22-23]。其中，$d(x,y)$ 表示点 x 和点 y 的一个距离度量，$h(x)$ 和 $h(y)$ 分别表示对 x 和 y 进行哈希变换，$P_{rH}[h(x)=h(y)]$ 表示 $h(x)=h(y)$ 的概率。

井漏数据集 O 的一条数据可以表示为 $o=\{f\text{-}type, s\text{-}type\}$，其中既包含文本型数据，

如 $o.s\text{-}type$，又包含数值型数据，如 $o.f\text{-}type$。设计了一种二元混合井漏数据相似度查询方法，针对井漏数据对象中的数值型数据，使用欧式距离判别相似度，计算方式如下：

$$distE = \frac{EuclidenanDist(o_1.f\text{-}type, o_2.f\text{-}type)}{d_{max}} \qquad (7\text{-}14)$$

式中　o_1, o_2——井漏数据集 O 中的任意两个井漏数据对象；
　　　$o_1.f\text{-}type$——井漏数据 o_1 中数值型数据；
　　　$o_2.f\text{-}type$——井漏数据 o_2 的数值型数据；
　　　d_{max}——井漏数据对象 o_1 和 o_2 之间数值型数据特征的最大距离，$EuclidenanDist$ 函数用于计算井漏数据对象 o_1 与 o_2 之间的欧氏距离。

而对于井漏数据对象中的字符型数据，则使用 Jaccard 距离判别相似度，计算方式如下：

$$distJ = 1 - \frac{(o_1.s\text{-}type \cap o_2.s\text{-}type)}{(o_1.s\text{-}type \cup o_2.s\text{-}type)} \qquad (7\text{-}15)$$

对于任意两个井漏数据对象 o_1 与 o_2 的整体相似度，常采用线性加权求和的方式计算。计算方式如下：

$$dist = \alpha distE + (1-\alpha)distJ \qquad (7\text{-}16)$$

对于井漏数据对象中的数值型数据，构建适用于欧氏距离的 (d, cd, fp_1, fp_2) 敏感 LSH 函数族：

$$G(o.f\text{-}type) = \left(\frac{ao.f\text{-}type + b}{W}\right) \qquad (7\text{-}17)$$

式中　o——井漏数据集 O 中的任意井漏数据对象；
　　　$o.f\text{-}type$——井漏数据对象 o 的数值型数据；
　　　d——井漏数据对象数值型数据的欧氏距离敏感范围；
　　　c——井漏数据的约近因子；
　　　a——一个随机产生的 d 维向量，每个维度按照标准正态分布 $N(0, 1)$ 独立生成；
　　　W——常数，一般取值为 15；
　　　b——在 $(0, W)$ 之间随机生成的实数。

根据相关文献[24]，f_{p_1}、f_{p_2} 的计算公式为：

$$f_{p_1} = \int_0^W \frac{1}{d} f_2\left(\frac{t}{d}\right)\left(1 - \frac{t}{W}\right) dt \qquad (7\text{-}18)$$

$$f_{p_2} = \int_0^W \frac{1}{cd} f_2\left(\frac{t}{cd}\right)\left(1 - \frac{t}{W}\right) dt \qquad (7\text{-}19)$$

其中，f_2 是标准正则概率密度函数。

首先，使用局部敏感哈希算法对整个井漏数据集进行过滤，得到可能满足查询条件的数值型数据；然后，计算井漏字符型数据之间的 Jaccard 距离；最后，判断两个数据项之间的整体相似度，从而避免查询数据与数据集中的所有数据计算距离，提高查询效率。

具体操作步骤为：首先构建局部敏感哈希（LSH）索引，独立随机从构建的函数族 G 中选择 L 个哈希函数 $g_1, g_2, g_3, \cdots, g_L$，对于井漏数据集中任意一个数据 o，将其存储到哈希存储桶 $g_i(o)$，$i=1, 2, 3, \cdots, L$ 中；对于一个新到的井漏查询数据 q 以及给定的距离阈值 cd，搜索每个哈希存储桶 $g(q), \cdots, g_L(q)$，取出桶中的所有数据 $o_1, o_2, o_3, \cdots, o_n$，将其作为候选的近似最近邻数据，随后对于其中任一数据 o_j，$1 \leq j \leq n$，如果 o_j 满足条件：

$$\begin{cases} distE(q.f-type, o_j.f-type) \leq cd \\ \alpha \cdot distE + (1-\alpha) \cdot distJ(q.s-type, o_j.s-type) \leq \varepsilon \end{cases} \quad (7\text{-}20)$$

式中　ε——指定阈值；
　　　α——数据权重。

如果 o_j 满足上述条件，那么返回 o_j 作为最后的查询结果，否则就返回空相似度分析模型如图 7-2 所示。

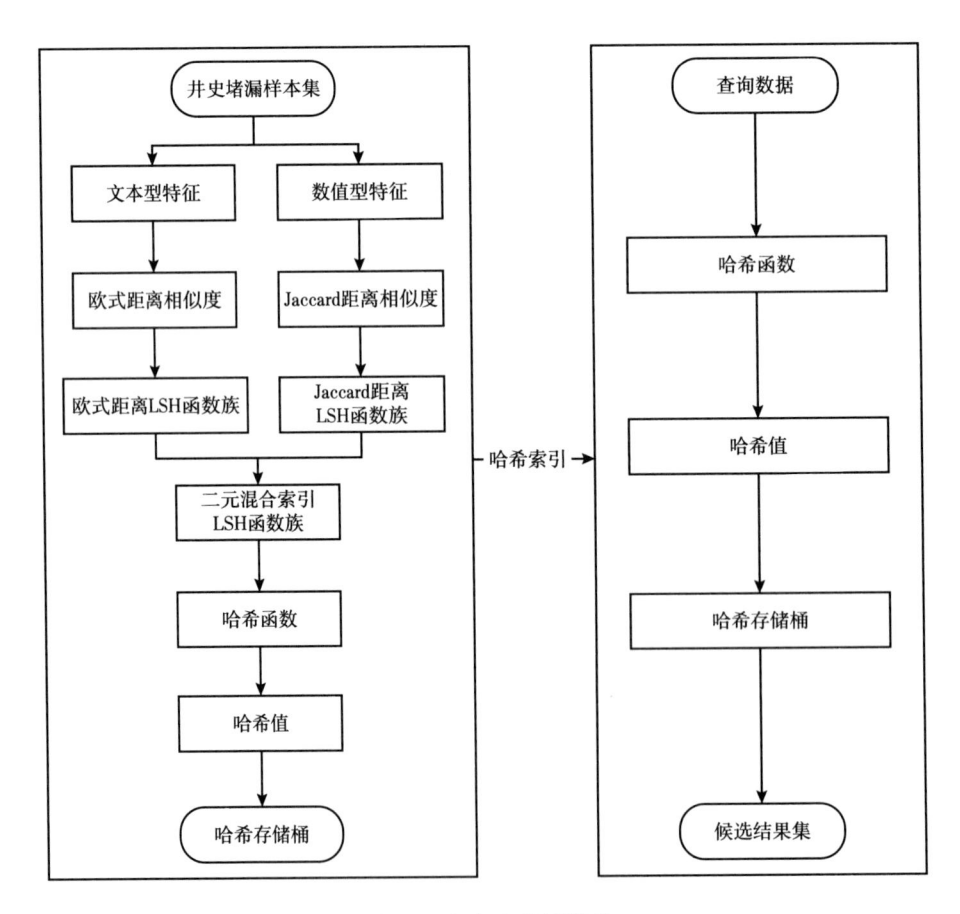

图 7-2　相似度分析模型

四、堵漏配方粒度分析和聚类算法

1. 堵漏配方粒度分析

对于相似度分析模型查询得到的井漏数据，其中包含堵漏配方数据，首先对堵漏配方数据进行分析，主要包括4个特征参数：D_{10}、D_{50}、D_{90}和配方浓度，然后利用 K-均值聚类算法对配方参数集分簇并输出聚类中心点。具体做法如下：

（1）利用每种堵漏材料组成粒度分布计算出离散累计粒度分布：

$$y_0 = \eta_0 \tag{7-21}$$

$$y_{k+1} = y_k + \eta_{k+1}, k = 0,1,\cdots,Q \tag{7-22}$$

式中 η_0——起始点组成粒度；
y_0——起始点累计粒度，
y_k——第 k 个粒度值对应的累计粒度；
y_{k+1}——第 $k+1$ 个粒度值对应的累计粒度；
η_{k+1}——第 $k+1$ 个粒度值对应的组成粒度；
Q——组成粒度分布区间总数。

（2）对于每种堵漏材料离散累计粒度分布，通过插值算法计算出连续累计粒度分布：

$$\begin{aligned} H_3(x) = &\left[\left(1 + 2\frac{x - x_k}{x_{k+1} - x_k}\right) y_k + (x - x_k) y_k'\right] \left(\frac{x - x_{k+1}}{x_k - x_{k+1}}\right)^2 \\ &+ \left[\left(1 + 2\frac{x - x_{k+1}}{x_k - x_{k+1}}\right) y_{k+1} + (x - x_{k+1}) y_{k+1}'\right] \left(\frac{x - x_k}{x_{k+1} - x_k}\right)^2 \end{aligned} \tag{7-23}$$

式中 x_k, x_{k+1}——待插值点左右端点粒度；
y_k, y_{k+1}——对应累计粒度，$x_k, x_{k+1}, y_k, y_{k+1}$ 已知；
y_k', y_{k+1}' 估算方法为：

$$y_{k+1} = \frac{3\delta_k \delta_{k+1}(h_k + h_{k+1})}{(2h_{k+1} + h_k)\delta_{k+1} + (2h_{k+1} + 2h_k)\delta_k}, k = 1,2,3,n-2 \tag{7-24}$$

其中，$h_k = x_{k+1} - x_k, h_{k+1} = x_{k+2} - x_{k+1}$，差商 $\delta_k = \frac{y_{k+1} - y_k}{h_k}, \delta_{k+1} = \frac{y_{k+2} - y_{k+1}}{h_{k+1}}$。

（3）找到所有堵漏材料中最大粒度值 $D_{\max}$（μm）；

（4）利用每种材料的连续累计粒度分布，从最小粒度值开始，计算当前粒径下堵漏配方的累计百分比：

$$p = \frac{\sum_{i=1}^{n} \frac{\varepsilon_i(y_{ik} - y_{ik-1})}{\rho_i}}{V} \tag{7-25}$$

式中　　p——堵漏配方的累计粒度百分比；
　　　　n——堵漏配方中材料种数；
　　　　ε_i——第 i 种材料浓度；
　　　　y_{ik-1}——第 i 种材料第 k-1 个粒度值对应的累计粒度；
　　　　y_{ik}——第 i 种材料第 k 个粒度值对应的累计粒度；
　　　　ρ——材料密度；
　　　　V——堵漏配方各材料混合后的总体积。

（5）如果累计粒度达到10%，则输出当前配方粒径大小 D_{10}（μm）；
（6）如果累计粒度达到50%，则输出当前配方粒径大小 D_{50}（μm）；
（7）如果累计粒度达到90%，则输出当前配方粒径大小 D_{90}（μm）；
（8）重复步骤（4）到（6）直到达到材料最大粒径 D_{max}（μm）。

2. K—均值聚类

将堵漏配方分析所得的包含 D_{10}、D_{50}、D_{90} 及配方浓度为特征的堵漏配方参数样本集 E 进行 K—均值聚类分析，输出聚类后每个簇的聚类中心点，具体步骤如下：

（1）输入堵漏配方参数样本集 $E=\{e_1, e_2, \cdots, e_L\}$ 与聚类的簇数 K，L 为堵漏配方特征参数样本集样本总数。

（2）随机初始化：从样本集 E 中随机选择 K 个配方参数样本作为初始的均值向量 $\{\mu_1, \mu_2, \cdots, \mu_K\}$。

（3）对于 E 中每一个配方参数样本 i，计算其应该属于的类。

对于每个配方参数样本 e_j（$1 \leq j \leq L$），计算与各均值向量 μ_i（$1 \leq i \leq K$）的距离 $d_{ji} = \|e_j - \mu_i\|_2$，根据距离最近的均值向量确定 e_j 的簇标记：$i = \arg\min_{i \in \{1,2,\cdots,K\}} d_{ji}$，将样本 e_j 划入相应的簇：$C_i = C_i \cup \{e_j\}$，C_i 为簇划分。

（4）移动聚类中心。

重新计算配方参数样本划分簇之后的均值向量 $\mu_i' = \frac{1}{|C_i|} \sum_{e \in C_i} e$，当 $\mu_i' \neq \mu_i$ 时，更新 μ_i。

（5）重复步骤（3）到步骤（4）直到当前的均值向量均未更新。
（6）输出每个簇 C_i 的聚类中心点 μ_i'，$1 \leq i \leq K$。

配方数据分析和聚类算法流程图如图 7-3 所示。

五、堵漏配方推荐算法

取聚类算法输出的聚类中心点的 D_{10}、D_{50}、D_{90} 及配方总浓度 4 个特征参数，代入堵漏配方推荐算法，得到推荐配方，为现场堵漏提供快速决策支持，具体步骤如下：

（1）设定蒙特卡洛随机采样次数 N_c。
（2）设定配方总浓度 S，针对已有堵漏材料随机选择数量 k，$k \in (0, I)$，I 表示现场可选材料总数，每种材料随机加量 φ，形成堵漏配方 R_t，配方总浓度 S 与材料随机加量 φ 需满足如下要求。

$$S = \sum_{i=1}^{k} \varphi_i \tag{7-26}$$

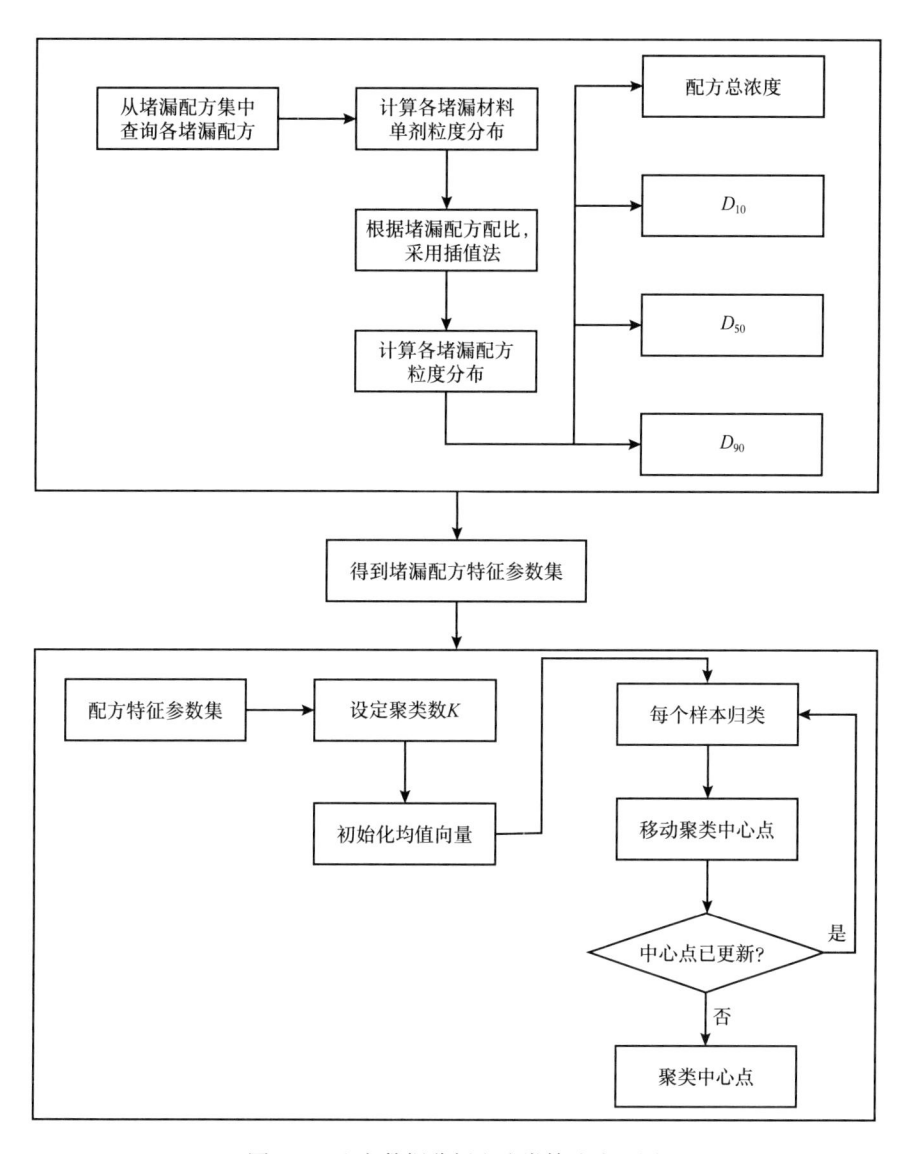

图 7-3　配方数据分析和聚类算法流程图

式中　φ_i——第 i 种材料的加量。

（3）判断当前配方 R_t 是否已经推荐，如果 $R_t \in R$，R 为推荐配方集合，则重复步骤（2）。

（4）通过堵漏配方粒度分析算法，计算出该配方的 D_{10}、D_{50}、D_{90}，如果满足下列要求则将该配方添加进推荐配方集合 R。

$$\frac{D_{10\text{re}} - D_{10\text{acc}}}{D_{10\text{acc}}} \leqslant 0.01 \quad (7\text{-}27)$$

$$\frac{D_{50\text{re}} - D_{50\text{acc}}}{D_{50\text{acc}}} \leqslant 0.01 \quad (7\text{-}28)$$

$$\frac{D_{90\text{re}} - D_{90\text{acc}}}{D_{90\text{acc}}} \leqslant 0.01 \tag{7-29}$$

式中　$D_{10\text{acc}}$，$D_{50\text{acc}}$，$D_{90\text{acc}}$——聚类中心点粒度参数值，μm；

　　　$D_{10\text{re}}$，$D_{50\text{re}}$，$D_{90\text{re}}$——推荐配方粒度参数值，μm。

（5）重复步骤（2）到步骤（4）直到达到设定的采样次数 N_c。

（6）输出推荐配方集合 R 中的颗粒基堵漏配方。

堵漏配方推荐算法和伪代码如图7-4和表7-4所示。

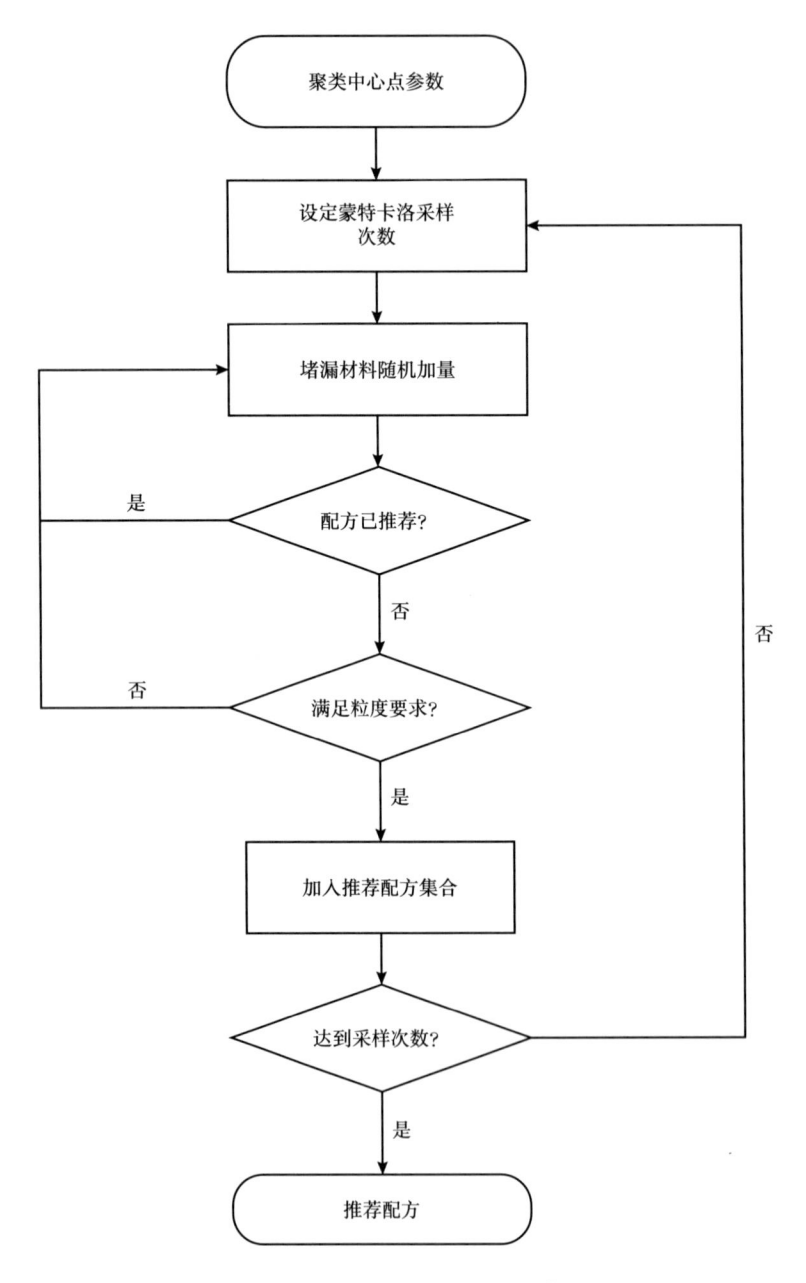

图7-4　裂缝性漏失桥接堵漏配方推荐流程图

表 7-4 颗粒基堵漏配方推荐算法伪代码

```
Input: 堵漏配方粒度数据 D=[D_{10ac}, D_{50ac}, D_{90ac}]，配方总浓度 P
Output: 堵漏配方 R；
1: K-Means for D// 中心点聚类
2: N_c = M// 设定随机采样次数
3: R={}
4: for i = 1 to N_c do
5:    n=rand (1, N) //N 表示现场堵漏材料种类
6:    r=[ω_1, ω_2, ⋯, ω_n]
7:    if ∑_{j=1}^{n} ω_j ==P then
8:       if r ∉ R then
9:          计算配方 r 的特征粒度：D_re=[D_{10re}, D_{50re}, D_{90re}]
10:         if MSE(D, D_re) ≤ 0.05 then
11:            R.add(r)
12:         end if
13:      end if
14:   end if
15: end for
16: return R
```

第三节 基于数据挖掘的井漏裂缝宽度估算

一、数据收集

井漏是一种井下复杂情况，井下漏失通道尺寸受多种因素的综合影响。井漏数据集的质量和真实性对数据挖掘至关重要。学习数据集应该足够大并且质量足够高，以让模型自我完善，否则，可能会产生大量噪声，从而对模型产生负面影响。通过调研文献，收集整理相关钻井报告资料，确定漏失通道尺寸范围预测数据集特征参数如下：

（1）钻井参数：井深、井径、钻速、转盘转速、扭矩、钻压、排量、泵压、泵冲和井眼轨迹（方位角和井斜角）等；

（2）钻井液参数：密度、漏斗黏度、塑性黏度、屈服值、初切、终切、滤失量和固相含量等；

（3）地质力学模型参数：岩性、岩石力学参数，孔隙压力，地层破裂压力，垂直应力，最小水平应力和最大水平应力等；其中岩石力学参数主要包括弹性参数（杨氏模量和泊松比），无侧限抗压强度、抗拉强度、抗剪强度、内摩擦角和内聚强度；

（4）漏失参数：漏失速度、漏失量、漏失时间、漏失程度（微漏、大漏、失返性漏失）、漏失工况和钻头位置等。

二、数据处理

数据处理包括特征数据预处理和漏失通道尺寸范围获取两部分。其中数据预处理又包括数据清洗、特征编码和数据归一化，通过特征数据预处理，得到漏失通道尺寸范围预测特征向量 $(x_1, x_2, \cdots, x_n)$，通过获取漏失通道尺寸范围，得到漏失通道尺寸范围向量

(y_1, y_2)。具体步骤如下:

1. 通过数据清洗得到清洗数据集

由于不同区块、井的录井报告资料完整性差异较大,采用了3种数据清洗方法:

(1)去除漏失通道尺寸范围预测数据集中无效样本;

(2)补全非空缺失漏失通道尺寸范围预测数据集数据;

(3)对异常漏失通道尺寸范围预测数据集数据进行数值处理。

2. 通过特征编码得到编码数据集

深度学习方法不能用文本或符号数据进行训练。必须将文本或非数字信息转换为数值数据。常见的文本编码方法包括序号编码、独热编码和二进制编码。常使用独热编码将非数值型数据转换为数字形式,如地层岩性的编码见表7-5:

表7-5 地层岩性编码表

岩性	编码
白云岩	1000000000
白云质灰岩	0100000000
硬石膏岩	0010000000
含石膏钙质泥岩	0001000000
石灰岩	0000100000
白垩质石灰岩	0000010000
泥灰质石灰岩	0000001000
泥质石灰岩	0000000100
页状石灰岩	0000000010
砂岩	0000000001

3. 通过数据归一化得到特征向量

由于原始数据类型不同,数值大小存在巨大差异。例如,排量和钻井液密度这两个参数值常相差三个数量级。在构建深度学习模型时,量级较大的特征数据会显著影响模型的性能,从而"吞下"较小的特征数据,并且还会导致训练时收敛慢甚至不收敛的问题。因此,需要对数据清洗后的数据集进行归一化处理。

归一化方法主要有 Min-max 方法、Scaling 方法、Log scaling 方法和 Z-score 方法。为了构建深度学习模型时应用的传递函数,常选择 Min-max 归一化方法对数据集数据进行归一化,得到特征向量 (x_1, x_2, …, x_n),n 表示漏失通道尺寸范围预测数据集特征总数,对于其中每一项特征 x_i ($1 \leq i \leq n$),计算公式如下:

$$x_i = \frac{x_{raw} - x_{min}}{x_{max} - x_{min}} \tag{7-30}$$

式中 x_i——归一化漏失通道尺寸范围模型特征数据;

x_{raw}——原始特征数据;

x_{min}、x_{max}——特征数据的最大值和最小值。

4. 利用粒度规则反向推算漏失通道尺寸范围

作为深度学习模型的输出向量(y_1, y_2),漏失通道尺寸范围可根据堵漏配方粒度设计准则与相应堵漏配方参数计算:

$$y_1 = \frac{1}{2}\left(2D_{50} + \frac{10}{7}D_{90}\right) \quad (7\text{-}31)$$

$$y_2 = \frac{1}{2}(5D_{50} + 2D_{90}) \quad (7\text{-}32)$$

式中 y_1、y_2——漏失通道尺寸范围的最小值与最大值,mm;

D_{50}——配方的累计粒度分布达到50%时所对应的粒径,mm;

D_{90}——配方的累计粒度分布达到90%时所对应的粒径,mm。

三、深度学习模型建立

深度学习作为一种流行的机器学习方法,具有自学习、自组织、自适应性和特征学习等优点,算法的创新和计算机硬件计算能力的巨大提升使得深度学习为预测、诊断和解决钻井工程问题提供了新路径。

典型的深度学习模型包括输入层、多个隐藏层和输出层。以预处理后的特征向量作为输入,漏失通道尺寸范围向量作为输出。建立漏失通道尺寸范围预测模型的过程如下:

1. 划分数据集

将随机分配80%的数据作为训练集,10%作为验证集,10%作为测试集。其中,训练集用于建立漏失通道尺寸范围预测深度学习模型,其输出向量用于帮助模型调整每个输入的权重;验证集用于提高模型的泛化能力,并在泛化停止改进时停止训练;测试集用于在训练和验证步骤之后测试模型的准确性。

2. 设计输出层

漏失通道尺寸范围预测模型的输出层包含两个神经元,分别输出漏失通道尺寸范围的上限和下限,均选择ReLu函数作为激活函数。

3. 设计模型的损失函数与性能评价指标

设计漏失通道尺寸预测模型的正则化损失函数为:

$$L\left[\hat{\boldsymbol{y}}^{(i)}, \boldsymbol{y}^{(i)}\right] = \frac{1}{2m}\sum_{i=1}^{m}\left(\left\{\left[\hat{\boldsymbol{y}}^{(i)} - \boldsymbol{y}^{(i)}\right]^2 + \lambda\|\omega\|^2\right\}\right) \quad (7\text{-}33)$$

式中 m——数据集样本数量;

$\hat{\boldsymbol{y}}^{(i)}$——漏失通道尺寸范围预测模型的输出向量;

$\boldsymbol{y}^{(i)}$——真实漏失通道尺寸范围向量;

λ——漏失通道尺寸范围预测模型的正则化参数;

ω——漏失通道尺寸范围预测模型的权重矩阵。

设计对应的性能评价指标为均方误差 MSE：

$$\text{MSE} = \frac{1}{m}\sum_{i=1}^{m}\left[\boldsymbol{y}^{(i)} - \hat{\boldsymbol{y}}^{(i)}\right]^2 \qquad (7\text{-}34)$$

4. 优化最佳隐藏层数、每层神经元数与激活函数

设定漏失通道尺寸范围预测模型的层数为 L，每层的神经元数量为 $n^{(L)}$，每层的激活函数为 $P(x)$，根据漏失通道尺寸范围预测模型的正则化损失函数对不同取值的 L、$n^{(L)}$ 和 $P(x)$ 进行建模迭代，对比模型的性能评价指标，找到最优模型。最终建立的漏失通道尺寸范围预测模型，如图 7-5 所示。

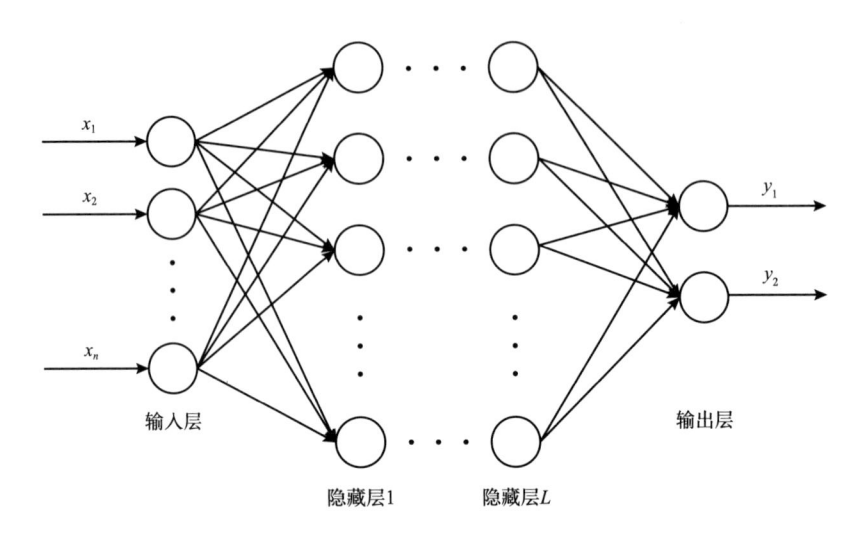

图 7-5　漏失通道尺寸范围预测模型

四、模型的训练

可采用 mini-batch 梯度下降加 Adam 优化算法对模型进行优化训练，具体步骤如下：

（1）构建漏失通道尺寸范围预测模型训练样本矩阵。包括训练样本输入特征向量组成的矩阵 X 和输出向量组成的矩阵 Y，其中 $\boldsymbol{X} = \left[\boldsymbol{x}^{(1)}\big|\boldsymbol{x}^{(2)}\big|\boldsymbol{x}^{(3)},\cdots,\boldsymbol{x}^{(m)}\right]$，$\boldsymbol{Y} = \left[\boldsymbol{y}^{(1)}\big|\boldsymbol{y}^{(2)}\right]$，$\boldsymbol{x}^{(1)},\cdots,\boldsymbol{x}^{(m)}$ 表示模型的输入参数向量，每一项由特征向量（$x_1, x_1, \cdots, x_n$）组成，$\boldsymbol{y}^{(1)}$、$\boldsymbol{y}^{(2)}$ 表示模型的漏失通道尺寸范围向量，每一项由漏失通道尺寸范围向量（y_1, y_2）组成，m 表示漏失通道尺寸范围预测模型训练样本数量，n 表示漏失通道尺寸范围预测模型特征数量；

（2）以 N_t 个漏失通道尺寸范围预测数据样本为一个子集划分 mini-batch，共划分 t 个子集，记为 $\boldsymbol{X}^{\{t\}}$ 和 $\boldsymbol{Y}^{\{t\}}$；

（3）设定 mini-batch 梯度下降迭代次数；

（4）对每个子集 $\boldsymbol{X}^{\{t\}}$，计算漏失通道尺寸范围预测模型每一层的输入向量 $\boldsymbol{Z}^{[1]} = \boldsymbol{\omega}^{[1]}\boldsymbol{X}^{\{t\}} + \boldsymbol{b}^{[1]}$，然后计算输出向量 $\boldsymbol{A}^{[1]} = \boldsymbol{g}^{[1]}(\boldsymbol{Z}^{[1]})$，以此类推，直到得到模型预测值 $\hat{\boldsymbol{y}}^{(i)} = \boldsymbol{g}^{[L]}(\boldsymbol{Z}^{[L]})$。其中，$\omega$ 代表漏失通道尺寸范围预测模型权重，b 代表漏失通道尺寸范围预测模型偏置，g 代表漏失通道尺寸范围预测模型激活函数；

（5）计算每个子集的漏失通道尺寸范围预测模型损失成本函数 J，$J = \frac{1}{Nt}\sum_{i=1}^{Nt} L\left[\hat{\boldsymbol{y}}^{(i)}, \boldsymbol{y}^{(i)}\right]$ $+ \frac{\lambda}{2Nt}\sum_{i=1}^{N_t}\left\|\omega^{[Nt]}\right\|_F^2$。其中，$\hat{\boldsymbol{y}}^{(i)}$ 表示漏失通道尺寸范围预测模型的输出向量；$\boldsymbol{y}^{(i)}$ 表示真实漏失通道尺寸范围向量；$L\left[\hat{\boldsymbol{y}}^{(i)}, \boldsymbol{y}^{(i)}\right]$ 表示漏失通道尺寸范围预测模型的正则化损失函数；λ 表示漏失通道尺寸范围预测模型的正则化参数；$\left\|\omega^{[Nt]}\right\|_F^2$ 表示漏失通道尺寸范围预测模型的权重矩阵的弗罗贝尼乌斯二范数；

（6）执行反向传播，计算漏失通道尺寸范围预测模型每一层权重与偏置的微分 $\mathrm{d}\omega^{[l]}$、$\mathrm{d}b^{[l]}$；

（7）计算 $v_{\mathrm{d}\omega} = \beta_1 v_{\mathrm{d}\omega} + (1-\beta_1)\mathrm{d}\omega$，$v_{\mathrm{db}} = \beta_1 v_{\mathrm{db}} + (1-\beta_1)\mathrm{d}b$，$S_{\mathrm{d}\omega} = \beta_2 S_{\mathrm{d}\omega} + (1-\beta_2)(\mathrm{d}\omega)^2$，$S_{\mathrm{db}} = \beta_2 S_{\mathrm{db}} + (1-\beta_2)(\mathrm{d}b)^2$。其中，$\beta_1$ 和 β_2 是漏失通道尺寸范围预测模型的超参数，分别设定为 0.9 和 0.999；$v_{\mathrm{d}\omega}$ 为 Momentum 权重微分指数加权平均数；v_{db} 为 Momentum 偏置微分指数加权平均数；$S_{\mathrm{d}\omega}$ 为 RMSprop 权重微分平方的加权平均数；S_{db} 为 RMSprop 偏置微分平方的加权平均数，且 $v_{\mathrm{d}\omega}$、v_{db}、$S_{\mathrm{d}\omega}$、S_{db} 均初始化为 0；

（8）计算偏差修正 $v_{\mathrm{d}\omega}^{\mathrm{corrected}} = \frac{v_{\mathrm{d}\omega}}{1-\beta_1^q}$，$v_{\mathrm{db}}^{\mathrm{corrected}} = \frac{v_{\mathrm{db}}}{1-\beta_1^q}$，$S_{\mathrm{d}\omega}^{\mathrm{corrected}} = \frac{S_{\mathrm{d}\omega}}{1-\beta_2^q}$，$S_{\mathrm{db}}^{\mathrm{corrected}} = \frac{S_{\mathrm{db}}}{1-\beta_2^q}$，其中，$q$ 为当前迭代次数；

（9）更新漏失通道尺寸范围预测模型权重和偏置，其中，$\omega := \omega - \frac{\alpha v_{\mathrm{d}\omega}^{\mathrm{corrected}}}{\sqrt{S_{\mathrm{d}\omega}^{\mathrm{corrected}}} + \varepsilon}$，$b := b - \frac{\alpha v_{\mathrm{db}}^{\mathrm{corrected}}}{\sqrt{S_{\mathrm{db}}^{\mathrm{corrected}}} + \varepsilon}$，其中，$\alpha$ 为学习率，ε 为无穷小量，设定为 10^{-8}；

（10）重复步骤（4）到（9）直到达到设计迭代次数，完成漏失通道尺寸范围预测模型的建立与优化。

参考文献

[1] 孙金声, 刘凡, 程荣超, 等. 机器学习在防漏堵漏中研究进展与展望[J]. 石油学报, 2022, 43（1）: 91.
[2] 何涛, 谢显涛, 王君, 等. 利用优化 BP 神经网络建立裂缝宽度预测模型[J]. 钻井液与完井液, 2021, 38（2）: 201-206.
[3] 孟翰. 基于机器学习的井漏风险评估及优化设计[D]. 北京: 中国石油大学（北京）, 2020.
[4] 张欣. 基于案例推理的井漏诊断与决策系统研究[D]. 北京: 中国石油大学（北京）, 2019.
[5] 周杨. 基于综合资料的漏层识别及漏失机理研究[D]. 青岛: 中国石油大学（华东）, 2017.
[6] 王海彪. 井漏智能识别及处理决策研究[D]. 成都: 西南石油大学, 2017.
[7] Alkinani H H, Al-Hameedi A T T, Dunn-Norman S, et al. Using data mining to stop or mitigate lost circulation[J]. Journal of Petroleum Science and Engineering, 2019, 173: 1097-1108.
[8] 邓正强, 兰太华, 林阳升, 等. 川渝地区防漏堵漏智能辅助决策平台研究与应用[J]. 中国石油集团川庆钻探工程有限公司钻井液技术服务公司, 2021, 43（4）: 461-466.
[9] 周雪妍, 林泽鸿. 社交大数据挖掘[M]. 北京: 机械工业出版社, 2017.
[10] 吴昊, 佟伯龙. 数据挖掘技术分析及其在装备仿真实验中的应用[C]. 2012 年第 14 届中国防真技术

及其应用学术年会, 2012.
[11] 林泽桢. 聚类分析中基于密度算法的研究与改进 [D]. 上海: 复旦大学, 2013.
[12] 张士铨, 雷家骕. 经济安全 [M]. 西安: 陕西人民教育出版社, 2006.
[13] 杨雨浓. 基于逆向传播深度置信网络的公交行驶时间预测研究 [D]. 大连: 大连海事大学, 2019.
[14] 余思腾. 基于用电数据的电力营销业务分析系统的研究与实现 [D]. 北京: 北京邮电大学, 2021.
[15] 梁杰, 陈嘉豪, 张雪芹, 等. 基于独热编码和卷积神经网络的异常检测 [J]. 中国信息安全测评中心; 华东理工大学信息科学与工程学院, 2019, 59 (7): 523-529.
[16] 李荟娆. K-means 聚类方法的改进及其应用 [D]. 哈尔滨: 东北农业大学, 2014.
[17] 吴士力. 通俗模糊数学与程序设计 [M]. 北京: 中国水利水电出版社, 2008.
[18] 赵雅倩. 基于相似性推理中的参数敏感性分析 [D]. 保定: 河北大学, 2006.
[19] 薛亮, 徐慧, 冯尊磊, 等. 一种改进的协同过滤的商品推荐方法 [J]. 计算机技术与发展, 2022, 32 (7): 201-207.
[20] 钱贝贝. 基于协同过滤的音乐推荐系统的设计与实现 [D]. 阜阳: 阜阳师范大学, 2022.
[21] 王俞翔. 面向大数据集的推荐系统研究 [D]. 秦皇岛: 燕山大学, 2014.
[22] 朱命冬, 申德荣, 寇月, 等. 一种基于 LSH 面向二元混合类型数据的相似性查询方法 [J]. 东北大学计算机科学与工程学院; 河南工学院计算机科学与技术系, 2018, 41 (8): 1827-1843.
[23] 卢艳君, 徐望明. 一种运用随机算法改进的图像检索方法 [J]. 武汉科技大学信息科学与工程学院, 2015, 38 (1): 72-76.
[24] Datar M, Immorlica N, Indyk P, et al. Locality-sensitive hashing scheme based on p-stable distributions[C]. Association for Computing Machinery, 2004.